苹果化肥减施增效技术理论与实践

全国农业技术推广服务中心
山东农业大学 编著

中国农业出版社
北京

编 著 者 名 单

主　　编：杜　森　姜远茂　傅国海

副 主 编：钟永红　周　璇　徐　洋　李燕青　葛顺峰
　　　　　袁红华　李成亮　马荣辉　李　壮　卢　威
　　　　　孙　瑶

编写人员：（按姓氏笔画排序）
　　　　　马荣辉　王　芬　卢　威　吕冬青　朱占玲
　　　　　汤明尧　孙　宁　孙　瑶　孙洪助　杜　森
　　　　　李　贝　李　壮　李成亮　李晨光　李燕青
　　　　　杨小珍　陈建友　周　璇　胡怡文　钟永红
　　　　　姜　娟　姜远茂　袁红华　徐　洋　高　飞
　　　　　崔金洲　葛顺峰　傅国海　翟丙年

序
PREFACE

　　肥料是重要的农业生产资料，科学施肥在保障国家粮食安全和重要农产品有效供给、促进农业绿色高质量发展方面发挥了重要作用。我国苹果产业发展迅速，栽培面积和产量均居世界首位，已成为乡村振兴、产业发展、农民致富的重要支柱。但是，在苹果产业蓬勃发展的同时，我们也应认识到，苹果生产中化肥施用不合理、单位面积化肥施用量偏高等现象普遍，不仅造成了资源浪费和成本增加，还引发土壤质量下降、农业面源污染等一系列环境问题，这与农业绿色高质量发展的目标是不符的。

　　2015年以来，农业部在全国范围内陆续实施"化肥使用量零增长行动""果菜茶有机肥替代化肥行动"。全国农业技术推广服务中心与山东农业大学等单位协作，依托国家重点研发计划"苹果化肥减施增效技术大面积示范推广"课题，围绕苹果养分资源管理、有机肥替代化肥、水肥一体化技术应用等内容，开展了大量的研究集成和试验示范等工作，形成了一系列苹果化肥减施增效技术模式。在此基础上，组织编写了《苹果化肥减施增效技术理论与实践》一书。该书的出版将有利于提高苹果科学施肥水平，对于推动苹果产业转型升级和绿色安全可持续发展也有重要促进作用。

中国工程院院士

山东农业大学教授　束怀瑞

二〇二〇年十二月

前　言

　　肥料是作物的"粮食"，是重要的农业生产资料。我国是世界上化肥生产和使用量最多的国家，化肥的广泛应用为促进农业生产水平的提升和保障国家粮食安全发挥了重要作用。苹果是全球食用最广泛的水果之一，营养价值高，富含矿物质和维生素，果糖含量堪称水果之冠。我国是世界上最大的苹果生产国和消费国，苹果种植面积和产量均占世界总量的40%以上。近些年来，果农通过大量施用化肥来保证树体生长和高产。但是，长期过量施用化肥，不仅造成了资源浪费，还引起土壤酸化、土壤结构破坏和有益微生物大量减少，从而影响有机质的分解和土壤中氮、磷、钾及各种微量元素的吸收利用，导致土壤病害严重，根系生长受到抑制，造成苹果产量降低和品质下降。

　　随着社会经济发展和人民生活水平提高，人们对果蔬品质的要求也越来越高，发展绿色、生态农业成为农业现代化的必然选择。2015年，农业部印发《到2020年化肥使用量零增长行动方案》，采用"精、调、改、替"技术路径，即精确控制施肥量、调整化肥施用结构、改进施肥方式、有机肥替代化肥，推进化肥减施增效工作。2017年，农业部启动果菜茶有机肥替代化肥行动，推动果园有机肥施用。2016年以来，国家重点研发计划"苹果化肥减施增效技术大面积示范推广"课题围绕苹果园化肥减量增效开展技术集成研究与示范，通过施用配方肥、缓控释肥等新型肥料品种，应用有机肥替代化肥、果园生草、水肥一体化等措施，有效减少化肥投入、提高肥料利用率、改善土壤肥力状况、降低环境污染，促进苹果增产提质，促进农民节本增收。

　　在系统总结前期项目工作的基础上，全国农业技术推广服务中心会同山东农业大学组织编写《苹果化肥减施增效技术理论与实践》一书，以期为苹果化肥减施增效工作提供借鉴。本书在编写过程中，得到了有关省土肥推广部门、科研院校专家的指导支持，在此一并表示感谢！由于时间仓促和掌握资料所限，书中难免存在错漏之处，敬请读者批评指正。

编　者

2020 年 12 月

目　录
CONTENTS

序

前言

第一章　苹果产业发展与施肥现状 ………………………………………… 1

　第一节　苹果产业发展状况 ………………………………………… 1

　第二节　我国苹果施肥现状及存在问题 ………………… 13

第二章　苹果养分需求分配及营养特性 ………………………… 23

　第一节　苹果生长发育规律 ………………………………………… 23

　第二节　苹果养分吸收规律 ………………………………………… 28

　第三节　营养元素生理功能 ………………………………………… 31

　第四节　苹果营养诊断 ………………………………………………… 33

第三章　常用肥料产品 …………………………………………………… 41

　第一节　大量元素肥料 ………………………………………………… 41

　第二节　中量元素肥料 ………………………………………………… 52

　第三节　微量元素肥料 ………………………………………………… 55

　第四节　复混（合）肥料 …………………………………………… 58

　第五节　有机肥料 ……………………………………………………… 61

　第六节　有机无机复混肥料 ………………………………………… 67

　第七节　缓控释肥料 …………………………………………………… 69

　第八节　微生物肥料 …………………………………………………… 71

　第九节　水溶肥料 ……………………………………………………… 77

第四章　苹果化肥科学施用 ································· 85

第一节　苹果矿质养分与吸收 ························· 85

第二节　苹果科学施肥原理与原则 ···················· 87

第三节　苹果化肥科学施用技术 ······················ 91

第五章　苹果园水肥一体化技术 ··················· 101

第一节　苹果园水肥一体化技术特点 ················· 101

第二节　苹果园水肥一体化设施 ····················· 104

第三节　苹果园水肥一体化水肥管理 ················· 114

第六章　苹果园有机替代 ························· 123

第一节　苹果园有机肥施用技术 ····················· 123

第二节　苹果园有机物覆盖技术 ····················· 132

第三节　苹果园剪枝利用技术 ······················· 136

第四节　苹果园生草技术 ··························· 138

第七章　苹果化肥减施增效技术模式 ··············· 147

附件 ··· 176

附件一　2020 年苹果春季科学施肥指导意见 ··········· 176

附件二　2020 年苹果秋冬季科学施肥指导意见 ········· 178

附件三　2020 年苹果有机肥替代化肥技术指导意见 ····· 180

附件四　肥料合理使用准则　通则 ··················· 185

附件五　肥料合理使用准则　有机肥料 ··············· 191

附件六　畜禽粪便堆肥技术规范 ····················· 203

附件七　果园有机肥施用技术指南 ··················· 217

参考文献 ······································ 225

第一章 <<<
苹果产业发展与施肥现状

第一节　苹果产业发展状况

一、世界苹果产业发展概况

(一) 世界苹果面积和产量概况

由表 1-1 可知，2018 年世界苹果总产量为 8 614.22 万 t，总面积为 490.43 万 hm²。分国别或地区来看，苹果总产量排名前十的国家和地区依次为中国、美国、波兰、土耳其、爱尔兰、意大利、印度、俄罗斯、法国和智利。这些国家和地区的苹果产量合计为 6 409.83 万 t，约占世界苹果总产量的 74.41%。其中，中国苹果总产量和面积居世界第一，分别占世界总产量和总面积的 45.55% 和 42.24%。

表 1-1　2018 年世界苹果产量、面积和单产

国家	总产量（万 t）	面积（万 hm²）	单产（t/hm²）
中国	3 923.50	207.17	18.94
美国	465.25	11.78	39.48
波兰	399.95	16.18	24.72
土耳其	362.60	17.47	20.76
爱尔兰	251.92	14.03	17.96
意大利	241.49	5.51	43.86
印度	232.70	30.10	7.73
俄罗斯	185.94	20.73	8.97
法国	173.74	5.07	34.29
智利	172.73	3.44	50.17
世界	8 614.22	490.43	17.56

从单产来看，我国苹果单产为 18.94 t/hm²，在产量排名前十的国家中处于中等水平。年产量超过 100 万 t 以上的国家中，我国苹果单产排在第九位，略高于世界平均水平，仅仅是排名第一（智利）的 37.75％，排名第五（德国）的 53.69％（图 1-1）。产量是多因素（如气候条件、品种、栽培模式、土肥水管理、修剪和病虫害防治等）综合作用的结果。通过综合分析比较，发现栽培模式、集约化程度和土壤管理是影响国内外苹果单产差距的主导因素。在栽培模式上，单产水平较高的国家苹果园普遍采用矮砧密植栽培，如美国矮砧密植占 50％～55％，这种栽培模式具有结果早、易管理、经济系数高的特点，而我国目前矮砧密植果园仅占 8％，绝大多数仍采用乔砧密植栽培模式；在集约化程度上，发达国家苹果园逐渐向大农场发展，经营规模不断扩大，如美国平均每户经营 200 hm²，而我国平均每户不足 0.5 hm²，导致了生产技术标准化程度低、机械化程度低、劳动生产率低，从而影响了产量的提高（马锋旺，2004；赵林，2009）；在土壤管理上，发达国家普遍采用水肥一体化的灌溉和施肥体系，并结合土壤分析与叶片诊断调整施肥方案，地面管理为果园行间生草和行内覆盖，而我国苹果园施肥方法不够科学，地面管理以清耕为主，生草果园较少（葛顺峰和姜远茂，2017）。

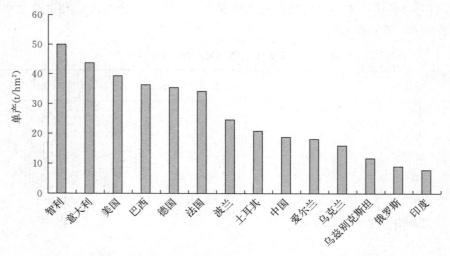

图 1-1 世界苹果主产国（年产量在 100 万 t 以上）苹果单产状况

（二）世界苹果栽培品种概况及趋势

随着苹果栽培技术体系日趋完善，发达国家已将发展新品种作为提高果实品质、增强区域特色、提升市场竞争力、推动产业持续发展的重要手段之一，新品种的选育与开发越来越受到重视。10 余年来，世界苹果品种更新步伐呈现明显加快趋势，其中栽培面积扩大最快的品种是富士、嘎啦，增幅比例最大的品种是粉红女士（Pink Lady）、布瑞本（Breaburn）等（董月兰和宋家清，2015）。另外，太平洋玫瑰、爵士（Jazz）、蜜脆（Honeycrisp）、凯米欧（Cameo）等一批新品种也有较快发展。

主栽品种选育和应用芽变新优系。除我国外，位居世界前 10 位的苹果品种（金冠系、元帅系、嘎啦系、富士系、澳洲青苹、艾达红、乔纳金、布瑞本、粉红女士和红玉）产量之和占到总产的 67.02%（张永祥，2013）。在这些主栽品种中，各国都十分重视选育及开发新的芽变新品种（系），包括布瑞本、粉红女士等也有芽变新品种推出。这样，在保持原品种基本特性不变的同时，可有效提高该品种的果实商品品质和市场竞争力（Jakobek et al.，2016）。

市场需求引导品种布局向优质化、多样化方向转变。苹果消费市场向全球化方向发展的大趋势，使金冠、元帅、澳洲青苹等传统品种面临挑战，栽培比例呈下降趋势，嘎啦、富士成为近年栽培最多的品种，布瑞本、粉红女士、太平洋玫瑰、爵士、蜜脆、凯米欧等一批品质特色明显的新品种栽培比重逐年增长，这在欧美苹果主产国表现得尤为明显。

（三）世界苹果栽培制度发展与变迁

在世界范围内，苹果矮化砧木的研究与利用已经经历了近百年的历史，不同国家和不同地区在苹果矮化砧木的研究方面都经历了不同的过程。苹果的栽培制度对于苹果的栽培和生产起着非常重要的作用。

在 20 世纪 70 年代前，世界苹果栽培模式都是以乔化稀植为主。我国在 20 世纪 50 年代，从苏联引进的乔化栽培技术也是以主干疏层形为主的乔化稀植栽培方式。20 世纪 70 年代后，全球苹果消费价格逐步降低，为了保证苹果生产者的经济效益，果树栽培研究者们开始对矮化密植集约栽培技术进行研究，以期寻求更加高效优产的栽培模式。研究者从矮化砧木和矮化品种以及砧木与品种组合等方面入手，筛选了大量的矮化砧木和矮化品种。我国的果树栽培研究者们在此期间也集中对国外引进的苹果栽培矮化品种和矮化砧木进行了研究，并筛选和培育出了一些适合国内栽培和种植的苹果矮化品种和矮化砧木。对矮化密植集约栽培模式的选择与研究，国外生产者与研究者主要关注的问题是：在种植苹果过程中，是获取木材还是获取果实。因为一棵苹果树每年的生物产量是基本一致的，但这些生物产量用于木材生产的多，用于果实结果的就会减少。因此在矮化密植集约栽培研究中，国外研究者首先考虑的是如何减少因苹果树体的骨架生产而带来的对生物产量的消耗。这种思维的产生，给苹果栽培制度研究开创了新领域：为使苹果树体能够承载较多的产量，在树形的选择上需要减少枝条数量和减小树形结构，因此首先采用了以纺锤形为主的树形，大大减少了分枝级次；随后取而代之的是给每棵苹果加立架，在苹果树的中干上直接着生结果枝，这在很大程度上减少了树体骨架建造，增加枝条数量而消耗的生物产量。因此，从20世纪80年代开始至今，以意大利博尔扎诺地区为代表的矮化栽培模式，是一种主要以立架作为树体支撑的矮化集约栽培的新模式。苹果生产可达到1年栽植，2年结果，3年丰产亩①产2 500 kg的效果。随着收入水平提高，居民可支配收入增加，消费者对果实品质的要求逐渐提高，国外生产者和研究者将苹果种植的良好土壤环境与科学施肥的问题纳入研究范畴。为了能及时更新结果树体和修复土壤的环境，他们大大缩短了果园寿命，要求苹果园寿命在15～20年，不超过20年就更新一次，以便能够在苹果的品种和质量方面及时适应消费需求。在此期间他们充分利用果园生草和土壤改良技术，成功解决了果园的重茬问题，消除了连作障碍的不良影响。因此，目前世界上发达的苹果栽培国家，如美国、加拿大、日本、韩国、智利、澳大利亚、法国、新西兰等，都在重点研究和推广苹果矮化密植集约栽培模式，基本完善了苹果矮化密植集约栽培制度，完成了苹果栽培模式历经乔化稀植—乔化密植—矮化密植集约的变迁过程，并且取得了非常好的效果。世界苹果产业发达国家已基本完成矮化密植集约栽培方式的转变，苹果矮化密植集约栽培模式已成为世界主要苹果种植国普遍采用的栽培技术。

然而，经过70年创新与推广，我国矮化砧果园面积不足全国苹果种植总面积的10%，发展进程缓慢。截至目前，矮化密植集约栽培模式仍未成为我国苹果栽培的主要方式，我国将在一段时间内，继续维持乔化密植栽培模式与矮化密植集约栽培模式并存的局面。在今后的5～10年间，我国苹果种植将处于大规模更新换代阶段，苹果新的栽培技术与制度的建立、完善与大面积应用将变得非常迫切。

（四）世界苹果发展趋势

近年来，在市场需求与产业比较收益等因素的驱动下，世界苹果种植、加

---

① 亩为非法定计量单位，1亩＝1/15 hm²。——编者注

工、贸易、消费均呈现稳步增长态势。短期而言，受局部国际市场需求波动与产地气象灾害等不利因素的影响，世界苹果种植、加工、贸易、消费年际之间略有波动，市场结构略有调整，但整体格局稳定。果业发达国家苹果产业发展稳定，中国、智利、巴西、阿根廷等国家成为推动世界苹果产业稳步发展的主要驱动力。尽管我国苹果产销多年来一直稳居世界第一，但随着产业内部结构的进一步调整及消费需求持续上涨的影响，我国苹果产业面临越来越激烈的国际竞争，亟须基于全球竞争视角进行动态监测并评估世界苹果主产国苹果产业发展趋势及竞争力。在相对较高的种植收益的驱动下，我国苹果产量增加仍然具有较大空间。种植面积增加、品种改良、种植技术与果园管理水平提高是促使我国苹果增产的重要驱动力。可以预计，在无重大气候灾害的前提下，我国苹果产量仍将呈现增长趋势。短期来看，拓宽国际市场的潜力有限，受出口市场需求下降影响，苹果加工及其出口量呈现下降趋势，苹果加工行业产能过剩带来的企业经营风险剧增。长期来看，与发达国家相比，我国苹果消费市场不完全饱和，随着居民收入水平提高和饮食结构的调整，苹果消费需求将呈现不断上升趋势。因此，需要积极开拓国内消费市场，保障苹果产业的可持续发展。

二、我国苹果产业发展概况

苹果生产在我国农业产业中占有非常重要的地位，在推进农业结构调整、转变农业经济增长方式方面发挥了重要作用，已经成为农民增收致富和乡村振兴的重要支柱产业。

（一）栽培面积和产量

改革开放以来，我国苹果产业发展迅速，经过几次波动后栽培面积目前处于稳定局面，总产量一直稳步提高（图 1-2 和图 1-3）。根据联合国粮食及农业组织的统计数据，2018 年我国苹果栽培面积和产量达 207.17 万 hm^2 和 3 923.50 万 t，分别占全球的 45% 和 42% 左右（FAO，2019）。可见，我国已成为世界第一大苹果生产国。

随着苹果生产技术的不断进步和化工业快速发展带来的生产资料的充足供应，我国苹果单位面积产量从 1980 年的 3.20 t/hm^2 提高到 2018 年的 18.94 t/hm^2，比世界单产平均水平（17.56 t/hm^2）高 7.86%。但是与苹果生产发达国家的单产相比（30~50 t/hm^2），仍有进一步提高的空间（表 1-2）。从主要苹果生产省份来看，山东省苹果单产水平最高，达到了 36.90 t/hm^2，接近苹果生产

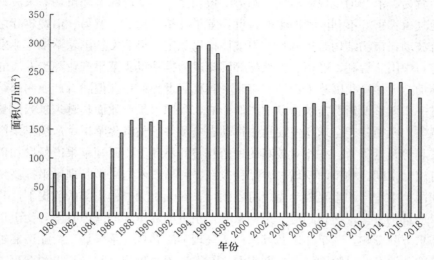

图 1-2　1980—2018 年我国苹果栽培面积变化情况

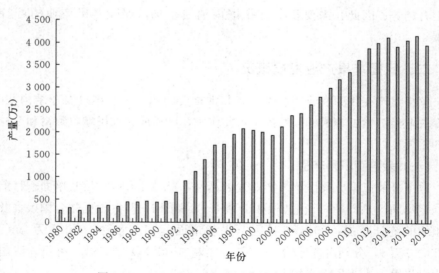

图 1-3　1980—2018 年我国苹果产量变化情况

发达国家水平；其次是山西省和河南省，分别为 31.21 t/hm² 和 25.52 t/hm²；河北省、辽宁省和陕西省苹果单产水平较低，为 16～18 t/hm²；甘肃省单产水平仅为 12.44 t/hm²，这与该产区近年来苹果栽培面积扩张迅速，新栽幼树较多有关。

表 1－2　2018 年中国和苹果生产发达国家单产水平（t/hm²）

中国		苹果生产发达国家	
省份	单产	国家	单产
山东	36.90	瑞士	59.11
山西	31.21	新西兰	53.15
河南	25.52	智利	50.17
河北	18.42	意大利	43.86
陕西	17.29	荷兰	40.76
辽宁	16.88	美国	39.48
甘肃	12.44	德国	35.27
中国平均	18.94	法国	34.29

（二）生产区域分布

我国共有 25 个省份生产苹果，经过 20 余年的布局调整，苹果生产区域向资源条件优、产业基础好、出口潜力大和比较效益高的区域集中，形成了渤海湾和西北黄土高原两个苹果优势产业带，尤其是西北黄土高原产区海拔高、日温差大、光照强，苹果品质优良，具有显著的区位优势。

截至 2016 年，渤海湾和黄土高原两个苹果优势产区的种植面积已经占到全国的 85％，产量占比高达 89％，而且近年来相对比较稳定（表 1－3）。但是，两个优势产区各自的种植面积和产量贡献份额发生了较大的变化，呈现出由东（渤海湾）向西（黄土高原）转移的趋势。渤海湾产区苹果种植面积逐渐减少，其产量贡献份额也随之减少；而黄土高原产区苹果种植面积逐渐增加，其产量贡献份额也大幅度增加。到 2016 年，渤海湾产区苹果种植面积为 70.33 万 hm²，产量 1 600.31 万 t，分别占全国的 29.54％和 36.37％。其中，山东省的种植面积持续减少，由 2000 年的 44.43 万 hm² 减少到 2016 年的 29.97 万 hm²，但是产量却由 647.66 万 t 增加到 978.13 万 t；辽宁、河北两省的种植面积相对稳定。黄土高原产区 2016 年苹果种植面积为 131.56 万 hm²，产量 2 328.09 万 t，分别占全国的 55.28％和 52.91％。其中，河南、山西两省苹果种植面积略有增加，陕西、甘肃两省苹果种植面积增加速度较快，陕西由 2000 年的 39.55 万 hm² 增加到 2016 年的 69.51 万 hm²，而甘肃近 15 年来也增加了近 13 万 hm²。其他苹果生产区，如四川、云南等冷凉地区以及新疆具有明显的区域特色，近年来种植面积略有增加。

表 1 - 3   2016 年各省份苹果种植面积和产量

区域	省份	面积（万 hm²）	面积占比（%）	产量（万 t）	产量占比（%）
渤海湾产区	山东	29.97	12.59	978.13	22.23
	河北	24.26	10.19	365.58	8.31
	辽宁	16.10	6.76	256.60	5.83
黄土高原产区	陕西	69.51	29.21	1 100.78	25.02
	山西	15.55	6.53	428.62	9.74
	甘肃	29.48	12.39	360.11	8.18
	河南	17.02	7.15	438.58	9.97
其他特色产区	新疆	6.36	2.67	136.58	3.10
	四川	3.71	1.56	62.73	1.43
	宁夏	3.80	1.60	57.17	1.30
	云南	4.69	1.97	42.09	0.96
	黑龙江	1.24	0.52	14.95	0.34

（三）苹果园土壤和叶片营养评估

王富林（2013）通过对环渤海和黄土高原两大优势产区红富士苹果园土壤有效养分和叶片矿质元素含量的测定及营养状况诊断，结果表明，环渤海产区土壤有机质、碱解氮、有效磷、速效钾含量均值分别为 10.9 g/kg、73.21 mg/kg、70.22 mg/kg、169.20 mg/kg，黄土高原产区土壤有机质、碱解氮、有效磷、速效钾含量均值分别为 11.7 g/kg、56.46 mg/kg、14.91 mg/kg、135.78 mg/kg；除有机质外，碱解氮、有效磷、速效钾含量为环渤海产区高于黄土高原产区。环渤海产区叶片 N、P、K、Ca、Mg、Fe、Mn、Cu、Zn、B、Mo 各养分元素含量均值分别为 2.73%、0.18%、1.15%、9.63 g/kg、2.86 g/kg、87.97 mg/kg、124.02 mg/kg、13.36 mg/kg、15.64 mg/kg、35.09 mg/kg、0.51 mg/kg；黄土高原产区叶片 N、P、K、Ca、Mg、Fe、Mn、Cu、Zn、B、Mo 各养分元素含量均值分别为 2.72%、0.18%、1.17%、10.23 g/kg、2.99 g/kg、88.69 mg/kg、116.39 mg/kg、10.85 mg/kg、15.94 mg/kg、39.55 mg/kg、0.51 mg/kg。通过 DRIS 法对两大优势产区叶片营养诊断结果表明，环渤海产区低产园叶片最缺乏的元素是 Ca、K，其次是 Fe、N、Zn，最不缺乏的是 Cu、Mo；黄土高原产区低产园叶片最缺乏的元素是 P、K，其次是 N、Zn、Cu 等，最不缺乏的是 B、Ca。因此，环渤海、黄土高原产区土壤有效养分状况均为有机质中等偏低、缺 N；环渤海产区富 P 少 K；黄土高原产区贫 P 缺 K。低产园叶片诊断表明，黄土高原产区树体营养平衡状况优于环渤海产区，两产区均具有很大的增产潜力。因此，建议环渤海产区增施 K、N、Ca、Fe 和 Zn，黄土高原产区增施 P、K、N、Zn、Cu、Mn、Fe，同时重视有机肥施用。

（四）品种分布

山东主要栽培品种是红富士，其次是嘎啦、红将军、乔纳金、元帅系等，澳州青苹等一些适宜加工的品种日益丰富并开始形成规模生产（许志强，2015）。陕西苹果主要栽培品种是红富士，面积增长最快的是嘎啦和粉红女士，目前形成了以红富士、嘎啦、粉红女士为主的品种格局。河南苹果主要栽培品种是红富士，约占 60%，其次是嘎啦、红星、秦冠、华冠等，早、中、晚熟品种比例约为 5∶20∶75。山西苹果栽植区域逐步由太原以北向太原以南迁移，从品种结构上看，国光、秦冠、鸡冠、楼锦、红玉等老品种大幅度减少，红富士、元帅系等品种明显增加，嘎啦、红星、珊夏等中早熟品种比例不断增加。

长期以来，我国对苹果新品种的引种试栽缺乏科学、完善的指导与评价体系，新品种示范推广中"各自为战"的现象也较为突出。苹果产业技术体系成立以来，各单位加强了在新品种区域试验及示范推广方面的合作与协作，但与发达国家相比，仍存在较大差距。一是尚未形成规范统一的新品种区试点；二是新品种的引种数量、试栽规模在地区间存在较大差异。

（五）收益与生产成本变化

近年来，虽然苹果单产水平在不断提高，但是效益空间却不断缩小，这主要与生产成本的不断增加有关。从表 1-4 可以看出，2017 年全国苹果生产环节总成本平均每亩为 4 887.61 元，比 2007 年增加了 2 493.18 元，增幅达 104%。其中，物质与服务成本和土地成本变化不大，2017 年比 2007 年分别仅增加了 98.57 元和 100.53 元，这两者对生产成本增加的贡献仅为 8%。这就意味着 92% 的生产成本的增加来源于人工成本，2007 年苹果生产环节人工成本平均每亩为 816.88 元，到 2017 年激增到 3 110.96 元，增加了 280.83%，平均每年增加 229.41 元。可以看出，苹果生产成本的增加是由持续上涨的人工成本推动的。产值也在持续增加，2017 年每亩产值为 6 797.22 元，比 2007 年增加了 40.53%，但明显低于人工成本的增加幅度（280.83%），因此人工成本的不断增加严重挤压了生产者的利润空间。

表 1-4　2007 年和 2017 年我国苹果生产成本与收益情况

生产成本与收益	2007 年	2017 年
每亩产量（kg）	1 726.80	2 108.66
每亩产值（元）	4 837.00	6 797.22
每亩总成本（元）	2 394.43	4 887.61
生产成本（元）	2 174.35	4 567.00
物质与服务费用（元）	1 357.47	1 456.04
人工成本（元）	816.88	3 110.96
家庭用工折价（元）	463.76	2 116.06
雇工费用（元）	353.12	994.90
土地成本（元）	220.08	320.61
每亩净利润（元）	2 442.57	1 909.61
成本收益率（%）	102.01	39.07

数据来源：全国农产品成本收益资料汇编，2008—2018 年。

　　肥料成本是生产物质成本中非常重要的部分。2002 年以来，我国苹果化肥使用成本快速升高且所占生产物质成本的份额一直最高，2011 年达到最高（每亩 520.23 元），之后稍有回落，但仍维持在较高水平，2017 年为每亩 441.01 元。平均看来，化肥成本约占生产物质成本的 30%，苹果种植中化肥使用成本与苹果市场的需求变化相关，也与化肥的零售价格和苹果的销售价格密不可分。苹果售价的上升是诱导果农增加化肥施用的主要原因，1998—2011 年我国化肥的零售价格指数以年均上升 3.48 个百分点的速度进行增长，苹果售价指数由 1998 年的 100 上升到 2011 年的 222.9，年均上升 8.78%，其上涨幅度是化肥价格指数的 2 倍多。可见，苹果增产和果农增收，极大地促进了果农使用化肥的积极性（周霞和束怀瑞，2014）。

（六）苹果出口情况

　　2017—2018 年产季，我国浓缩苹果汁产量预计为 62 万 t；2017 年浓缩苹果汁出口量预期达到 56.47 万 t，出口总额为 5.56 亿美元，分别比 2016 年上涨 21.71% 和 10.51%，出口数量及金额均实现恢复性增长。2017 年，我国鲜食苹果出口量达到 133 万 t，与 2016 年（132.20 万 t）基本持平。根据商务部和海关统计数据，2017 年 1—11 月，我国浓缩苹果汁出口数量排名前 5 的国家是：美国、俄罗斯、日本、南非、加拿大，出口量分别为 26.63 万 t、4.62 万 t、4.18 万 t、3.89 万 t、3.21 万 t（表 1-5）。2017 年，我国鲜食苹果出口的国家和地区按出口量排名前 3 位分别是：孟加拉国、菲律宾和印度，出口量分别为 16.69 万 t、13.15 万 t、13.13 万 t，贸易额分别为 1.09 亿美元、1.53 亿美元、1.28 亿美元（表 1-6）（王璇等，2018）。

表 1-5　2017 年 1—11 月我国浓缩苹果汁出口及同比增减

出口国家	出口量（万 t）	出口量同比增减（%）	金额（亿美元）	金额同比增减（%）
美国	26.63	13.96	2.59	2.13
俄罗斯	4.62	−5.10	0.43	−12.71
日本	4.18	7.74	0.45	−13.54
南非	3.89	13.48	0.38	4.72
加拿大	3.21	45.09	0.31	31.70
澳大利亚	2.26	3.84	0.22	−6.97
德国	1.93	191.18	0.19	187.81
荷兰	1.56	371.09	0.15	341.57
土耳其	1.51	330.53	0.15	327.54

表 1-6　2017 年我国鲜食苹果出口及同比增减

国家或地区	出口量（万 t）	出口量同比增减（%）	金额（亿美元）	金额同比增减（%）
孟加拉国	16.69	−0.08	1.09	−0.13
菲律宾	13.15	−0.02	1.53	−0.04
印度	13.13	−0.11	1.28	−0.14
泰国	11.72	−0.18	1.58	−0.20
印度尼西亚	11.71	0.30	1.34	0.30
越南	10.57	−0.04	1.75	0.25
俄罗斯	10.27	−0.10	1.04	−0.09
朝鲜	8.40	0.22	0.43	−0.35
哈萨克斯坦	7.43	0.61	0.92	0.77

（续）

国家或地区	出口量（万 t）	出口量同比增减（%）	金额（亿美元）	金额同比增减（%）
缅甸	7.13	−0.17	0.95	0.02
尼泊尔	6.66	0.18	0.59	0.13
马来西亚	3.47	0.01	0.41	−0.05
中国香港	2.19	−0.14	0.41	−0.23
阿联酋	1.97	0.04	0.27	0.04
巴基斯坦	1.78	1.66	0.24	2.00

（七）苹果市场情况

随着改革开放后市场经济的推行，果品购销和价格放开，果品市场发展迅速、竞争日益激烈。苹果属于季产年销类水果，每年 9—10 月上市，全年均有消费，因此苹果市场构成比较复杂，国内关于果品市场构成的研究大多从供需视角和流通视角出发。

从产业链的角度出发，苹果市场的构成包括生产者市场、中间商市场及消费者市场。苹果生产者市场是由围绕苹果生产而进行生产资料（种苗、农药、化肥）和生产劳务（修剪、施肥灌溉、疏花疏果、套袋摘袋、采收）交易的个人和组织构成。苹果生产者市场的主体是果农。果农的普遍特点是年龄偏大，在苹果种植中自行摸索的多，接受专业技术培训的少。近年来随着市场经济的发展，农村年轻劳动力进城务工人数增多，导致从事苹果种植管理的多为妇女和老人，由于这些果农文化素质不高，接受新观念、新技术的能力不足，难以适应技术含量高、工作强度大的苹果种植工作，这导致苹果种植后备人才严重缺乏，制约了苹果产业的进一步发展。苹果中间商市场是指那些从苹果产地收购苹果并将之转售给他人或直销给消费者从而获取利润的组织或个人。中间商市场的主要组成部分是果业加工销售企业、果品经纪人、批发商、经销商，他们将果品从生产者手中集散到消费者手中，满足消费者对果品的需求。作为苹果市场的重要组成部分，中间商市场是派生市场，对价格非常敏感，一方面中间商要了解消费者需求价格，另一方面还要了解生产者收购价格。当苹果价格波动剧烈时，将加剧中间商经营风险，很可能导致库存消化不畅、利润变薄甚至亏损。经销商市场将会受到不小冲击，更加加剧整个苹果市场的产品滞销。因此，稳定苹果市场价格对保证苹果中间商市场的有序经营至关重要。苹果消费者市场由苹果终端销售者、购买苹果的消费者，以及苹果终端销售的经营场所和渠道构成。因销售渠道、地理位置、消费者消费水平和消费习惯不同，苹果消费市场又分为多个层次，目前我国苹果终端消费市场包括大型商超、农贸市场、水果零售超市、网上销售平台等。作为苹果产业链终端消费者，选购苹果时受多因素影响，包括苹果的新鲜程度、购买的便利性、价格因素、经济条件、替代果品价格等。

以 2020 年第一季度库存苹果销售完成的平均比例多少为序，基本动态调研判断情况为：河南灵宝 80%、山西临猗 75%、甘肃静宁 65%、陕西白水 60%、陕西洛川 55%、山西吉县 45%、山东蓬莱 43%、山东栖霞 35%（杨杰，2020），苹果销售西快东慢更为明显。山东某优质果区冷库老板感慨："往年此时发货忙，如今天天打麻将"。现在西部果农出货基本结束。我国候鸟式果商调货不少，候鸟是南北一年一个来回，候鸟式果商是东西一年多次往返，最近不少果商在山东选购不合适又回到西部调货，也说不定哪天他们又再来山东。线上销售是人不流动，苹果流动。山东众合品牌苹果，现在广州市场线上苹果销量是去年同期的两倍。王掌柜品牌苹果在几个大电商平台销售日发货量已经达到 100 t。我国平台电商（如淘宝、本来生活、叮咚买菜）、内容电商（如名人、网红直播带货）、社交电商（如微信社区群购）发展迅速，苹果线上线下结合销售潜力巨大。

第二节　我国苹果施肥现状及存在问题

一、苹果园施肥现状

（一）化肥施用现状

在我国贫瘠的苹果园土壤条件下，化肥作为增产的重要因子发挥了举足轻重的作用。但近年来，受"施肥越多，产量越高""要高产就必须多施肥"等传统观念的影响，苹果园化肥用量持续高速增长，不仅导致生产成本剧增，而且也带来了地表水和地下水污染、温室气体排放增加和土壤质量下降等生态环境问题（Zhang et al.，2013；葛顺峰，2014）。

从全国平均水平来看，苹果园化肥投入量近年来有所降低，但总体上依然处于较高水平（表 1-7）。2018 年较 2017 年氮肥、复混肥和化肥施用总量分别降低 14.29%、0.31% 和 2.81%，磷肥和钾肥分别提高 31.03% 和 2.80%。

表 1-7 全国苹果化肥投入情况（折纯，kg/hm²）

化肥	年份						
	2012	2013	2014	2015	2016	2017	2018
氮肥	217.05	264.3	257.1	231.9	185.55	165.9	142.2
磷肥	8.4	12.45	3.75	3.75	5.25	4.35	5.7
钾肥	10.35	4.8	8.1	14.25	15.6	16.05	16.5
复混肥	666.75	676.35	741.3	720	657.75	667.35	665.25
化肥合计	902.55	957.9	1 010.25	969.9	864.15	853.65	829.65

从全国平均水平来看，2018 年氮肥投入量高于磷钾肥，复混肥投入量占比较高，为总化肥投入量的 80.18%（表 1-8）。全国苹果园投入氮肥平均为 142.20 kg/hm²，不同生产区域间存在差异，氮投入量较高的省份为甘肃和陕西，分别为 466.35 kg/hm² 和 390.90 kg/hm²；山东和山西氮肥投入量相对较低，分别为 22.20 kg/hm² 和 60.75 kg/hm²。不同苹果生产省份的磷肥和钾肥投入均处于较低水平，全国投入磷肥和钾肥平均分别为 5.70 kg/hm² 和 16.50 kg/hm²。复混肥投入量较高的省份为山东和河南，均超过了 1 000 kg/hm²；辽宁和宁夏复混肥投入量相对较低，分别为 482.85 kg/hm² 和 384.45 kg/hm²。

表 1-8 2018 年我国各省份苹果化肥投入情况（折纯，kg/hm²）

省份	氮肥	磷肥	钾肥	复混肥	化肥合计
山东	22.20			1 444.20	1 466.40
河南		39.15	15.30	1 321.35	1 375.80
甘肃	466.35			817.50	1 283.85
陕西	390.90	71.10		589.80	1 051.80
河北	176.85			729.60	906.45
山西	60.75	5.85		650.40	717.00
北京	129.75			502.80	632.55
辽宁	93.75		49.35	482.85	625.95
宁夏	215.85			384.45	600.30
平均	142.20	5.70	16.50	665.25	829.65

（二）有机肥施用现状

通过对全国苹果主产区调查发现（图 1-4），我国苹果园有机肥投入量较低，为 9.24～13.01 t/hm²，全国平均为 10.82 t/hm²，与国外发达国家的投入水平（30～45 t/hm²）存在较大差距。从不同苹果产区来看，有机肥施用量最高的是河北，为13.01 t/hm²，其次是辽宁（12.14 t/hm²）和山东（10.39 t/hm²），然后是山西和陕西，最低的是甘肃，为9.24 t/hm²；从东西部产区来看，渤海湾苹果产区（山东、辽宁和河北）有机肥施用量平均为11.85 t/hm²，而黄土高原苹果产区（陕西、山西和甘肃）有机肥施用量为9.80 t/hm²。造成当前有机肥投入量比较低的原因主要有两个方面：一方面由于近年来农村种植绿肥和分散养殖的农户逐渐减少，有机肥源短缺；另一方面有机肥的施用需要耗费较多劳动力。

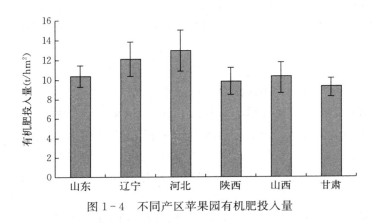

图1-4 不同产区苹果园有机肥投入量

当前农村有机肥源短缺，36.45％的苹果园施用的是普通商品有机肥，其次是猪粪、羊粪、生物有机肥、鸡粪。需要注意的是，有13.91％的苹果园不施有机肥（图1-5）。

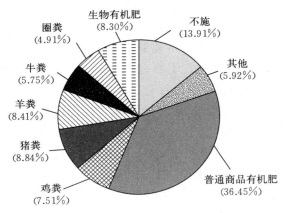

图1-5 有机肥投入品种和结构

二、苹果园施肥存在的问题及影响

（一）苹果园施肥存在的问题

我国苹果主产区苹果园土壤肥力普遍不高，特别是西北黄土高原、渤海湾产区苹果园土壤瘠薄，有机质严重不足，大部分苹果园不到1%，远远满足不了优质苹果生产的需要。目前，苹果园施肥由于缺乏针对性、科学性，存在许多亟待解决的突出问题，主要表现在以下几个方面。

1. 忽视土壤管理，根系数量减少、活性降低　调查发现，20世纪80年代普遍采用的深翻土壤和秸秆覆盖措施仅有大约5%的果园继续采用，人工生草或自然生草的果园仅占20%左右，接近75%的果园地面管理以清耕为主。果园生草是发达国家普遍采用的一项现代化、标准化的果园管理技术，欧美国家及日本实施生草果园面积占果园总面积的80%以上，产生了良好的经济效益、社会效益和生态效益（陈学森等，2010）。而我国苹果园普遍采用的清耕措施不但增加了劳动力投入，而且还造成了果树根系分布表层化和表层土壤水肥气热条件的剧烈变化（孙霞等，2011）。另外，近年来土壤酸化、板结等障碍性因素越来越多，如胶东半岛果园土壤酸化趋势非常明显，土壤pH平均仅为5.21，有56.46%的苹果园土壤pH低于5.50（葛顺峰等，2014）。粗放的地面管理和障碍性因素的增多显著影响了果树根系的正常生长发育，降低了根系总长度、总表面积和总体积，根尖数和根系活力也明显下降，同时也限制了叶片制造的光合产物向根系的运输（葛顺峰等，2013；孙文泰等，2016）。

2. 有机肥投入不足，土壤有机质含量低　20世纪中后期，我国果树的发展大都遵循"上山下滩，不与粮棉争夺良田"的原则，园地条件差，主要表现为土壤有机质含量低。土壤有机质含量与土壤肥力呈显著正相关关系，其变化相对稳定，常被作为评价果园土壤质量动态变化的重要指标（Canali et al.，2004；Wienhold et al.，2004）。土壤有机质含量对于果园可持续生产非常重要，欧美日等水果生产强国都非常注重土壤有机质含量的提升，使其维持在较高的水平。如荷兰果园土壤有机质含量平均在20 g/kg以上，日本和新西兰等国苹果园土壤有机质含量达到了40～80 g/kg（Goh et al.，2000）。然而，我国大部分果园土壤有机质含量在15 g/kg以下，仅南方一些果园和集约化水平较高的北方果园（北京、天津等）在15 g/kg以上（姜远茂等，2001；郭宏等，2013；葛顺峰等，2014）。当前，果园土壤有机质含量偏低的另一主要原因是有机肥施用量较低，我国果园有机肥施用量在2～15 t/hm²（包雪梅等，

2003；刘加芬等，2011；魏绍冲和姜远茂，2012），而国外优质果园一般要求有机肥施用量在 50 t/hm² 以上（Glover et al.，2000；Canali et al.，2004；James et al.，2010）。

有机肥料在果园生产中的作用是不可代替的。有机肥为完全肥料，但其养分主要以有机状态存在，需要经过腐熟分解后才能被果树吸收利用，但目前施用有机肥多采用边积边运、随运随施方式，如人畜粪尿、堆肥等，未经腐熟分解直接施入。直接施入未腐熟的有机肥，不但未能及时提供养分供果树吸收利用，影响其正常的生长发育，还会因腐熟分解过程中产生的有害物质而伤害果树根系，而且经腐熟分解的肥效发挥与苹果树的需肥时间又很难一致，常造成养分流失或浪费。

3. 化肥氮磷钾投入量大，中微量元素养分不足　在我国贫瘠的苹果园土壤条件下，化肥作为增产的重要因子发挥了举足轻重的作用。但近年来，我国苹果园化肥用量持续高速增长，资料显示，苹果园纯氮用量已经由 2008 年的 360 kg/hm² 增加到 2014 年的 490 kg/hm²，其中苹果产量较高的山东胶东半岛产区施氮量高达 837 kg/hm²（魏绍冲和姜远茂，2012），陕西苹果产区的施氮量也超过了全国平均水平，达到 558 kg/hm²（王小英等，2013）。而世界上苹果生产发达国家的施肥量普遍较低，N、P_2O_5 和 K_2O 的推荐施用量分别为 150～200 kg/hm²、100～150 kg/hm² 和 150～200 kg/hm²（Neilsen et al.，2003；Cheng et al.，2009）。化肥的过量主要集中在氮磷钾大量元素肥料，果农对中微量元素的使用不够重视。中国科学院南京土壤研究所对全国土壤微量元素锌、硼、锰、钼、铜、铁含量的调查结果表明，我国大部分地区都存在不同程度的微量元素缺乏。长期不平衡施肥造成了植株根际营养元素失衡和土壤质量下降，导致了苦痘病、黑点病、缩果病、黄叶病和小叶病等生理性病害的普遍发生。2008 年对山东省 760 户苹果园调查发现，72.60% 的果园存在生理性病害（赵林，2009）。

4. 施肥时期的盲目性和随意性　苹果树的需肥时期与苹果树的生长节奏密切相关。而一些果农施肥不是以果树的需要为前提，而是以资金、劳力等人为因素确定施肥时期，因而达不到施肥的理想效果，有时还会适得其反造成损害。近几年，不少苹果园将秋施基肥推移春施，打破了苹果树"生物钟"。由于养分不能及时转化分解被根系吸收供给树体春季需肥高峰期利用，而延迟到夏末初秋，肥效才得以充分发挥，使其春梢生长不能及时停止，即使中、短枝停长不久又二次萌生，直接影响有机养分积累和花芽形成；还促使苹果树秋梢旺长，减少了树体营养积累，影响果实发育，降低品质和硬度，起到了相反作用。施用基肥时间过晚，错过了秋施基肥的最佳时机。此时地温下降，根系活动趋于停止，肥料利用率大大降低，相对增加了生产成本。落叶后施肥和春施基肥，肥效发挥慢，对果树春季开花坐果和新梢生长作用较小，不利于花芽分化，是更不科学的。

5. 施肥方法不当　一是施肥深度把握不适。化肥过浅，造成养分挥发浪费；有机肥过深（80 cm 左右），未施在根系集中分布层，不利于根系吸收，降低了肥料利用率。二是施肥点偏少或未与土壤充分搅拌，肥料过于集中，造成土壤局部浓度过高，易产生肥害，特别是磷肥因移动性差，不利于肥效发挥。在生产中，不少果农比较重视施肥，但往往忽视浇水，虽然施肥不少，但因土壤干旱而不能最大限度地发挥肥效，因而对果品产量和质量造成很大程度的影响。施肥后应及时进行浇灌，当土壤表现出干旱现象时也应及时进行浇灌。缺水地区，可以进行树盘秸秆覆盖，既可保持土壤水分，还可增加土壤有机质含量。

叶面喷施肥料能够直接被叶片吸收，是一种高效、快速的施肥方法，因此被广大果农广泛应用。但是，有些果农在进行叶面喷施时存在一些不当之处：一是肥料种类选择不当，如用碳酸氢铵喷施，造成烧叶；二是喷洒部位不准确；三是浓度掌握不准，或高或低。另外，喷洒量要足，以叶片湿润、欲滴未滴为度，同时叶面喷肥浓度一般较低，含肥量较少，为提高喷肥效果，最好连续喷洒 2 次以上，间隔 10～15 d。

6. 科学施肥技术普及率低、到位率低　科学施肥是基于作物养分需求规律、生长发育规律和土壤养分供应规律而制定的施肥策略，既有利于果树高产稳产优质，又最大幅度降低施肥对环境的负面影响。生产上的施肥不科学主要表现为重无机肥轻有机肥，重大量元素轻微量元素，重氮轻钾，不重视秋季施肥、春季肥料"一炮轰"等。目前，农户的生产经验是确定化肥施用量的主要影响因素之一。Pan 等（2017）调查发现，进行一次传统的理论培训，农户的技术到位率只有 4% 左右，而采用实地指导的方法能够显著提高技术到位率（17%）。然而，当前国家农业技术推广服务系统不健全，果农即使接受了科学施肥技术的培训，在具体操作中也很难得到详细的技术服务，因此技术到位率较低。

（二）过量施肥产生负面影响

1. 过量施肥造成树体旺长　化肥在苹果生长、开花、坐果、产量、品质和采后生理变化中起重要作用（汪景彦等，2004）。适度施肥可促进苹果生长，过量施用化肥，对苹果树枝叶数量，树势、树体抗性和贮藏水平，坐果率和产量都有不同程度的损害。许多农民认为，只要提高化肥用量就可加快苹果树生长从而提高产量。这是一种错误的认识，大量施用化肥可能短期内会使产量提高，但会导致品质的下降。过量施用化肥，会使树体营养器官加速生长，导致营养生长过旺，果园郁闭；还会与花和果实等生殖器官争夺养分，造成不正常的生理落果。此外，过量施肥会影响果树养分的积累，影响翌年新生器官的形成。

2. 过量施肥导致苹果品质下降 研究发现，过量施用化肥会降低苹果品质，影响果实的贮藏性和商品率，降低经济效益。过量施用化肥会增加果实水分含量、降低果实硬度，不利于贮藏和运输。过量施用化肥还会降低苹果对病虫害的抵御能力，增加苹果苦痘病和烂果的发生，使贮藏期发病率增加。Vitousek（2013）研究发现，过量施用化肥使果皮着色迟缓，果实成熟时的着色比正常施肥水平下的颜色要淡。同时，过量施用化肥还影响果实口感，使可滴定酸浓度提高，降低可溶性糖的含量使口感变差。除此之外，前人还对化肥降低苹果品质的原因进行了探究，发现过量施肥一般通过果实中的激素水平来调控果实生长，通过影响果皮叶绿素和花青苷的含量来降低苹果的外观品质（范英等，2010）。

氮肥施用过量对果实品质的影响较大。张强等（2016）发现，果实氮含量与果实可溶性固形物含量、固酸比和果实着色面积呈极显著的负相关关系，而与果实可滴定酸含量呈显著的正相关关系。苹果施氮过多，导致果实着色不良。施氮过量对果实着色的影响是多方面的：施用氮肥后，第一，树体营养生长加强，促进了糖分向氨基酸、蛋白质方向转化，而降低了果实中糖分的积累；第二，促进果实中叶绿素合成，从而推迟了叶绿素的降解。冯焕德等（2008）研究发现，果实中的可滴定酸随施氮量的增加显著增加，而果实的硬度先增加后降低，原因是高氮降低果实中的钙含量，从而降低果实硬度。

3. 过量施肥影响土壤质量和环境 研究发现，过量施肥会造成土壤酸化、氮磷累积、水体富营养化以及氨挥发和氧化亚氮等气体排放增加，生态环境威胁加重（Chen et al.，2014）。

（1）土壤酸化。Guo 等（2010）对我国 20 世纪 80 年代和 21 世纪初的农田土壤 pH 进行了比较，发现 20 多年来由于酸雨沉降和氮肥过度施用等原因，土壤 pH 下降了近 0.50 个单位，其中以经济作物土壤 pH 下降最严重，接近

0.80 个单位。国内外进一步的研究发现，过量氮肥的施用是导致土壤酸化程度不断加重的主要因素，其作用机制是氮的深层淋失与 H^+ 间的动态平衡。过量施氮后，没有被作物吸收利用的部分氮会随着降雨和灌溉等向下层土壤淋失，作为等价交换，等量的 H^+ 便会排放到耕层土壤中，因此长期过量施氮便造成了表层土壤 H^+ 的不断累积。Malhi 等（1998）研究发现，土壤酸化程度与氮肥的用量相关性显著。葛顺峰（2014）在栖霞市开展的连续 28 年长期定位试验结果表明，与 1984 年相比，2012 年苹果园土壤 pH 下降了 1.03 个单位；进一步的研究证实，土壤酸化的驱动因素主要是氮肥的过量施用。Figueroa 等（2002）研究发现，尿素的大量施用显著降低了阿根廷柠檬果园土壤 pH，且随氮用量的增加土壤 pH 下降幅度增大；而且随着尿素施用年限的增加，土壤酸化趋势越来越大。Graham 等（2004）通过连续多年的定位试验发现，与不施氮肥相比，连年施用氮肥后南非和日本果园土壤明显酸化，土壤 pH 下降幅度高达 10%～14%。

（2）耕层土壤氮和磷累积及深层淋失。氮磷矿质养分的过量投入，不仅造成了资源的浪费，没有被作物吸收的部分会残留在表层土壤中以及随降雨和灌溉水而淋失到深层土壤和地表水中，还会对地下水和地表水安全造成严重威胁。陕西、山西和甘肃等苹果产区的调查结果发现，苹果园土壤氮主要以硝态氮为主，且主要分布在 0～120 cm 土层中，硝态氮含量最高可接近 120 mg/kg，平均为 22.86 mg/kg，硝态氮累积量高达 141.30～867.60 mg/kg。寇长林等（2004）、刘侯俊等（2002）研究发现，山东惠民和陕西果树生产地区土壤剖面（0～180 cm 土层）硝态氮累积量均超过了 2 000 kg/hm²，最高可达 3 000 kg/hm²。葛顺峰（2014）对栖霞苹果园长期监测结果发现，土壤全氮含量和碱解氮含量由 1984 年的 0.45 g/kg 和 43.89 mg/kg 增加到 2012 年的 1.14 g/kg 和 115.75 mg/kg。苹果园磷肥用量高，当季利用率低，大量未被植株吸收利用的磷会在土壤中积累。国内研究资料表明，大部分地区果园土壤有效磷（Olsen - P）均出现明显积累，甚至有些地区积累到对环境构成一定风险的程度（葛顺峰，2014）。陕西 113 个平衡施肥示范果园研究显示，土壤有效磷平均含量为 21.29 mg/kg，最高达到 63.4 mg/kg（黎青慧和田霄鸿，2006）。刘子龙等（2006）在陕西苹果主产区 27 个优质苹果基地县中 15 个县的丰产果园进行采样分析表明，土壤有效磷含量平均为 52.39 mg/kg。姜远茂等（2007）对山东省 1 000 多个苹果园土壤养分调查研究表明，土壤有效磷平均含量为 39.02 mg/kg，其中高于 20 mg/kg 的样本占总样本数的 64%。随着果园土壤有效磷积累，土体磷淋失及其对水体富营养化的影响，越来越引起人们的重视。英国洛桑试验站 Broadbalk 长期定位试验发现，当土壤有效磷超过土壤磷素淋失临界值（60 mg/kg）时，排出的总磷含量呈直线增加。钟晓英等（2004）研究我国 23 个土壤磷素淋失风险阈值时，指出北方石灰性土壤磷淋失风险临界值平均为 50 mg/kg，并指出在 pH 为 6.5 左右时临界值最高。果园土壤有效磷积累的原因：一方面，与 20 世纪 90 年代以来注重磷肥施用，尤其高浓度磷肥施用有关；另一方面，与长期施用有机肥，如含磷量高的家禽粪便有关，尤其在北京、天津等大城市郊区，农牧结合程度高，养殖业发达，家禽粪便施用量较高，对土壤有效磷积累起到很大作用。可见，虽然磷在土壤中的移动性较差，但是当土壤有效磷积累到超过一定阈值后，仍会发生土壤磷的大量流失。

（3）氨挥发和氮氧化物排放。全球气候变暖已成为农业生产面临的一个不可忽视的全球性问题。目前，国内外研究发现农业生产过程对全球气候变暖的贡献不可忽视。引起全球气候变暖的气体主要是二氧化碳、甲烷和氮氧化物。大量研究发现，农业生产中排放的氮氧化物和氨气与生产管理措施、氮肥的施用具有直接的关系。研究表明，长期施肥尤其是氮肥，会显著增加 NO、NO_2、N_2O 等气体的排放。对陕西苹果园距离树干不同位置的测定结果表明，距离树干不同位置氧化亚氮的排放量存在较大差异，距离树干 0.5 m 时氧化亚氮排放量最高，距离树干越远氧化亚氮排放量越低。这可能与施肥位置有关，因施肥位置处于距离树干 0.6 m 处，因此氧化亚氮的排放量与土壤氮含量相关性显著，也就是与施氮量显著相关；年氧化亚氮的排放总量处于较低水平，一般为 2.64～3.97 kg/hm²，仅占施氮量的 0.85%～1.28%，这可能与苹果园施肥采取的沟施法有关（Pang et al.，2009）。葛顺峰（2011）在幼龄苹果上的研究也发现，与不施氮肥（空白对照）相比，施氮后氧化亚氮排放量显著增加，但是不同施氮处理间差异不显著，同时氧化亚氮排放量占施氮量的比例也处于较低水平。氨气也是造成温室效应的主要气体之一。大量研究表明，除了工业氨气的排放外，农业生产中氮肥的施用也是空气中氨气排放的主要来源之一。对苹果园的研究发现，不同有机肥和化肥配施显著影响了氨挥发速率和损失量。施肥后两周，各处理氨挥发速率峰值大小和出现时间存在差异，纯化肥处理峰值最高，达 2.07 kg/(hm²·d)，而纯有机肥处理峰值出现时间最早。氨挥发损失量以 100%N 处理最大，达 13.46 kg/hm²（N），占施氮量的 4.48%，显著高于其他处理；50%N+50%Y 处理氨挥发损失量和占施氮量的比例均最低。有机无机肥配施可以有效减少氨挥发损失，以有机肥和化肥各半最好（葛顺峰，2014）。

（4）不合理施肥产生的肥害问题。由于有机肥料普遍欠缺，苹果园施肥主要依赖化肥。化肥具有养分含量高、肥效快等特点，但养分单纯，且不含有机物，肥效期短，长期单独施用易使土壤板结，土质变坏。偏施某一种化肥，会导致作物营养失衡，体内部分物质的转化和合成受阻，造成作物的品质降低。在化肥中，偏重施用氮肥，如尿素、碳酸氢铵等，过多的氮肥还影响苹果树对钙、钾的吸收，使树体营养失调，芽体不饱满，叶片大而薄，枝条不能及时停长，花芽形成难，果实着色差，风味淡且有异味，痘斑病、水心病普遍发生，贮藏性下降，表现出明显的缺钙症状等。

果树的生长发育需要吸收多种营养元素，除了大量元素外，微量元素也很重要，若缺乏则易患缺素症。同时，各种元素间还存在着相助或拮抗作用。如氮与钾、硼、铜、锌、磷等元素间存在拮抗作用，如果过量施用氮肥，而不相应地施用上述元素，树体内的钾、硼、铜、锌、磷等元素含量就相应减少。相反，对苹果施少量的氮肥，叶片中的钾素含量增多，且土壤中氮含量越少，对钾肥吸收就越多，甚至导致因钾素过剩而呈现缺素症。过量的化肥还会使镉、砷、铅、铬等重金属随肥料进入土壤，使树体吸收后难以降解，造成果实中重金属含量超标，影响果实的营养价值（高小朋等，2011）。

第二章 <<<
苹果养分需求分配及营养特性

第一节 苹果生长发育规律

一、根系生长发育

（一）根系生长发育规律

根系是重要的养分吸收器官和贮藏器官，一是吸收正常生长发育所需的矿质营养与水分；二是苹果落叶前，叶片内的养分经枝干回流到根系中，苹果翌年生长发育所需的养分多来源于此，贮藏养分的水平决定花芽分化质量，并且对果树的抗寒性等有很大影响。苹果根系还是重要的合成器官，其新根中合成的细胞分裂素等活性物质对苹果正常生长发育起着不可替代的作用。苹果根系还具有运输和固定作用，对于养分上下交换和抗倒伏有重要意义。

根系的生长发育要经过发生、发展、衰老、更新和死亡的过程。

1. 根系的发生和发展 从苹果的整个生命周期来看，苹果定植后先从伤口和根颈上发出新根，幼树阶段垂直根生长旺盛，到初果期时即达到最深深度，因此定植时要求大穴栽植，结果以后开始扩穴；初果期之后的树以水平根为主，同时在水平骨干根上发生垂直根和斜生根；到盛果期时根系所占空间最大，此时根系的发生量也达到最大。

苹果的根系没有自然休眠，只要条件适宜根系全年都可生长。果树根系在生长季有明显而稳定的高低潮生根表现，一般有3次高峰。

（1）第一次高峰在春季发芽后，正常树细根量大，而骨干性生长根比例小，多发生在秋生根的延伸定位区。此次发根受秋季生根数量的制约，秋季不生根或少生根则春根就难以生长，发根量和发生期对地上部短枝、长梢下部叶质量功能有决定作用。

（2）第二次高峰在夏季，有补偿生长特征，若春季高峰不形成或新栽树，此次高峰强度大，新生根量大，时间也提前。如果此次高峰过强，易造成新梢旺长，叶分化差，不易成花，而延迟结果。

（3）第三次高峰从 9 月下旬开始，一般延续时间较长，强度不大，受地上部负荷和秋梢量的制约。若负荷过大或早期落叶树和不生秋梢树则无秋季高峰发生，甚至不发生秋根。

2. 根系的衰老和死亡　盛果后期，骨干根开始更新死亡，地上部也开始更新衰老。

（二）影响根系发生及生长的因素

1. 树体内部因素对根系的影响　苹果根系的发生及生长、养分及水分的吸收运输和合成所需的能量物质都依赖于地上部营养的供应。光合产物不足首先影响的是对根系的养分供应。早春根系生长所需的养分主要是贮藏营养，上年秋季管理较差造成贮藏营养不足或开花过多造成消耗太大，均可减少春季发根高峰，造成苹果当年后期生长发育（生殖器官）养分竞争最强，对开花、坐果及果实膨大均不利。因此，疏花疏果、合理负荷、减少无效消耗是保证根系正常生长的有效措施。

2. 外界环境条件对根系的影响　改良土壤（或局部改良土壤）为根系发生生长创造良好土壤环境，是促进根系发生生长、增强根系功能的有效措施。

（1）水分。当土壤可利用水分下降时，短期内根毛增多，然后停止生长，并开始自疏死亡。当土壤水分过多，则影响土壤透气性，根系处于厌氧环境引起生理干旱，严重时也造成根系死亡。苹果根系要正常生长，田间相对含水量应为 60%～80%，在此范围内，越接近 60%越有利于吸收根发生，越接近80%越有利于生长根发生。在水分管理上，应因树区别对待，对幼旺树应适当偏旱，促进吸收根发生，抑旺促花；对衰弱树应适当增加水分供给，促进生长根发生，恢复树势。一般情况下，苹果正常生长发育，要求土壤水分相对稳定。

（2）温度。对多数落叶苹果树来说，根系生长最适宜温度一般在 14～25 ℃。根系开始生长的温度在 7 ℃以上，正常生长的最高温度为 30 ℃。年周期中，早春温度太低和夏季地表温度太高是制约根系生长的两个不利因素，可以通过覆膜和覆草等措施来解决。

（3）养分。苹果根系生长有明显的趋肥性。贫瘠土壤虽然有利于根系的建造，但根系的功能弱、吸收效率低。肥沃的土壤中根系发育良好，吸收根多、持续活动时间长。氮和磷可刺激根系的生长，缺氮或缺磷均可限制根系的生长。

（4）通气。通气良好的土壤有利于根系生长。

综合来看，在一定土壤范围内从地表越向深层，温度和水分越适合根系生长，而通气和养分状况越不适合根系生长；反之，越靠近地表，通气和养分状况越好，更适合根系生长，而温度和水分状况恶劣，不适合根系生长。因此，苹果根系既不能分布在地表，也不能集中分布于较深土层中，而是主要分布在10～50 cm 土层中，这一土层称为根系集中分布层。

二、枝干和叶生长发育

（一）枝干生长发育规律

枝干生长包括延长生长和加粗生长 2 个阶段。

1. 延长生长　苹果树枝干延长生长是枝顶端分生组织细胞分裂、细胞分化及体积增大的结果。顶端分生组织产生的原表皮层分裂、分化形成枝的表皮。基本分生组织经过细胞分裂分化形成皮层和髓。原形成层细胞分裂分化产生维管柱。上述分生组织产生的细胞生长分化，推动枝顶端沿枝生长方向延伸，外观上表现为枝的迅速伸长。果树延长生长一般经历开始、旺盛和缓慢生长 3 个时期。

（1）开始生长期。从萌芽开始到第一片幼叶分离为止。此期新梢伸长生长较慢，叶幼小，水分含量高，光合作用弱，新梢生长主要依靠树体内的贮藏营养。气温对此期持续时间的长短影响很大，高温加快萌芽展叶进程。

（2）旺盛生长期。从第一片叶展开到新梢延长生长速度开始降低为止。此期内新梢延伸长生长明显，叶数量增多，叶面积增大，光合作用增强，新梢生长主要依靠当年叶制造的养分，也需要根系吸收的水分和营养元素。此期持续的时间长，新梢生长势强，长得长；反之，新梢生长势弱，长得短。苹果中长枝的旺盛生长期持续 10～15 d，长枝的生长可持续 15～25 d，徒长枝的生长持续时间更长。

（3）缓慢生长期。从新梢延长生长减速到停止生长为止。先是顶端分生组织分裂速度降低到逐渐停止，细胞体积增大也缓慢停止。新梢上部节间变短，顶端形成顶芽。新梢叶片开始衰老，光合作用也逐渐减弱。

2. 加粗生长　苹果树形成层的细胞不断向内向外分裂、分化形成次生木质部和次生韧皮部。木栓形成层细胞向内向外分裂、分化形成木栓和栓内层，使得枝干不断加粗生长，这种由形成层和木栓形成层活动使枝干加粗的生长称为次生生长。

枝干在形成当年就发生加粗生长，以后形成层每年继续产生新的次生韧皮部和次生木质部，使得枝干逐年加粗。大约在果树新梢顶端下方第一片叶的成熟部位出现发育完整的形成层，即开始向外产生次生韧皮部，向内产生次生木质部。多年生枝干的加粗生长比当年生枝延长生长开始稍晚，定植也较晚。一株树下部枝停止晚于上部枝。

（二）叶生长发育规律

叶的生长发育从叶原基形成开始，经历展叶期、成熟期和衰老脱落期。

1. 叶原基形成期　叶原基是由芽和新梢顶端分生组织外围细胞分裂分化形成的。最初是靠近亚表皮细胞分裂和体积膨大产生隆起，随着细胞继续分裂、生长和分化形成叶原基。叶原基的先端部分继续生长发育成为叶片和叶柄，基部分生细胞分裂产生托叶。芽萌发前，芽内几个叶原基已经形成雏叶（幼叶）。芽萌发后，雏叶向叶轴两边扩展成为叶片，并从基部分化产生叶主脉。

雏叶和叶原基在芽内生长缓慢，萌芽后它们利用果树体内贮存的养分在短时间内伸展开。这些由芽内分化的叶原基形成的叶，着生在新梢的基部和中部，其生长发育受果树体内贮藏养分影响较大。随着新梢生长，其顶端继续分化形成新的叶原基，当年发育成为新梢上部的新叶，其生长受环境条件的影响较大。

2. 展叶期　叶展开先是顶端生长，幼叶顶端分生组织的细胞分裂和体积增大增加叶长度。随后，幼叶的边缘分生组织的细胞分裂分化和体积增大扩大叶面积和增加厚度。雏叶的原表皮分生细胞发育形成叶表皮，并逐渐分化产生表皮气孔。内层基本分生组织细胞分裂分化产生不同的叶肉组织。原形成层组织分生的细胞发育形成叶脉。苹果树叶从展叶到停止生长只需要 10～35 d，小叶需要的时间更短。

苹果叶边缘细胞分布点遍布全身。叶尖和基部先成熟，生长停止的早；中部生长停止的晚，形成的面积较大。靠近主叶脉的细胞停止早，而叶缘细胞分裂持续的时间长，不断产生新细胞，扩大叶片表面积。上表皮细胞分裂停止最早，然后依次是海绵组织、下表皮和栅栏组织。细胞体积增大一直持续到叶完全展开。在细胞体积增大过程中，海绵组织细胞分离形成许多大的细胞间空隙和气孔腔。

3. 衰老脱落期　一般当果树叶即将脱落时，叶柄基部细胞分化形成离层。受外力的作用，叶柄在离层处断裂，叶脱落。

果树叶在正常衰老之前，其体内相当一部分营养物质降解回流到树体多年生器官贮藏，供给其他新生器官生长发育。提前落叶对果树生长结果不利。春夏早落叶影响当年果树花芽分化，降低果实质量和产量。秋季采果后早落叶减少果树体内养分积累，影响翌年果树新生器官的生长发育。生产上采取合理修剪、适当施肥和灌溉、调整结果数量等方法可防止果树早落叶，延迟落叶对果树生长也不利，枝条顶端难以成熟，易受冻害。

三、花和果实生长发育

（一）花生长发育规律

花分化即芽轴生长点无定形细胞的分生组织经过各种生理和形态的变化最终形成花的全过程。它主要包括花诱导和花发育两个过程。花诱导期间，生长点内部发生一系列生理和生化变化，而花发育期间，生长点在外部形态上发生显著的改变，因此这两个过程分别称作生理分化和形态分化。

1. 花诱导发生时期　苹果花诱导发生时期一般发生在盛花后 4~5 周至 9~10 周或者在短梢停长后的 1~2 周至 7~8 周之间。如北京地区红富士和国光苹果的花诱导时期发生在 5 月下旬至 7 月上旬，持续时间 50 d 左右；花诱导盛期在 6 月中下旬，持续 20 d 左右。

2. 花发育发生时期　在花芽形态分化初期，主要是花器官原基的发生。所有花器官原基发生完毕并不等于花分化过程的彻底完成。直到开花前，花器官进一步发育和器官组织内的分化以及性细胞的形成，经过包括子房的形成、花粉母细胞的分化、胚珠的形成与花粉粒的形成、花丝及花药壁的分化等发育过程，这样一朵具有生殖能力的完全花才真正形成。

（二）果实生长发育规律

果实累加生长曲线，是将果实的体积、鲜重、直径、干重等作纵坐标，时间作横坐标绘制的曲线。苹果果实的生长属于单 S 形生长曲线。其生长过程分为 3 个阶段：初始的缓慢生长期，果实体积增大变化不明显。快速生长期，果实体积增大非常迅速。第二次缓慢生长期，果实体积增大缓慢，逐渐停止生长。果实在整个生长发育期间只表现出一次快速生长。在果树栽培生产中，可用果实生长曲线预测果实成熟期、果个大小及果实生长发育各个阶段出现的时间，以采取相应的栽培管理技术措施。

1. 果实的细胞分裂　果实由许多细胞组成。一个重 160 g 的小元帅苹果有 5 000 万个细胞，一个重 430 g 的大苹果有 1.16 亿个细胞。多数果实的细胞分裂在开花前已经开始,并且持续到坐果后的幼果生长期。

2. 果实细胞体积膨大 果实细胞分裂后体积不断膨大,到果实成熟时细胞体积可增大几十倍、数百倍甚至近万倍。果实细胞体积的迅速膨大多发生在果实生长发育的中后期。如果细胞数目一定,收获时果实的大小主要依靠细胞体积增大。

3. 果实体内空隙的增加 果实成熟时,细胞体积增大,细胞间隙也增大,空隙增多,果实体积密度会降低。这也是果实增长的一个重要因子。成熟的苹果果实空隙可占总体积的 25%。多数果实生长发育后期,体积增大速度超过重量增加速度而造成密度降低。

(三)影响花和果实发育的因素

1. 花芽分化的影响因素

(1)树体营养状况。营养生长与花芽分化的关系既相互依赖,又相互制约。良好的根系发育和足够量的枝叶能形成充足的营养物质,是果树进行正常花芽分化的前提。但是,果树生长过旺或过弱都不利于花芽的分化与形成。

(2)树体的负载量。树体结果过多是导致果实产生大小年的首要因素。果实中的大量种子产生过量的赤霉素影响树体内的激素平衡,开花坐果也消耗大量的营养,树体营养生长弱,不利于树体内碳水化合物等养分的积累。上述两个因素都不利于果实的花芽分化。生产上常会看到一个大年紧跟两个小年的现象,其中第二个小年是因为头一年结果太少导致树体过旺营养生长。

此外,砧木、修剪、灌水、施肥、施用植物生长调节剂等栽培措施会影响树体的营养状况及树体内的激素平衡,从而影响花芽分化。

2. 果实发育的影响因素

幼果生长需要的营养物质主要依赖于树体内上年贮藏的养分。果树体内贮藏营养不足,子房和幼果的细胞分裂速率与持续时间都会受到影响,这将进而限制果实的生长发育。贮藏营养不足抑制新梢生长,果树叶数量减少,还将影响果实的后期生长发育。

第二节　苹果养分吸收规律

一、年周期苹果营养需求规律

苹果树体的营养状况在一个生产周期内不尽相同,其表现为春季养分由多到少变化,夏季基本处于低养分时期,到了秋季养分开始积累。了解苹果树营养物质的合成运转和分配规律（图 2-1），有利于果园的科学管理和合理施肥，从而达到高产、优质、高效的目的。

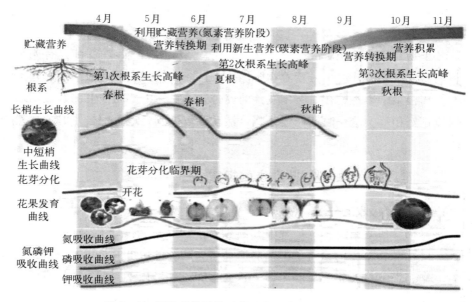

图 2-1　苹果营养转换吸收及各器官生长发育规律

　　春季是苹果树利用贮藏营养和器官建造时期：这一时期包括萌芽、展叶、开花到新梢迅速生长前，即从萌芽到春梢封顶期。这一时期苹果树的所有生命活动需要的能源和器官建造需要的营养主要是上年贮藏营养，苹果开花前通过根系吸收的养分只占这一时期养分需求的一小部分，苹果树所需营养元素的大量吸收是从落花后开始的。上年贮藏养分的数量，不但影响苹果树的萌芽、展叶、开花、授粉、坐果和新梢生长，而且影响后期苹果树的生长发育和光合物质的合成与积累，这一时期的营养对成熟时的果实品质有决定作用。

　　夏季是苹果树利用当年同化营养时期：这一时期叶片已经形成，部分中短梢封顶，果树进入花芽分化期，果实开始迅速膨大，营养器官同化功能达到最强，光合产物上下运输，合成和贮藏同时存在，树体消耗以利用当年有机营养为主。这一时期果园管理水平直接影响当年果品、产量和翌年成花的数量与质量。

秋季是苹果树体有机营养贮藏时期：这一时期从果实采收到落叶。此时果树已完成周期性生长，所有器官体积不再增大，只有根系生长能达到一次高峰，但根系吸收的养分大于消耗的养分。叶片中的同化产物除少部分供给果实外，大部分从落叶前 40 d 左右开始陆续向枝干的韧皮部和根部回流贮藏，直到落叶后结束。

冬季是有机营养相对沉溃期：这一时期从落叶后到翌年萌芽前。有关研究资料表明，果树落叶后少量营养物质仍按小枝→大枝→主干→根系这个方向回流，并在根系中累积贮存。翌年发芽前养分开始从地下部向地上部运输，顺序与回流正好相反。这一时期树体休眠，活动比较微弱，地上部枝干贮藏营养相对较少。

二、年周期苹果养分吸收分配规律

(一) 氮素吸收的分配

苹果树新生器官（果实、叶片和新梢）中氮含量与氮累积呈规律性变化。果实、叶片和新梢中的氮含量都是前期高，后期降低，可能是因其生长氮素被稀释。新生器官中氮累积量随果树生长而增加。苹果树年周期不同生育阶段以叶片氮累积量最多。春季随苹果树生长的开始，吸收量迅速增加，至 6 月中旬前后达到高峰，此后吸收量迅速下降，直至晚秋又有回升。

(二) 磷素吸收的分配

磷的吸收在苹果树生长的初期，也是随着生长的加强而增加，7 月迅速达到吸收盛期后，一直保持在较高的吸收水平上，直到生长后期也无明显变化。6 月上旬后，以利用当年养分为主的阶段，则分配到新梢和叶片中的数量增多。果实、叶片和新梢中磷含量表现出前期较高，而中后期较低的消长变化。早春叶片磷含量较高，幼果期果实磷含量较高，果实成熟期新梢磷含量较高，表明年周期内磷的分配随生长中心的转移而转移。

(三) 钾素吸收的分配

钾的吸收，在苹果树的生长前期急剧增加，至果实迅速膨大期达到吸收高峰，此后吸收量急剧下降，直至生长季结束。在生长后期、落叶前，枝干和根系中的分配数量又有新的增大。

总体来看，苹果树年周期发育过程中，前期以吸收氮为主，中、后期以吸收钾为主，磷的吸收全年比较平稳。

三、果树发育期养分需求

（一）幼树期养分需求

幼树期内需肥量少，但对肥料特别敏感，要求施足氮磷肥，促进根系生长；适当配合钾肥，在有机肥充足的情况下，可少施或不施氮肥，但在贫瘠山地，也不可忽视氮肥的施用。幼树根系较少，吸收能力差，加强根外追肥对于加快营养生长、发挥叶功能作用具有重要意义。其需氮、磷较多，氮、磷、钾比例即 $N：P_2O_5：K_2O$ 应以 2：2：1 为宜。

（二）初果期养分需求

初果期若生长发育正常（以干周粗度 20 cm 左右为标志），应以磷为主，配合钾肥，少施或不施氮肥；若营养生长未达结果标志（干周粗度 20 cm 左右），培养健壮树势仍是施肥重点，应以磷肥为主配合氮钾肥。叶面喷肥前期以氮为主，中后期以磷钾为主，促进花芽分化，提早结果。在整个初果期，果树需肥特点应掌握氮磷钾比例以 1：2：1 或 1：1：1 为宜。

（三）盛果期养分需求

盛果期内果树生殖生长占主导地位，大量营养用于开花结果。对于施肥时期、方法、肥料种类、数量等都必须选择最佳方案，真正达到施肥上氮磷钾配合，适当增加钾及微量元素的量，真正做到控氮、稳磷、增钾、补微（指微量元素），满足果实和树体的需要，维持健壮树体，减轻大小年结果现象，延长盛果期。苹果树每年每株氮、磷、钾的适宜配合施用比例（即 $N：P_2O_5：K_2O$）为 2：1：2。

（四）更新衰老期养分需求

在更新衰老期，施肥主要目的是促进更新复壮，维持树势，延长盛果期。施肥以氮为主，配施磷、钾肥，$N：P：K$ 为 3：1：2。

第三节　营养元素生理功能

一、大量元素生理功能

（一）氮的生理功能

氮素是影响果树生长的重要元素，不仅是植物细胞蛋白质的主要成分，还是叶绿素、维生素、核酸、酶和辅酶系统、激素以及植物中许多重要代谢有机化合物的组成成分，因此是生物物质的基础。氮不仅影响果树的营养生长，促进果树器官建成，保证树体内代谢过程的正常进行，而且对果树的生殖生长影响较大。

（二）磷的生理功能

磷是细胞质、细胞核、酶和辅酶重要成分，在细胞的物质代谢和能量代谢中都起着重要作用。磷对碳水化合物的形成、运转、相互转化以及对脂肪、蛋白质的形成起着重要作用。此外，磷能促进根际土壤微生物活动，提高根系生长及吸收能力，促进磷吸收，提高树体磷素营养水平，有利于形成花芽、提高产量。磷还能改善果实品质，增加着色、提高含糖量和增进风味等。

（三）钾的生理功能

与磷含量相近，与氮、磷不同，钾不是植物体内有机化合物的成分，主要以无机盐的形式存在。钾对树体的代谢起重要作用，影响磷和碳水化合物的代谢，影响蛋白质、淀粉和油脂的合成。钾不仅是硝酸还原酶的诱导因子，而且是某些酶或辅酶的活化剂。钾能够促进光合作用，提高植物对磷的吸收和利用，可增强植物对干旱、霜冻和病害等恶劣环境的抵抗力，促进果实增大，提高糖酸比。

二、中量元素生理功能

（一）钙的生理功能

钙是植物体内重要的必需元素之一，对植物细胞的结构和生理功能有着十分重要的作用，参与细胞内各种生长发育调控。果实中的钙能维持细胞壁、细胞膜及膜结合蛋白的稳定性，钙以果胶酸钙的形式在细胞壁结构中起黏合剂的作用，增强细胞壁的机械强度，阻止外界水解酶的进入，减少酶与底物的接触，推迟果实衰老。钙也抑制果实中多聚半乳糖醛酸酶活性，减少细胞壁的分解作用，推迟果实软化。

（二）镁的生理功能

镁是叶绿素的主要组成成分，缺镁植物不能合成叶绿素。镁对树体生命过程起调节作用。在磷酸代谢、磷素代谢和碳素代谢中，镁能活化多种酶，起活化剂的作用。镁在维持核糖、核蛋白的结构和决定原生质的理化性状方面，都是不可缺少的。此外，对呼吸作用也有间接影响。

三、微量元素生理功能

（一）铁的生理功能

铁是多种氧化酶的组成成分和一些酶的活化剂，缺铁时酶的活性下降，功能紊乱。铁虽然不是叶绿素的成分，但铁是叶绿素合成以及叶绿素功能维持的重要组成成分，缺铁会影响叶绿素的形成。铁参与细胞内的氧化还原作用，而且是光合作用中许多电子传递体的组成成分。缺铁时，植物的代谢活动受到破坏，光合强度下降。此外，铁还参与核酸、蛋白质及糖类的合成。缺铁影响果实糖、酸含量以及果实色泽和硬度。

（二）硼的生理功能

植物体内的硼大体可以分为 3 种形态：游离态（水溶态）、准束缚态（单糖结合态）和束缚态（RGII 结合态），各形态之间可能存在着一种平衡关系。植物体内的硼主要分布在细胞壁上，是细胞的框架结构成分，对维持细胞壁、细胞膜的稳定具有重要作用。硼对光合产物的运输、贮藏，激素吲哚-3-乙酸（IAA）的转运，以及花粉发育和生殖器官的建成等都起到重要作用。

（三）锌的生理功能

锌是许多酶类的组成成分，与过氧化氢酶活性以及生长素合成有关，是果树生长发育不可缺少的营养元素。缺锌时，树体内生长素含量降低，细胞吸水少，不能伸长，枝条下部叶片常有斑纹或黄化部分。严重缺锌时，过氧化氢酶的活性降低，过氧化氢积累，产生毒害。

（四）锰的生理功能

锰是叶绿体的组成物质，直接参与光合作用，在叶绿素合成中起催化作用。不仅是许多酶的活化剂，还可以影响激素的水平。锰对酶的活化作用与镁相似，大多数情况下可以互相代替。根中硝酸还原过程不可缺少锰，因而锰影响硝态磷的吸收和同化。

第四节　苹果营养诊断

一、苹果树缺素症机理

苹果树缺素症的诊断首先要了解各种元素在植物体内的移动性。氮、磷、钾、镁、氯、钼、镍等在植物体内容易移动，可以被多次利用。当植株缺乏时，这类元素从成熟组织或器官转移到生长点等代谢较旺盛部分，因此缺素症状首先在成熟组织或器官发生。如展叶过程中缺素，症状首先发生在老叶中；植株开花结果时，这些元素都由营养体（茎、叶）运往花和果实（生殖器官）；植物落叶时，这些元素都由叶运往茎干或根部。钙、铁、硫、锌、锰、铜、硼等在植物体内不易移动，不能被再次利用。这些元素被植物地上部吸收后，即被固定而难以移动，所以器官越老含量越大，其缺素症状均出现在新发生的幼嫩器官中。

二、影响缺素症的因素

1. 土壤酸碱度　土壤 pH 为 6.0～6.5 时，有利于苹果树根系对钙元素的吸收；土壤 pH 偏高时，不利于苹果树对铁、锌、硼的吸收。

2. 土壤理化性状　苹果园实行清耕制，以施化肥为主，且施肥不深，使土壤严重板结，导致苹果树根系生长发育不良，降低根系对中微量元素的吸收。

3. 土壤水分　土壤中的任何营养元素，都必须在有一定水分的情况下才能被根系吸收。干旱会使土壤中的中微量元素固化，导致苹果树难以从土壤中吸收足量的元素。

4. 土壤中元素间互相影响　土壤中的氮、磷、钾、镁等过多，会与中微量元素产生拮抗作用，抑制果树对中微量元素的吸收和利用。钾过多，不仅对 Ca^{2+} 起拮抗作用，也会降低果实硬度，使果肉松软，易发绵；磷过多易引起缺锌症状；偏施氮肥会造成缺硼；钙过多又易引起缺铁。因此，既要施用有机肥，改善土壤结构，又要平衡施用氮磷钾大量元素。

三、苹果树营养诊断方法

（一）外观诊断

树体内必需矿质元素在植物的生长发育中发挥重要作用，当某元素缺乏较为严重时，会在植物体不同器官上表现出典型症状。

1. 缺氮症状　在春、夏间，新梢基部的成熟叶片逐渐变黄，并向顶端发展，使新梢嫩叶也变成黄色。新生叶片小，带紫色，叶脉及叶柄呈红色，叶柄与枝条成锐角，易脱落。当年生枝梢短小细弱，呈红褐色。所结果实小而早熟、早落，花芽显著减少。

2. 缺磷症状　叶色暗绿色或古铜色，近叶缘的叶面上呈现紫褐色斑点或斑块，这种症状从基部叶向顶部叶波及。枝条细弱且分枝少。叶柄及叶背的叶脉呈紫红色。叶柄与枝条成锐角。生长季生长较快的新梢叶呈紫红色。

3. 缺钾症状　基部叶和中部叶的叶缘失绿呈黄色，常向上卷曲。缺钾较重时，叶缘失绿部分变褐枯焦，严重时整叶枯焦，挂在枝上，不易脱落。

4. 缺锌症状　锌是许多酶类的组成成分。在缺锌的情况下，生长素少，植物细胞只分裂而不能伸长，所以苹果、桃等果树常发生"小叶病"。

5. 缺镁症状 缺镁时，果树不能形成叶绿素，叶变黄而早落。首先在老叶中表现。枝梢基部成熟叶的叶脉间出现淡绿色斑点，并扩展到叶片边缘，后变为褐色，同时叶卷缩易脱落。缺镁造成叶脉严重失绿的叶片呈现"鱼骨刺"形态。新梢及嫩枝比较细长，易弯曲。果实不能正常成熟，果实小、着色差。

6. 缺铁症状 铁对叶绿素的形成起重要作用。果树缺铁时，叶绿素不能形成，幼叶首先失绿，新梢顶端的幼嫩叶变黄绿，叶肉呈淡绿或黄绿色，随病情加重，再变黄白色，叶脉仍为绿色，呈绿色网纹状，全叶白，即发生平时常说的黄化现象至黄叶病。严重时，新梢顶端枯死，呈枯梢现象。

7. 缺锰症状 锰在一定程度上影响叶绿素的形成，在代谢中通过酶的反应保持体内氧化还原电位平衡。缺锰时，果树也常常表现叶脉间失绿。

8. 缺硼症状 硼能促进苹果树开花结果，促进花粉管萌发，对子房发育也有一定作用。缺硼时常引起输导组织坏死，使苹果、梨、桃等果树发生缩果病，俗称"猴头果"，同时还发生枯梢及簇叶现象。

9. 缺钙症状 钙是苹果必需的营养元素，是构成细胞壁的重要成分。缺钙时，细胞不能正常分裂，严重时，生长点坏死，极易发生生理性病害，果肉缩成海绵状，果心呈水渍状，造成苦痘病、木栓化斑点病和水心病等。缺钙的苹果，因细胞间的黏结作用消失，细胞壁和中胶层变软，细胞破裂，不但采收前出现上述缺钙症状，贮藏期也容易出现苦痘病、水心病等症状。

（二）叶分析营养诊断

1. 叶分析营养诊断技术原理 叶分析营养诊断技术就是通过化学方法测定目标果园叶片矿质元素的含量，将获得的含量数值与已知标准值（代表该树种正常生长结果时的叶内养分含量）进行比较分析，以叶片矿质元素含量来推测整株树体矿质元素盈亏状况，为树体的施肥管理提供参考。目前，叶分析营养诊断技术在欧美等苹果生产先进国家施肥管理中心普遍应用，并发挥重要作用。

2. 叶分析一般步骤 叶分析一般分为样品叶片采集、样品的前处理、营养元素的测定、样品叶营养含量与标准值的对比分析以及指导施肥等。营养诊断的前提是确定叶片矿质元素含量标准值。标准值的确定是大量正常生长、正常结果果树的叶内矿质元素含量的统计结果。目前国内外不同产区根据自身特点建立了适合当地的苹果叶片矿质元素含量标准值，见表2-1。

表 2 - 1   我国部分地区苹果叶片矿质元素含量标准值

产地	叶片矿质元素含量								
	氮(%)	磷(%)	钾(%)	钙(%)	镁(%)	铁(mg/kg)	锰(mg/kg)	铜(mg/kg)	锌(mg/kg)
陕西	2.3~2.5	0.14~0.17	0.7~1.0	1.7~2.3	0.37~0.43	120~150	52~80	20~50	24~45
山东	2.7~3.2	0.11~0.25	0.6~0.9	0.9~1.4	0.19~0.27	217~353	121~351	—	24~45
豫西	1.9~2.5	0.21~0.27	0.8~1.1	—	—	89~119	27~39	2.9~3.8	24~35
河北	2.2~2.9	0.09~0.13	0.8~1.1	1.3~1.6	0.11~0.12	87~111	65~80	15~22	8.4~9.8
辽宁	2.50~2.84	0.18~0.24	0.98~1.24	1.03~1.73	0.32~0.60	115~183	80~202	5.5~20.0	22.9~51.8

注:"—"表示还没有该地该元素的标准值。

3. 叶片采集和保存　　在我国,由于测定分析工作较为复杂,需要昂贵的仪器设备和复杂的分析方法,因此一般由专门的果树科研部门或实验室开展,具体方法本书不详细介绍。叶片的采集可以在专业人员的指导下由生产一线的园主操作,因此下文系统介绍叶片采集的一般方法,确保为测定分析提供可靠的叶片样品。

(1)选园。一般选择盛果期果园,由一户或一人管理的果园或田间管理相同的果园作为一个样本,尽量保证土壤、品种、树龄、产量以及长势基本一致,不要把不同砧木、不同树龄或不同处理的叶样混在一起。

(2)定树。取样植株尽量均匀分布于园内,勿选过强过弱的树。果园内一般采取 S 形取样或十字交叉 5 点取样法,每个点 3~5 株,采集 50~100 片,作为一个重复。一个样本果园需要 3~5 个重复,共计 15~25 株树。

(3)采叶时期。一般在苹果树长梢停止生长的 7 月中旬至 8 月中旬期间采集,尽量避开喷药、施肥时期,如果处于病虫害防控时期,至少在喷药后一周采样。

(4)采叶方法。从树冠外围 1.5~1.7 m 高度,选取新梢(长梢)中部无病虫害及机械损伤的健康叶片(已明显表现缺素症状的叶片,不能反映正常生理代谢水平),带叶柄向枝条基部方向掰下。每个梢采集 1~2 片,全树采集 10 片,5 株树共采 50 片叶,作为一组,放入自封袋内或信封内封好。

(5)田间基本情况记载。每个样品要注明果园位置、地块面积、采样时间、采集人姓名、树种、砧木、品种、树龄、产量、取样株位置、株行号、样本号以及喷药、施肥、灌水等相关管理措施实施简况。

（6）叶片的采集与运输。编好号的鲜叶样，可集中放置在保温箱内，保温箱箱底和样品的上部放置冰袋保温，以保证运输途中不损伤叶片。

（7）叶片的清洗和烘干。洗涤顺序是：自来水—洗涤剂加自来水—自来水—0.2%HCL 溶于蒸馏水—蒸馏水—蒸馏水—去离子水—去离子水。清洗叶片时不得揉搓叶片，时间不超过 2 min，以尽量减少养分损失。洗后的叶片连同编号标签放在托盘内，控去水分。

（8）烘干、收藏。把烘箱温度调整到 105 ℃，将样品放在信封内放入烘箱，20 min 杀青后，在 60 ℃条件下烘干，干样如不立即研磨，应收贮于塑料袋内以防污染。

（9）干叶的粉碎与保存。干叶置于不锈钢磨或玛瑙球磨机中粉碎，细度在 0.3 mm 左右，样品存放在塑料瓶或塑料自封袋中。

4. 测试结果解释

（1）氮素结果分析。评价树体氮素水平，一定要综合考虑树种、树龄和品种、负载量、树势等情况。最佳的氮素管理是：生长季早期氮素水平相对较高，促进快速长叶、坐果以及花芽形成。随着生长季推移，氮素缓慢减低，有助于果实着色和树体生长充实。幼树叶片氮素含量在 2.40%～2.60%时，生长最佳。成龄果树不需要过旺营养生长，可适当减低氮素水平，促进果实着色，提高果实硬度。此外，负载量高的果树叶片氮素含量低，产量小年的果树叶片氮含量较低，因豆科作物或者杂草竞争，叶片氮素含量可能降低。

（2）磷素结果分析。叶片中磷水平因果实种类和品种不同而有差异。叶片磷含量在 0.13%以上，通常表明树体磷素供应充足。土壤 pH 显著影响磷的有效性，叶片磷含量低通常表明土壤 pH 过低，限制了磷的吸收。此外，有些元素如锌缺乏会限制树体生长，导致叶片磷积累而含量明显偏高。

（3）钾素结果分析。正常生长结果的果树，叶片钾素含量在 1.30%～1.80%较为适宜。当叶片钾含量大约为 0.75%或更低时，钾缺乏症状明显。缺钾果树通常坐果正常，但是果实比正常树小，果实酸度降低、色泽暗淡、味道平淡，花蕾易遭遇春季霜冻，树体容易受到冬季冻害。

叶片钾含量还与负载量呈负相关，随着树体生长和负载量增加，钾含量会降低。负载量高的果园，叶片钾含量 1.3%处于适宜范围；但在负载量低或不结果的果园中此含量则存在缺乏风险。

磷钾比例通常在判断钾状况、果实质量以及树体对冬季低温和春季霜冻时提供额外的信息。一般来说，钾素的需求随着磷水平的增加而增加。对于旭苹果来说，磷钾比为 1.00～1.25：1 较适宜，而元帅苹果的磷钾比例为 1.25～1.50：1 更适宜。基于此，旭苹果叶片磷含量为 1.80% 时，钾含量应为 1.44%～1.80%，而元帅苹果磷素含量为 2.40% 时，钾含量应为 1.60%～2.00%。磷钾比高通常说明钾供应不足，磷钾比低可能是磷供应不足或者钾供应过多。

土壤水分供应和土壤管理措施也会影响叶片钾素状况。如果土壤钾供应充足，水分胁迫会限制叶片钾含量。土壤管理，如行内清耕或者行内喷施除草剂，或者覆盖，会降低水分胁迫，提高叶片钾含量。有些覆盖物料，例如干草含有钾，数量随物料类型和数量而改变。

（4）钙素结果分析。叶片钙含量适宜值在 1.30%～2.00% 之间，而含量在 1.60%～2.00% 范围内，通常果实缺钙病害显著降低。叶片钙含量低通常与土壤钙供应不足以及土壤 pH 低有关。当土壤钙充足时，叶片缺钙可能与硼和（或）锌缺乏有关。

正常生长条件下，叶片钙水平与叶片磷含量呈正相关关系。这种关系的存在是因为大部分吸收到树体中的钙和磷因蒸腾作用随水运输到叶片中。增加磷供应，增大了叶面积，提升蒸腾作用。但是供磷过量，会提高叶果比，增加叶片对钙的竞争，导致果实缺钙。土壤含水量不足，树体发生水分胁迫，钙会从果实移动到结果叶片，导致叶片钙含量增加。

（5）镁素结果分析。镁含量要和钾一起考虑，其需求量随着钾水平的增加而增加。叶片中钾镁比等于或大于 4：1，表明镁供应不足。因此，叶片镁含量在 0.35% 以上，钾含量在 1.40% 或以下，镁即足够；如果钾含量为 1.80%，镁含量要在 0.45% 以上时才不缺乏。当镁供应不足时，在结果短枝上的叶片，或在生长旺盛枝条的中下部叶片变黄，幼树上特别明显。果实过早成熟和采前落果加重常与缺镁有关。

（6）硼素结果分析。果园中常出现缺硼情况，特别是在土质粗糙的干旱季节。树体正常生长需要的叶片硼含量在 30～50 mg/kg 之间。树体硼含量不足时，果肉或者果实表面会出现各种类型的木栓化，根系和枝条发育不良，果实早熟，以及采前落果加重等。缺硼会导致花繁育畸形，花粉管萌发差，降低花粉管生长和坐果率。解释叶片硼适宜含量时，一定要了解田间硼肥的施用情况。采叶前没有喷过硼，叶片硼适宜含量在 30～50 mg/kg 之间；如果落花后喷过硼，叶片适宜值在 30～50 mg/kg 之间。另外，果实分析是诊断硼营养状况的最灵敏的方法。

（7）锌素结果分析。如果叶片没有喷施含锌物质，适宜含量在 30～50 mg/kg 之间，而在 20～35 mg/kg 之间处于较低水平，低于 20 mg/kg 表现缺乏。有时依靠这个标准判断锌水平还要参考以下两个因素，以免产生错误结果：①当锌含量有限时，树体生长受到限制，反过来导致锌积累，甚至比正常树体锌含量还要高。②高水平的磷会形成不活跃的磷酸锌沉淀，影响锌的有效性。当锌含量有限阻碍生长时，也会导致磷含量增加，加重树体锌缺乏。

叶组织中磷锌比提供了测定锌相对状态的另一种方法。这个比例通过磷含量除以锌含量计算。当与指示的值结合使用时，或者锌含量为 20 mg/kg 或者磷锌比为 150 及以上，表明锌缺乏；而锌含量为 35 mg/kg 或者磷锌比为 100 或者不足 100，通常表明锌供应充足。

（8）锰素结果分析。土壤 pH 对锰的有效性影响很大，土壤 pH 过高或质地粗糙，经常会出现缺锰情况，土壤 pH 为 5 或者低于 5 时，会发生锰中毒，如金冠苹果的粗皮病。锰在排水不良、空气流通不畅的土壤中有效性更好，如在土壤 pH 为 5.5 且排水不良的土壤中，锰的有效性可能过高，但在相同 pH 且排水良好的土壤中，锰的有效性正常。锰中毒导致的韧皮部坏死经常与其他问题混淆，如铜或硼缺乏。

（9）铜素结果分析。在粗质土壤或者 pH 为 6.3 及以上的土壤可能会出现缺铜情况。叶片铜适宜含量在 7～12 mg/kg 之间。叶片铜含量在 3.5 mg/kg 或者以下时表现缺铜，表现为嫩枝皮孔粗糙和增大，随后坏死，在生长季嫩枝枯萎，开花较多，但结果较少。

（10）叶营养含量综合分析。树体同时出现两种或者多种元素缺乏的情况也很常见，如钾-镁、钙-镁、铜-锌、锌-锰、锌-铜以及其他元素的混合都会发生。有时叶片各种元素的含量都在正常值范围内，但树体生长受限而异常。在分析此类问题前，可能需要参考树体目前长势、了解过去生长情况、调查土壤以及对可疑问题元素进行试验验证等。两种或多种元素不足，矫正一种元素通常会加重其他缺乏元素的病症。其他因素，如根系生长和疏导组织状况、土壤理化性状、植物线虫或病害对根系损伤等，也可能影响叶片的分析结果。一些对枝条、树干、根系的物理伤害，或者机械伤害，或是啮齿类动物、害虫、病害等，都有可能影响营养的吸收及其在树体内的运转。同样，对于冬季低温、春季晚霜、除草剂、害虫等对芽和叶的伤害，也能影响树体生长和叶片营养含量。因此，在生产中要做好田间记录，为营养分析提供科学参考。

(三) 果实营养诊断

果实营养诊断原理与叶分析营养诊断基本相同，但由于果实营养含量变动幅度很大，而且采集样品需求量大，与叶片相比耗费成本较高，因此果实营养诊断在指导施肥中应用较少。但近年来，果实因中微量元素的缺乏而导致的病害频发，并出现一些通过表观无法判断的病害，那么借助果实营养诊断就较为可靠。

果实营养诊断一般采集 25～50 个果实，果实的采集方法可以参考果实品质测定等相关方法。由于有关果实矿质元素含量标准值的参考资料有限，因此一般采用对照分析的方法进行果实营养诊断。即在选取病害果实样品的同时，采集同一果园的正常果实或邻近果园的品种和管理水平基本一致果园的正常果实为对照，通过测定对比，分析导致病害的原因。表 2 - 2 为已有研究得出的苹果果实矿质元素含量的标准值，供参考。

表 2 - 2 100 g 苹果果实矿质元素含量标准值 (mg)

营养元素	缺乏	正常
氮		50～70
磷	7～9	>11
钙	<4	>5
硼	<0.8	

第三章 <<<
常用肥料产品

第一节　大量元素肥料

在作物干物质组分中，氮、磷、钾的含量大于1％，称为大量元素。含有大量元素的肥料称为大量元素肥料，包括氮肥、磷肥、钾肥，是农业生产的物质基础，对增加作物产量、改善作物品质和提高土壤肥力都有着重要作用。

一、氮肥

氮肥，是指以氮（N）为主要成分，具有氮标明量，施于土壤可供给植物氮素营养的单一元素肥料。氮肥是世界化肥生产和用量最大的肥料品种。适宜的氮肥用量对于提高作物产量、改善农产品质量有重要作用。氮肥按含氮基团可分为铵态氮肥、硝态氮肥、硝铵态氮肥、氰氨态氮肥和酰胺态氮肥。

（一）铵态氮肥

1. 硫酸铵　硫酸铵是一种无机物，化学式为 $(NH_4)_2SO_4$，无气味，无色结晶或白色颗粒，氮和硫所占比例分别为21％和24％。硫酸铵是一种优良的氮肥（俗称肥田粉），它的活性成分是氮和硫两种元素，适用于一般土壤和作物，能使枝叶生长旺盛，提高果实品质和产量，增强作物对灾害的抵抗能力，可作基肥、追肥和种肥。正确使用这种肥料能保持土壤的氮健康水平，并且能保持碱性土壤的 pH 平衡。

《肥料级硫酸铵》GB/T 535—2020 代替《硫酸铵》GB/T 535—1995，规定了氮、硫、游离酸、水分、水不溶物、氯离子等含量（表 3-1）。

2. 氯化铵　氯化铵，简称氯铵，是一种无机物，化学式为 NH_4Cl，是指盐酸的铵盐，多为制碱工业的副产品。含氮24％～26％，呈白色或略带黄色

表 3-1　肥料级硫酸铵的指标要求（%）

项目	指标	
	Ⅰ型	Ⅱ型
氮（N）	≥20.5	≥19.0
硫（S）	≥24.0	≥21.0
游离酸（H₂SO₄）	≤0.05	≤0.20
水分（H₂O）	≤0.5	≤2.0
水不溶物	≤0.5	≤2.0
氯离子（Cl⁻）	≤1.0	≤2.0

的方形或八面体小结晶，有粉状和粒状两种剂型，粒状氯化铵不易吸湿，易贮存，而粉状氯化铵较多用作生产复合肥的基础肥料。氯化铵属生理酸性肥料，因含氯较多而不宜在酸性土和盐碱土上施用。

《氯化铵》GB/T 2946—2018 代替《氯化铵》GB/T 2946—2008，不仅增加了砷、镉、铅、铬、汞及其化合物限量要求，增加粒状农业用氯化铵的颗粒强度要求，还调整了农业用氯化铵的氮含量、水分、粒状产品的粒度和钠盐的要求（表 3-2）。

表 3-2　农业用氯化铵的指标要求

项目	优等品	一等品	合格品
氮（N）的质量分数（以干基计,%）	≥25.4	≥24.5	≥23.5
水的质量分数①（%）	≤0.5	≤1.0	≤8.5
钠盐（以 Na 计）的质量分数②（%）	≤0.8	≤1.2	≤1.6
粒度③(2.00～4.75 mm,%)	≥90	≥80	—
颗粒平均抗压碎力③（N）	≥10	≥10	—
砷及其化合物（以 As 计）的质量分数（%）		≤0.005 0	
镉及其化合物（以 Cd 计）的质量分数（%）		≤0.001 0	
铅及其化合物（以 Pb 计）的质量分数（%）		≤0.020 0	
铬及其化合物（以 Cr 计）的质量分数（%）		≤0.050 0	
汞及其化合物（以 Hg 计）的质量分数（%）		≤0.000 5	

注：①水的质量分数仅在生产企业检验和生产领域质量抽查检验时进行判定。

② 钠盐的质量分数以干基计。

③ 结晶状产品无粒度和颗粒平均抗压碎力要求。

3. 碳酸氢铵 碳酸氢铵是一种白色化合物，化学式为 NH_4HCO_3，呈粒状、板状或柱状结晶，有氨臭。用作氮肥，适用于各种土壤，可同时提供作物生长所需的铵态氮和二氧化碳，能促进作物生长和光合作用，催苗长叶。既可作追肥，也可作底肥直接施用，但含氮量低、易结块。碳酸氢铵是一种碳酸盐，所以不能和酸性物质一起放置，因为酸性物质可与碳酸氢铵反应生成二氧化碳，使碳酸氢铵变质。

《农业用碳酸氢铵》（GB/T 3559—2001）规定了氮、水分含量等技术指标以及农业用碳酸氢铵的要求、试验方法、标识、包装、运输和贮存（表 3-3）。该标准适用于由氨水吸收二氧化碳所制得的碳酸氢铵。

表 3-3　农业用碳酸氢铵的指标要求 （%）

项目	碳酸氢铵			干碳酸氢铵
	优等品	一等品	合格品	
氮（N）	≥17.2	≥17.1	≥16.8	≥17.5
水分（H_2O）	≤3.0	≤3.5	≤5.0	≤0.5

注：优等品和一等品必须含添加剂。

（二）硝态氮肥

1. 硝酸钠 硝酸钠，亦称"智利硝"，是一种无机物，化学式为 $NaNO_3$。硝酸钠外观为白色或浅灰色、棕黄色结晶，含氮（N）15%～16%，含钠（Na）26%，易溶于水，且吸湿性很强，容易结成硬块。硝酸钠比较适于中性或酸性土壤，而不适于盐碱土壤。硝酸钠施入土壤后，能迅速溶解，解离成钠离子和硝酸根离子，硝酸根离子可被作物吸收利用。但应以少量分次施用为原则，以避免硝态氮的淋失。在干旱地区可作基肥，但要深施，最好与腐熟的有机肥混合施用，这样效果会更好。如果长期施用应把硝酸钠与有机肥或钙质肥（如过磷酸钙）配合起来一同施用，避免土壤板结。

2. 硝酸钙 硝酸钙是一种无机物，化学式为 $Ca(NO_3)_2$，白色结晶。它与百分之百水溶性钙的独特结合，提供了许多其他化肥所没有的性质和优点，是市场上最有价值的化肥之一。在农业上广泛用于基肥、追肥、水溶肥和叶面肥。它含有丰富的钙离子，连年施用不仅不会使土壤的物理性状变坏，还能改善土壤的物理性状。广泛用于各类土壤，特别是在缺钙的酸性土壤上施用，其效果会更好。

《农业用硝酸钙》（HG/T 4580—2013）规定了农业用硝酸钙中硝态氮、

水溶性钙等的质量分数和 pH 等指标（表 3-4）。

表 3-4　农业用硝酸钙的指标要求

项目	指标	
	一等品	合格品
硝态氮（以氮计）的质量分数（%）	≥11.5	≥11.0
水溶性钙的质量分数（%）	≥16.0	
水不溶物的质量分数（%）	≤0.5	
氯离子的质量分数（%）	≤0.015	
游离水的质量分数（%）	≤4.0	
pH（50 g/L 水溶液）	5.0～7.0	

（三）硝铵态氮肥

硝酸铵是一种铵盐，化学式为 NH_4NO_3，呈无色无臭的透明晶体或白色晶体，极易溶于水，易吸湿结块，溶解时吸收大量热。硝酸铵是既含铵态氮又含硝态氮的肥料，施入土壤溶解后，一半为硝态氮，一半为铵态氮，均可被作物吸收利用，适用于各类土壤。硝酸铵肥效期是 2～3 d。通常在春、秋两季作为基肥和追肥施用功效好。硝酸铵可用于追施、冲施、撒施、滴灌和喷施等。硝酸铵不能与石灰氮、草木灰等碱性肥料混合贮存或混施，否则易引起铵态氮的挥发损失，造成肥效下降；也不能与酸性肥料如过磷酸钙等混合施用，以免引起硝态氮分解逸出氧化氮，造成氮素损失。

《硝酸铵》GB/T 2945—2017 代替《硝酸铵》GB/T 2945—1989，规定了农业用结晶状硝酸铵和颗粒状硝酸铵中氮的质量分数、游离水的质量分数、酸度等指标（表 3-5、表 3-6）。

表 3-5　结晶状硝酸铵（农业用）的指标要求

项目	指标
总氮的质量分数（%）	≥34.0
游离水的质量分数（%）	≤0.7
酸度	甲基橙指示剂不显红色

注：游离水的质量分数合格判定以出厂检验结果为准。

表 3-6　颗粒状硝酸铵（农业用）的指标要求

项目	指标	
	优等品	合格品
总氮的质量分数（%）	≥34.0	≥33.5
游离水的质量分数[①]（%）	≤0.6	≤1.5
pH（10%水溶液）	≥5.0	≥4.0
防结块添加物（以氧化钙计）的质量分数（%）	0.2～0.5	—
松散度[②]（%）	≥80	—
颗粒平均抗压碎力[③]（N）	≥5	
粒度（1.00～2.80 mm，%）	≥85	

注：①游离水的质量分数合格判定以出厂检验结果为准。

②松散度合格判定以出厂检验结果为准。

③颗粒平均抗压碎力为客户协议指标。

（四）酰胺态氮肥

尿素，又称碳酰胺（carbamide），化学式是 CH_4N_2O，是由碳、氮、氧、氢元素组成的有机化合物。尿素是一种高浓度氮肥，呈白色晶体，属中性速效肥料，也可用于生产多种复合肥料。在土壤中不残留任何有害物质，长期施用没有不良影响。尿素适于作基肥和追肥，尿素在转化前呈分子态，不能被土壤吸附，应防止随水流失；转化后形成的氨也易挥发，所以宜深施覆土。尿素是有机态氮肥，在土壤中脲酶的作用下水解成碳酸铵或碳酸氢铵后，才能被作物吸收利用。

《尿素》（GB/T 2440—2017）规定了农业用尿素总氮、缩二脲的质量分数及其他指标（表 3-7）。

表 3-7　农业用尿素的指标要求（%）

项目[①]	指标	
	优等品	合格品
总氮（N）的质量分数	≥46.0	≥45.0
缩二脲的质量分数	≤0.9	≤1.5
水分[②]	≤0.5	≤1.0

（续）

项目①		指标	
		优等品	合格品
亚甲基二脲（以 HOHO 计）③的质量分数		≤0.6	≤0.6
粒度④	0.85～2.80 mm		
	1.18～3.35 mm	≥93	≥90
	2.00～4.75 mm		
	4.00～8.00 mm		

注：①含有尚无国家或行业标准的添加物的产品应进行陆生植物生长试验、方法见 HG/T 4365—2012 的附录 A 和附录 B。

② 水分以生产企业出厂检验数据为准。

③ 若尿素生产工艺中不加甲醛，不测亚甲基二脲。

④ 只需符合四档中任意一档即可，包装标识中应标明粒径范围，农业用（肥料）尿素若用作掺混肥料（BB）生产原料，可根据供需协议选择标注 SGN 和 UI，计算方法参见附录 A。

二、磷肥

（一）过磷酸钙

过磷酸钙又称普通过磷酸钙，简称普钙，是用硫酸分解磷矿直接制得的磷肥。主要有用组分是磷酸二氢钙的水合物 $Ca(H_2PO_4)_2 \cdot H_2O$ 和少量游离的磷酸，还含有无水硫酸钙组分（对缺硫土壤有用）。灰色或灰白色粉料（或颗粒），可直接作磷肥，也可作制复合肥料的配料。过磷酸钙适用于各类土壤。供给植物磷、钙等元素，具有改良碱性土壤作用；由于含有大量的石膏和游离酸，因而特别适于酸性土壤。与氮肥混合施用，有固氮作用，减少氮的损失，能促进植物发芽、长根、分枝、结实及成熟。它既可以作基肥、追肥，又可以作根外追肥。过磷酸钙的利用率较低，一般只有 10%～25%，主要原因是肥料中的水溶性磷酸一钙容易被土壤固定，移动性慢，移动距离短。因此，合理施用过磷酸钙的原则是既要减少其与土壤的接触面积，又要尽量增加与根系的接触机会。

《过磷酸钙》GB/T 20413—2017 代替《过磷酸钙》GB/T 20413—2006，规定了粒状和疏松状过磷酸钙有效磷、水溶性磷等的质量分数及其他指标（表3-8、表3-9）。

表3-8 粒状过磷酸钙（农业用）的指标要求（%）

项目	优等品	一等品	合格品	
			I	II
有效磷（以 P_2O_5 计）的质量分数	≥18.0	≥16.0	≥14.0	≥12.0
水溶性磷（以 P_2O_5 计）的质量分数	≥13.0	≥11.0	≥9.0	≥7.0
硫（以 S 计）的质量分数	≥8.0			
游离酸（以 P_2O_5 计）的质量分数	≤5.5			
游离水的质量分数	≤10.0			
三氯乙醛的质量分数	≤0.000 5			
粒度（1.00～4.75 mm 或 3.35～5.60 mm）的质量分数	≥80			

表3-9 疏松状过磷酸钙（农业用）的指标要求（%）

项目	优等品	一等品	合格品	
			I	II
有效磷（以 P_2O_5 计）的质量分数	≥18.0	≥16.0	≥14.0	≥12.0
水溶性磷（以 P_2O_5 计）的质量分数	≥13.0	≥11.0	≥9.0	≥7.0
硫（以 S 计）的质量分数	≥8.0			
游离酸（以 P_2O_5 计）的质量分数	≤5.5			
游离水的质量分数	≤12.0	≤14.0	≤15.0	≤15.0
三氯乙醛的质量分数	≤0.000 5			

（二）重过磷酸钙

重过磷酸钙（重钙），成分 $Ca(H_2PO_4)_2$，肥效比过磷酸钙（普钙）高，最好与农家肥混合施用，但不能与碱性物质混用，会生成难溶性磷酸钙而降低肥效。重过磷酸钙的有效施用方法与普通过磷酸钙相同。属微酸性速效磷肥，是广泛使用的浓度最高的单一水溶性磷肥，肥效高，适应性强，具有改良碱性土壤的作用。主要供给植物磷元素和钙元素等，促进植物发芽、根系生长、植株发育、分枝、结实及成熟。既可以单独施用也可与其他养分混合，若和氮肥混合施用，具有一定的固氮作用。

《重过磷酸钙》GB/T 21634—2020 代替《重过磷酸钙》GB/T 21634—2008，规定了农业用粉状重过磷酸钙和颗粒状重过磷酸钙中总磷、有效磷、水溶性磷等的质量分数及其他指标（表3-10、表3-11）。

表 3-10   粉状重过磷酸钙（农业用）的指标要求（%）

项目	Ⅰ型	Ⅱ型	Ⅲ型
总磷（以 P_2O_5 计）	≥44.0	≥42.0	≥40.0
水溶性磷（以 P_2O_5 计）	≥36.0	≥34.0	≥32.0
有效磷（以 P_2O_5 计）	≥42.0	≥40.0	≥38.0
游离酸（以 P_2O_5 计）		≤7.0	
游离水		≤8.0	

表 3-11   颗粒状重过磷酸钙（农业用）的指标要求（%）

项目	Ⅰ型	Ⅱ型	Ⅲ型
总磷（以 P_2O_5 计）	≥46.0	≥44.0	≥42.0
水溶性磷（以 P_2O_5 计）	≥38.0	≥36.0	≥35.0
有效磷（以 P_2O_5 计）	≥44.0	≥42.0	≥40.0
游离酸（以 P_2O_5 计）		≤5.0	
游离水		≤4.0	
粒度（2.00～4.75 mm）		≥90	

（三）钙镁磷肥

钙镁磷肥又称熔融含镁磷肥，是一种含有磷酸根（PO_4^{3-}）的硅铝酸盐玻璃体，无明确的分子式与分子量。钙镁磷肥不仅提供 12%～18% 的低浓度磷，还能提供大量的硅、钙、镁。钙镁磷肥是一种多元素肥料，水溶液呈碱性，可改良酸性土壤，植物能够缓慢吸收所需养分。钙镁磷肥占我国磷肥总产量 17% 左右。

《钙镁磷肥》GB/T 20412—2006 代替 HG 2557—1994、GB 20412—2006，规定了农业用钙镁磷肥有效五氧化二磷、水分等质量分数及其他指标（表 3-12）。

表 3-12   农业用钙镁磷肥的指标要求（%）

项目	指标		
	优等品	一等品	合格品
有效五氧化二磷（P_2O_5）的质量分数	≥18.0	≥15.0	≥12.0
水分（H_2O）的质量分数	≤0.5	≤0.5	≤0.5

（续）

项目	指标		
	优等品	一等品	合格品
碱分（以 CaO 计）的质量分数	≥45.0		
可溶性硅（SiO$_2$）的质量分数	≥20.0	—	
有效镁（MgO）的质量分数	≥12.0		
细度（通过 0.25 mm 试验筛）	≥80		

注：优等品中碱分、可溶性硅和有效镁含量如用户没有要求，生产厂可不作检验。

（四）磷酸氢钙

磷酸氢钙是一种无机物，化学式为 $CaHPO_4$，白色单斜晶系结晶性粉末，无臭无味。其二水合物在空气中比较稳定，加热至 75 ℃ 开始失去结晶水成为无水物，高温则变为焦磷酸盐。

《肥料级磷酸氢钙》（HG/T 3275—1999）规定了肥料级磷酸氢钙中有效五氧化二磷等质量分数及其他指标（表 3-13）。

表 3-13 肥料级磷酸氢钙的指标要求

项目	指标		
	优等品	一等品	合格品
有效五氧化二磷（P$_2$O$_5$）含量（%）	≥25.0	≥20.0	≥15.0
游离水分含量（%）	≤10.0	≤15.0	≤20.0
pH（5 g 试样加入 50 mL 水中）	≥3.0		

三、钾肥

（一）硫酸钾

硫酸钾是一种无机盐，化学式为 K_2SO_4，一般 K 含量为 50%～52%，S 含量约为 18%。硫酸钾纯品是无色结晶体，农用硫酸钾外观多呈淡黄色。硫酸钾的吸湿性小，不易结块，物理性状良好，施用方便，是很好的水溶性钾肥。硫酸钾特别适于忌氯喜钾的果树。硫酸钾为化学中性、生理酸性肥料，适于多种土壤（不包括淹水土壤）和作物。施入土壤后，钾离子可被作物直接吸收利用，也可被土壤胶体吸附。

《农业用硫酸钾》GB/T 20406—2017 代替 GB/T 20406—2006，规定了农业用硫酸钾的水溶性氧化钾、硫等质量分数及其他指标（表 3-14）。

表 3 - 14　农业用硫酸钾的指标要求（%）

项目	粉末结晶状			颗粒状	
	优等品	一等品	合格品	优等品	合格品
水溶性氧化钾（K_2O）的质量分数	≥52	≥50	≥45	≥50	≥45
硫（S）的质量分数	≥17.0	≥16.0	≥15.0	≥16.0	≥15.0
氯离子（Cl^-）的质量分数	≤1.5	≤2.0	≤2.0	≤1.5	≤2.0
水分[①]（H_2O）的质量分数	≤1.0	≤1.5	≤2.0	≤1.5	≤2.5
游离酸（以 H_2SO_4 计）的质量分数	≤1.0	≤1.5	≤2.0	≤2.0	≤2.0
粒度[②]（1.00～4.75 mm 或 3.35～5.60 mm）	—	—	—	≥90	≥90

注：①水分以生产企业出厂检验数据为准。

② 对粒径有特殊要求的，按供需双方协议确定。

（二）氯化钾

氯化钾是一种无机盐，化学式 KCl。无色立方晶体，常为长柱状。有吸湿性、易结块。在水中的溶解度随温度的升高而迅速增加，与钠盐常起复分解作用而生成新的钾盐。农业上用作钾肥（以氧化钾计含量为 50%～60%），肥效快，直接施于农田，能使土壤下层水分上升，有抗旱的作用。在盐碱地或忌氯作物不宜施用。

《肥料级氯化钾》（GB/T 37918—2019）规定了肥料级氯化钾中氧化钾、水分、氯化钠等质量分数及其他指标（表 3 - 15）。

表 3 - 15　肥料级氯化钾的指标要求

项目[①]	粉末结晶状			颗粒状		
	Ⅰ 型	Ⅱ 型	Ⅲ 型	Ⅰ 型	Ⅱ 型	Ⅲ 型
氧化钾（K_2O）的质量分数（%）	≥62.0	≥60.0	≥57.0	≥62.0	≥60.0	≥57.0
水分（H_2O）的质量分数（%）	≤1.0	≤2.0	≤2.0	≤0.3	≤0.5	≤1.0
氯化钠（NaCl）的质量分数（%）	≤1.0	≤3.0	≤4.0	≤1.0	≤3.0	≤4.0
水不溶物的质量分数（%）	≤0.5	≤0.5	≤1.5	≤0.5	≤0.5	≤1.5
粒度[②③]（%）　1.00～4.75 mm	—			≥90		
2.00～4.00 mm				≥70		
颗粒平均抗压碎力（N）	—			≥25.0		

注：①除水分外，各组分质量分数均以干基计。

② 只需符合两档中任意一档即可。颗粒状产品的粒度，也可执行供需双方合同约定的指标。

③ 颗粒状产品若用作掺混肥料（BB 肥）生产的原料，可根据供需协议选择标注平均主导粒径（SGN）和均匀度指数（UI）。

（三）硝酸钾

硝酸钾也称钾硝石、火硝，是由硝酸钠和氯化钾一起溶解，重新结晶而成。硝酸钾肥料为100％植物养分，可以全部溶于水，是一种无氯钾、氮复合肥，为植物提供钾、氮可以达60％的作用，而且不残留有害物质。硝酸钾在任何条件下都能为作物提供养分，不会在土壤中造成盐类的积累。硝酸钾由于没有挥发性，所以可直接施于土壤表面而不需要覆盖。同时，硝酸钾所含硝态氮和钾均为作物生长所必需的大量元素，两者间具有良好的协调作用，可互相促进被作物吸收并促进其他营养元素的吸收，因此农业上硝酸钾常用作高浓度钾肥。

《农业用硝酸钾》GB/T 20784—2018 代替 GB/T 20784—2013，规定了农业用硝酸钾中氧化钾、总氮等质量分数及其他指标（表 3-16）。

表 3-16 农业用硝酸钾的指标要求（％）

项目		等级		
		优等品	一等品	合格品
氧化钾（K_2O）的质量分数		≥46.0	≥44.5	≥44.0
总氮（N）的质量分数		≥13.5	≥13.5	≥13.0
氯离子（Cl^-）的质量分数		≤0.2	≤1.2	≤1.5
水分（H_2O）的质量分数		≤0.5	≤1.0	≤1.5
水不溶物的质量分数		≤0.10	≤0.20	≤0.30
粒度	1.00～4.75 mm	≥90		
	1.00 mm 以下	≤3		
砷及其化合物（以 As 计）的质量分数		≤0.005 0		
铬及其化合物（以 Cr 计）的质量分数		≤0.001 0		
铅及其化合物（以 Pb 计）的质量分数		≤0.020 0		
镉及其化合物（以 Ca 计）的质量分数		≤0.050 0		
汞及其化合物（以 Hg 计）的质量分数		≤0.000 5		

注：结晶状产品的粒度不做规定。粒状产品的粒度，也可执行供需双方合同约定的指标。

（四）硫酸钾镁肥

硫酸钾镁肥，是从盐湖卤水或固体钾镁盐矿中只经物理方法提取或直接除去杂质制成的一种含镁、硫等中量元素的化合态钾肥。硫酸钾镁肥与传统的硫酸钾、氯化钾相比，增加了镁元素，大大促进作物生长过程中最重要的光合作用，能够有效提高作物产量、改善作物品质，因而硫酸钾镁肥在发达国家推广得比较好。目前，硫酸钾镁肥在世界范围内已被广泛应用。

《硫酸钾镁肥》GB/T 20937—2018 代替 GB/T 20937—2007，规定了氧化钾、镁、硫等的质量分数及其他指标（表 3-17）。

表 3-17 硫酸钾镁肥的指标要求

项目	优等品	一等品	合格品
氧化钾（K_2O）的质量分数（%）	≥30.0	≥24.0	≥21.0
镁（Mg）的质量分数（%）	≥7.0	≥6.0	≥5.0
硫（S）的质量分数（%）	≥18.0	≥16.0	≥14.0
氯离子（Cl^-）的质量分数（%）	≤2.0	≤2.5	≤3.0
钠离子（Na^+）的质量分数（%）	≤0.5	≤1.0	≤1.5
游离水（H_2O）的质量分数①（%）	≤1.0	≤1.5	≤1.5
水不溶物的质量分数（%）	≤1.0	≤1.0	≤1.5
pH		7.0～9.0	
粒度②（1.00～4.75 mm,%）		≥90	
砷及其化合物（以 As 计）的质量分数（%）		≤0.005 0	
铬及其化合物（以 Cr 计）的质量分数（%）		≤0.001 0	
铅及其化合物（以 Pb 计）的质量分数（%）		≤0.020 0	
镉及其化合物（以 Ca 计）的质量分数（%）		≤0.050 0	
汞及其化合物（以 Hg 计）的质量分数（%）		≤0.000 5	

注：① 游离水（H_2O）的质量分数仅在生产企业检验和生产领域质量抽查检验时进行判定。

② 粉状产品粒度不做要求，粒状产品的粒度也可按供需双方合同约定执行。

第二节 中量元素肥料

中量元素肥料又称次要常量元素肥料，含有作物所需营养元素钙、镁和硫中一种或一种以上的化合物，并需标明含量的一类化肥。

一、钙肥

（一）石灰

钙肥的主要品种是石灰，包括生石灰、熟石灰和石灰石粉，其主要成分为 $CaCO_3$ 或 $CaMg(CO_3)_2$。在缺钙土壤施用石灰，除可使植物和土壤获得钙的补充外，还可提高土壤 pH，从而减轻或消除酸性土壤中铁、铝、锰等离子过量对土壤性质和植物生理的危害，促进作物的营养吸收，提高作物产量及品质。石灰还能促进有机质的分解。石灰施用量因土壤性质（主要是酸度）和作物种类而异。多用作基肥，常与绿肥作物同时耕翻入土。但施用过多会降低硼、锌等微量营养元素的有效性和造成土壤板结。

（二）氯化钙

氯化钙是由氯和钙元素组成的化学物质，化学式为 $CaCl_2$，微苦。氯化钙为白色或者灰白色的固体，吸湿性强，露于空气中极易吸潮。氯化钙对于水分有着较强的吸附能力和低的脱附温度，无论是喷施还是根施都可以。补钙可以提高果实硬度和品质，预防减少劣质果。

二、镁肥

（一）硫酸镁

硫酸镁，是一种含镁的化合物，分子式为 $MgSO_4$，是一种常用的化学试剂及干燥试剂，为无色或白色晶体或粉末，无臭、味苦，有潮解性。在农业生产中，硫酸镁肥是缺镁作物及土壤的佳补镁肥料，具有易吸收、不破坏土壤 pH 的特点。硫酸镁肥既可作为生产复合肥的补镁添加剂，也可作为补镁肥料与其他肥料混合使用，还可以单独使用。硫酸镁肥既可作底肥、追肥，也可叶面喷施，叶面喷施效果尤为显著。

《农业用硫酸镁》（GB/T 26568—2011）规定了农业用硫酸镁水溶镁、水溶硫、氯离子等的质量分数及其他指标（表 3-18）。

表 3-18 农业用硫酸镁的指标要求

项目	一水硫酸镁（粉状）	一水硫酸镁（粒状）	七水硫酸镁
水溶镁（以 Mg 计）的质量分数（%）	≥15.0	≥13.5	≥9.5
水溶硫（以 S 计）的质量分数（%）	≥19.5	≥17.5	≥12.5
氯离子（以 Cl⁻ 计）的质量分数（%）	≤2.5	≤2.5	≤2.5
游离水的质量分数（%）	≤5.0	≤5.0	≤6.0
水不溶物的质量分数（%）	—	—	≤0.5
粒度（2.00～4.00 mm,%）	—	≥70	—

（续）

项目	一水硫酸镁（粉状）	一水硫酸镁（粒状）	七水硫酸镁
pH	5.0～9.0	5.0～9.0	5.0～9.0
外观	白色、灰色或黄色粉末，无结块	白色、灰色或黄色颗粒，无结块	无色或白色结晶，无结块

注：指标中的"—"表示该类别产品的技术要求中此项不做要求。游离水的质量分数以出厂检验为准。

（二）无水钾镁矾

无水钾镁矾是一种钾镁硫酸盐矿物，其化学式为 $K_2SO_4 \cdot 2MgSO_4$，一般呈致密粒状块体，含氧化钾 22.7%、氧化镁 19.43%。无水钾镁矾同样含有丰富的中量元素 Mg 和 S。无水钾镁矾在缺乏硫、镁的土壤或需要施用含氯量低的硫酸形态钾的条件下，在平衡施肥及促进作物产量、品质及效益提高方面有显著作用。

三、硫肥

（一）硫黄

单质硫俗称硫黄，块状硫黄为淡黄色结晶体，粉末为淡黄色粉末，有特殊臭味，能溶于二硫化碳，不溶于水。以元素硫为基础原料制成的硫肥含硫量高，适合直接施用和作为氮磷钾硫多元复合肥料添加剂的新硫基肥料施用。农业上常使用硫黄降低土壤 pH 和改良盐碱土壤。硫肥的施用方式会影响其氧化率，撒施并且与土壤混合优于条施。硫黄与氮磷肥料制成复合肥施用时，其氧化速率比硫黄单独施用更快。在酸性和碱性土壤中，与重过磷酸钙和磷酸二铵一起造粒的硫黄比单独施用时氧化速率快。在缺硫土壤上施用硫黄，效果显著。

（二）石膏

石膏肥料是用古代盐湖干涸后的化学沉积物石膏或石膏矿石直接粉碎而成的肥料。化学式为 $CaSO_4 \cdot 2H_2O$。含氧化钙（CaO）23%，含硫（S）18%。一般为白色。主要用作碱土改良剂，施用后能与土壤溶液中碳酸钠、碳酸氢钠从土壤胶体上交换下钠离子，然后在水溶液中形成水溶性的中性硫酸钠，降低了土壤碱度并改善理化性状，有利于作物立苗生长。如结合灌溉，改土效果更佳。施于酸性和中性土壤，可为作物提供钙、硫营养元素，改善土壤结构。

第三节 微量元素肥料

微量元素包括硼、锌、钼、铁、锰、铜等营养元素。微量元素肥料，通常简称微肥，是指含有微量元素的肥料，作物吸收消耗量少（相对于常量元素肥料而言）。作物对微量元素需要量虽然很少，但是，它们同常量元素一样，对作物是同等重要的，不可互相代替。当某种微量元素缺乏时，作物生长发育受到明显影响，产量降低，品质下降。另外，微量元素过多会使作物中毒，轻则影响产量和品质，严重时甚至危及人畜健康。

微量元素肥料主要是无机盐类或氧化物，一些矿物、冶金的副产物或废料常常可以用作微量元素肥料的原料，其生产方法与无机化工产品的生产方法相同。此外，还有两种形态的微量元素肥料：一种是含有微量元素的玻璃态物质，由相应的无机盐或氧化物与二氧化硅共熔制成；另一种是金属元素的螯合物，如铜、铁、锰和锌与乙二胺四乙酸（EDTA）制成的螯合物。这种螯合态微量元素肥料的施用效果好、速效，但是成本很高，尚未广泛采用。微量元素肥料施用方法有土壤施用和叶面喷施两种。由于单位面积的施用量很小，所以一定要用大量惰性物质稀释后才能施用，施用不均匀会毒害部分作物。

一、硼肥

硼肥，是具有硼标明量以提供植物养分为其主要功效的物料，常规硼肥是指以硼砂、硼酸、硼镁肥等为主的硼化工制品作为农业用的微量元素肥料。硼是植物必需的营养元素之一，以硼酸分子（H_3BO_3）的形态被植物吸收利用，在植物体内不易移动。硼能促进根系生长，对光合作用的产物——碳水化合物的合成与转运有重要作用，对受精过程的正常进行有特殊作用。

二、锌肥

锌肥，是指具有锌标明量以提供植物锌养分的肥料。最常用的锌肥是七水硫酸锌、一水硫酸锌和氧化锌，其次是氯化锌、含锌玻璃肥料、木质素磺酸锌、环烷酸锌乳剂和螯合锌均可作为锌肥。锌是植物必需的微量元素之一。锌以阳离子（Zn^{2+}）形态被植物吸收。锌在植物体内间接影响着生长素的合成，能够促进生长；锌也是许多酶的活化剂，通过对植物碳、氮代谢产生广泛的影响，因此有助于光合作用；同时锌还可增强植物的抗逆性，提高籽粒重量，改变籽粒与茎秆的比率。

《农业用硫酸锌》HG/T 3277—2000 代替 HG 3277—2000，规定了农业用硫酸锌中锌等含量及其他指标（表3-19）。

表3-19　农业用硫酸锌的指标要求（％）

指标名称	$ZnSO_4 \cdot H_2O$			$ZnSO_4 \cdot 7H_2O$		
	优等品	一等品	合格品	优等品	一等品	合格品
锌（Zn）含量	≥35.3	≥33.8	≥32.3	≥22.0	≥21.0	≥20.0
游离酸（以 H_2SO_4 计）含量	≤0.1	≤0.2	≤0.3	≤0.1	≤0.2	≤0.3
铅（Pb）含量	≤0.002	≤0.010	≤0.015	≤0.002	≤0.005	≤0.010
镉（Cd）含量	≤0.002	≤0.003	≤0.005	≤0.002	≤0.002	≤0.003
砷（As）含量	≤0.002	≤0.005	≤0.010	≤0.002	≤0.005	≤0.007

三、钼肥

钼肥是指钼酸铵、钼酸钠、含钼过磷酸钙和钼渣等化学肥料的总称。砖红壤、红壤、黄壤等酸性土壤以及黄土母质和黄淮冲积物发育的土壤有效钼含量偏低。土壤有效钼含量<0.15 mg/kg 时，植物可能出现缺钼症状。钼是硝酸还原酶的成分，参与植物体内硝酸盐的还原和氮素代谢，也是固氮酶的主要组成。如果土壤缺钼，施用钼肥有显著的增产效果。

四、铁肥

硫酸亚铁是常用铁肥，又称黑矾、绿矾、铁矾或皂矾等，具有腐蚀性，在潮湿空气中易吸潮，并被空气氧化成黄色或铁锈色。在干燥空气中能风化，表面变为白色粉末，再被空气氧化成黄色或铁锈色。硫酸亚铁施入土壤后会很快被氧化成难溶于水的高价铁盐而失效。目前主流的铁肥包括人工合成的螯合铁、有机复合铁肥、尿素铁。通常以硫酸亚铁与有机肥混匀、堆腐后施用，提高铁的有效性。另外，叶面喷施或与尿素配合施用效果更佳。铁是叶绿素合成所必需的元素，能够提高叶绿素含量和光合效应，参与植物体内氧化还原反应和电子传递。此外，铁也是许多酶的成分和活化剂，参与植物的呼吸作用。因此，在缺铁土壤上施用铁肥效果显著。

五、锰肥

锰肥，是指具有锰标明量以提供植物锰养分的肥料（表 3 - 20）。其主要品种有一水硫酸锰和三水硫酸锰。碳酸锰、含锰玻璃肥料、炼钢含锰炉渣、含锰工业废弃物和螯合态锰也可作为锰肥施用。锰以 Mn^{2+} 的形态被植物吸收。锰控制着植物体内的许多氧化还原反应，还是许多酶的活化剂，并直接参与光合作用中水的光解，也是叶绿体的结构成分。施用锰肥对生殖器官的形成，促进根、茎的发育等都有良好作用。可溶态的锰肥可以作为基肥和种肥施入土壤，或者进行种子处理或喷施。难溶性锰肥只能施入土壤。螯合态锰则采用喷施。锰肥可作基肥，条施的效果并不低于撒施，而且所需锰肥较少。喷施是施用锰肥效果最好的方法。

《农业用硫酸锰》（NY/T 1111—2006）规定了农业用硫酸锰中锰、水不溶物等指标要求（表 3 - 21）。

表 3 - 20 常见锰肥的成分与一般性质

名称	分子式	锰含量（%）	水溶性	适宜施肥方式
硫酸锰	$MnSO_4 \cdot H_2O$	31	易溶	基肥、追肥、种肥
氧化锰	MnO	62	难溶	基肥
碳酸锰	$MnCO_3$	43	难溶	基肥
氯化锰	$MnCl_2 \cdot 4H_2O$	27	易溶	基肥、追肥
硫酸铵锰	$3MnSO_4 \cdot (NH_4)_2SO_4$	26～28	易溶	基肥、追肥、种肥
螯合态锰	$Na_2MnEDTA$	12	易溶	喷施
氨基酸螯合锰	$Mn \cdot H_2N \cdot R \cdot COOH$	10～16	易溶	喷施

表 3 - 21 农业用硫酸锰的指标要求

项 目	指 标	
	一水硫酸锰 $MnSO_4 \cdot H_2O$	三水硫酸锰 $MnSO_4 \cdot 3H_2O$
Mn（%）	≥30.0	≥25.0
水不溶物（%）	≤2.0	
pH	5.0～6.5	
镉（Cd，mg/kg）	≤20	
砷（As，mg/kg）	≤20	
铅（Pb，mg/kg）	≤100	
汞（Hg，mg/kg）	≤5	

六、铜肥

铜肥，是具有铜标明量以提供植物养分为主要功效的物料。五水硫酸铜是最主要的铜肥，又名胆矾或蓝矾，分子式 $CuSO_4 \cdot 5H_2O$，深蓝色块状结晶，粉碎后为淡蓝色粉末；有毒，可直接用作农药；能溶于水，水溶液呈酸性。一水硫酸铜、碱式碳酸铜、氯化铜、氧化铜、氧化亚铜、硅酸铵铜、硫化铜、铜烧结体、铜矿渣、螯合铜等均可作为铜肥施用。铜以阳离子（Cu^{2+}）的形态被植物吸收。铜肥可作为基肥、追肥。由于铜肥具有较长的有效期，因此适宜每 3～5 年一次，防止铜中毒。

第四节　复混（合）肥料

复混肥料，是复合肥料和混合肥料的统称，指含有氮、磷、钾三要素中两种或两种以上养分标明量的肥料。复混肥料有二元复混肥（如 NP、NK、PK）与三元复混肥（NPK）之分，可以通过化学合成和混配制成。

一、分类

（一）复合肥料

复合肥料是通过化合（化学）作用或混合氨化造粒过程制成的，有明显化学反应，在我国也有人称之为化成复肥。复合肥料一般都在大、中型工厂进行，品种和规格往往有限，较难适应不同土壤、作物的需要，在施用时需要配合某一二种单质化肥加以调节养分比例。

《复合肥料》GB/T 15063—2020 代替 GB15063—2009，规定了复混（合）肥料中总养分、水溶性磷等指标要求（表 3 - 22）。

表 3 - 22　复混（合）肥料的指标要求（%）

项目	指标		
	高浓度	中浓度	低浓度
总养分（$N+P_2O_5+K_2O$）的质量分数[①]	≥40	≥30	≥25
水溶性磷占有效磷百分率[②]	≥60	≥50	≥40
水分[③]（H_2O）的质量分数	≤2	≤2.5	≤5
粒度[④]（1.00～4.75 mm 或 3.35～5.60 mm）	≥90	≥90	≥80

（续）

项目	指标		
	高浓度	中浓度	低浓度
未标"含氯"的产品氯离子的质量分数⑤	≤3		
标识"含氯（低氯)"的产品氯离子的质量分数⑤	≤15		
标识"含氯（中氯)"的产品氯离子的质量分数⑤	≤30		

注：①组成产品的单一养分含量不应小于 4.0%，且单一养分测定值与标明值负偏差的绝对值不应大于 1.5%。

②以钙镁磷肥等枸溶性磷肥为基础磷肥并在包装容器上注明为"枸溶性磷"时，"水溶性磷占有效磷百分率"项目不做检验和判定。若为氮、钾二元肥料，"水溶性磷占有效磷百分率"项目不做检验和判定。

③水分为出厂检验项目。

④特殊形状或更大颗粒（粉状除外）产品的粒度可由供需双方协议确定。

⑤氯离子的质量分数大于 30.0% 的产品，应在包装袋上标明"含氯（高氯)"，标识"含氯（高氯)"的产品氯离子的质量分数可不做检验和判定。

（二）混合肥料

混合肥料是将两种或三种单质化肥，或用一种复合肥料与一二种单质化肥，通过机械混合的方法制取不同规格即不同养分配比的肥料，以适应农业要求，尤其适合生产专用肥料。

混合肥料分为：粉状混合肥料、粒状混合肥料、掺混肥料（BB 肥)、液态混合肥料、专用型复混肥料。

《掺混肥料（BB 肥)》GB/T 21633—2020 代替 GB 21633—2008，规定了掺混肥料（BB 肥)中总养分质量分数等指标要求（表 3-23)。

表 3-23 掺混肥料的指标要求（%)

项目		指标
总养分① $(N+P_2O_5+K_2O)$		≥35.0
水溶性磷占有效磷百分率②		≥60
水分 (H_2O)		≤2.0
粒度（2.00 mm～4.75 mm)		≥90
氯离子③	未标"含氯"产品	≤3.0
	标识"含氯（低氯)"产品	≤15.0
	标识"含氯（中氯)"产品	≤30.0

（续）

项目		指标
单一中量元素④（以单质计）	有效钙（Ca）	≥1.0
	有效镁（Mg）	≥1.0
	总硫（S）	≥2.0
单一微量元素⑤（以单质计）		≥0.02

注：①组成产品的单一养分含量不应小于 4.0％，且单一养分测定值与标明值负偏差的绝对值不应大于 1.5％。

② 以钙镁磷肥等枸溶性磷肥为基础磷肥并在包装容器上注明为"枸溶性磷"时，"水溶性磷占有效磷百分率"项目不做检验和判定。若为氮、钾二元肥料，"水溶性磷占有效磷百分率"项目不做检验和判定。

③ 氯离子的质量分数大于 30.0％的产品，应在包装袋上标明"含氯（高氯）"，标明"含氯（高氯）"的产品氯离子的质量分数可不做检测和判定。

④ 包装容器上标明含有钙、镁、硫时检测本项目。

⑤ 包装容器上标明含有铜、铁、锰、锌、硼、钼时检测本项目，钼元素的质量分数不高于 0.5％。

二、复混肥与复合肥的区别和特点

复混肥与复合肥是两种不同类型的化学肥料。复混肥与复合肥的生产工艺不同：将几种肥料物理混合生产出来的称为复混肥；经过化学反应化合而成的称为复合肥。两种肥料中只要养分含量相同，养分组成一样，应该说效果是一样的。由于复混肥和复合肥在肥效上差别不大，2002 年国家有关部门规定了新的肥料生产标准，把复混肥和复合肥统归为一大类。复混肥虽然是将各种基础肥料掺混在一起，但是所含的养分并不少，其生产工艺简单，生产成本低。复合肥生产需要提供一定的条件，让原料进行化学反应，然后再喷浆造粒，所需的成本比复混肥高得多。

复混（合）肥料养分全，含量高，副成分少，可以减少施肥次数，节省人工成本；物理性状好，还可以节约包装、贮藏和运输成本。但这类肥料养分比例固定，难以满足施肥技术要求，可以根据当地土壤养分供应状况和目标作物需肥特性设计养分配方，生产专用型肥料。这是我国当前肥料生产和施用的基本发展方向。

三、复混（合）肥料的施用原则

农业是人类衣食之源、生存之本，是一切生产的首要条件。在长期的历史积淀中，农业为我国生产生活等各项活动的发展做出了突出贡献，保障了粮食、蔬菜、水果的产量，不仅满足于全国人民的生活所需，也是国家发展的根本所在。复混（合）肥料是农业生产发展的需要，也是化肥工业发展的必然产物。复混（合）肥料的生产和应用是提高农业生产中肥料利用率的重要途径。对于复混肥的有效应用，不仅能够促进我国农作物的高产，而且是适应农业发展现状的必然选择，在农业的发展中具有极高的推广意义。

当前，化肥市场上复混（合）肥料品种繁多，正确使用复混（合）肥料，应从以下几个方面考虑：

1. 正确了解各种复混（合）肥料的成分组成、适用范围 每种复混（合）肥料都有明确的成分组成，氮、磷、钾含量比例，使用说明。了解其适用范围、施用技术方法。

2. 明确使用对象作物种类，确定复混（合）肥料品种 不同作物种类具有不同的生物学特性、营养特性，它们对氮、磷、钾三要素的单位养分吸收量及其比例各不相同。有些作物除营养共性外，还具有营养个性。果树类作物果实膨大、着色期对磷、钾需求量大，宜选用高磷、钾复混（合）肥料。

3. 依据作物生长期正确施用复混（合）肥料

（1）作基肥施用。在作物种植前，可结合整地撒施；或在整地以后，在作物附近穴施、覆土。注意不要与作物种子（根系）直接接触，以防烂种、伤根。

（2）作追肥施用。选择作物营养临界期或大量吸收期前3～5 d施用。在作物生产早期，作物根系少，吸肥力弱，对肥料需求较敏感，宜采用浇施方法为好。将复混（合）肥料兑水配成一定浓度肥液（浓度一般为1%～2%）沿作物根系附近浇施；在作物生长旺盛期，根系发达，吸肥力强，需肥量大，宜采用穴施、沟施并覆土，遇气候干旱或土壤干燥，要结合灌水，促进肥料吸收。

（3）作叶面肥喷施。在作物生长后期，作物根系衰老，可采用叶面喷施方法。喷施浓度控制在0.2%～0.5%之间。具体根据作物种类而定，一般禾本科作物0.5%左右，果树0.2%左右，蔬菜0.2%～0.5%之间。

第五节 有机肥料

有机肥料是指由动物的排泄物或植物残体等富含有机质的副产品资源为主要原料，经发酵腐熟后制成的肥料。广义来讲，凡以有机物质（含有碳元素的化合物）作为肥料的均称为有机肥料。本节主要叙述传统有机肥料（农家肥料）和商品化有机肥料。二者的区别主要在于：传统有机肥料是在自然条件或人为控制条件下通过微生物的发酵作用将有机物转变而成的肥料；商品化有机肥料是在人为控制下，在一定的水分、C/N 和通风条件下通过微生物的发酵作用，将有机物转变而成的作为商品流通的肥料。

一、传统有机肥料

（一）分类

传统有机肥料是指以有机物为主的自然肥料，多是人类和其他动物的粪便以及植物残体，根据其来源、特性和积制方法，可简要划分为 9 类。

1. 粪尿肥 粪尿是一切动物的排泄物，含有丰富的有机质和作物所需要的多种营养元素。粪尿类包括人粪尿、家畜粪尿、禽粪、蚕粪等。

（1）人粪尿。人粪尿的氮含量高，磷、钾含量较少，有机质含量少，C/N低（约 5∶1），易分解，肥效快，常被称为精肥或细肥。人粪含 70%～80% 的水分、20% 左右的有机质和 5% 左右的无机物。人尿含水约 95%，其余 5% 左右是水溶性有机物和无机盐类，其中含尿素 1%～2%，无机盐为 1% 左右。施用前需进行厌氧发酵作无害化处理。

（2）家畜粪尿。猪、牛、羊、马等饲养动物的排泄物，含有丰富的有机质和各种植物营养元素，是良好的有机肥料。猪粪中纤维素较少，质地较细，含蜡质较多，C/N 小，腐殖质含量较高，分解缓慢，产生的热量较少，阳离子交换量大，吸附能力较强，适用于各种土壤，能提高土壤保水保肥能力。牛粪粪质细密，C/N 约 2∶1，含水量大，通透性差，分解缓慢，发酵温度低，为加速分解常混入一定量的马粪，施在轻质沙土上效果较好。羊粪粪质细密而干燥，肥分浓，肥料三要素含量在畜禽粪中最高，发酵时的热量界于马粪和牛粪之间，发酵速度也快。马粪中纤维素高，粪质粗松，C/N 约为 13∶1，纤维分解较快，腐熟过程中释放大量热，能显著改善土壤物理性状，以质地黏重土壤为佳。

（3）禽粪。禽粪是指鸡、鸭、鹅等家禽的排泄物，养分浓度高，养分比例均衡，易腐熟并产生高温，易造成氮素损失。

2. 堆沤肥 堆肥是作物茎秆、绿肥、湖草等植物性物质与泥炭、人畜粪尿、氮肥、石灰等材料混合堆积，经好气微生物分解腐熟而成的有机肥料。沤肥是以作物秸秆、绿肥、青草、树叶等植物残体为主，混合人畜粪尿、垃圾、泥土等，在厌氧、常温条件下沤制而成的有机肥料。沤肥材料与堆肥相似，不同的是沤肥时加入过量的水，使原料在淹水条件下厌氧性常温发酵。堆沤肥来源广泛，可就地取材，积制方法简单，增产改土效果好，堆肥多见于干旱缺水地区，沤肥多见于江南水网地区。

3. 秸秆肥 作物秸秆是一类数量巨大的有机肥料，随着作物产量的不断提高，秸秆数量相应增多。秸秆作为作物体的一部分，含有作物生长所需的各种营养元素，是一种完全肥料。秸秆中的有机成分主要是纤维素、半纤维素和木质素，占干有机物质的 63.8%～85.6%；其次是蛋白质、醇溶性物质等，占干有机物质的 2.63%～4.82%。不同作物秸秆中的矿质元素含量差异很大，一般豆科作物秸秆含氮较多，禾本科作物秸秆含钾较高，油料作物（如油菜、花生）秸秆氮、钾含量均较为丰富。秸秆中的养分绝大部分为有机态，经矿化释放后方能被作物吸收利用，肥效稳长。在自然条件下，由于秸秆中纤维素、半纤维素、木质素之间的多种功能键结合及复杂的空间立体结构，秸秆中的纤维素、半纤维素、木质素紧密地结合在一起，所以秸秆非常稳定，因此自然分解腐熟的速度相当慢（在水田、旱地和林地中，秸秆一年的腐解残留率分别大约只有 57.5%、47.8% 和 52.3%）。

4. 绿肥 将植物生长过程中所产生的全部或部分绿色体，直接翻耕到土壤中作肥料，这类绿色植物体称之为绿肥，包括紫云英、苕子、金花菜、紫花苜蓿、草木樨等，C/N 中等。豆科绿肥 C/N 为 10 左右，养分供应大。绿肥鲜草含氮量为 0.3%～0.6%，一般翻埋 1 000 kg 豆科绿肥鲜草所提供的 N：P_2O_5：K_2O 为 5：1：4 左右，施用 15 t/hm² 绿肥可为后季作物提供 30%～60% 所需施氮量。绿肥含有各种营养成分，其中氮、钾含量较高，磷含量相对较低，且含有一定量的微量元素等。绿肥的养分含量依绿肥种类、栽培条件、生育时期等不同而异。

5. 土杂肥 指以杂草、灰土等所沤制的肥料，主要包括各种土肥、泥肥、糟渣肥、骨粉、草木灰、屠宰场废弃物等，养分含量较低。

6. 饼肥 包括大豆饼、花生饼、菜籽饼和茶籽饼等，C/N 低，所含养分完全，浓度较高，粉碎程度越高，腐烂分解和产生肥效就越快。一般饼肥含有机质 75%～85%，氮（N）2%～7%，磷（P_2O_5）1%～3%，钾（K_2O）1%～2%，其 C/N 为 8～20，极易分解腐烂，其作用接近于等养分的化肥。

7. 海肥 包括鱼类、鱼杂类、虾类、虾杂类等，C/N 低。鱼杂类和虾蟹类含氮、磷较多；贝壳类除含氮、磷、钾外，富含碳酸钙，磷以磷酸三钙为主；海星类含氮、磷、钾较多，这类肥料中的氮多以蛋白态存在，大部分磷为有机态。同时，它们均含有一定数量的有机质，其中鱼杂类和虾蟹类较多。这类肥料需经沤制后方能施用，属迟效性肥料，宜作基肥。

8. 腐植酸类 包括褐煤、风化煤、腐植酸钠等。兼有有机肥料和无机肥两者的优点，在提供肥效的同时还能够刺激作物生长，阳离子交换量较高，缓冲性能较好。

9. 沼肥 包括沼渣、沼液。沼渣是由部分未分解的原料和新生的微生物菌体组成。沼液中含有丰富的氮、磷、钾等营养元素，沼液含全氮为 0.062%～0.110%、铵态氮 200～600 mg/kg、有效磷 20～90 mg/kg、速效钾 400～1 100 mg/kg。沼液所含有机酸中的丁酸和植物生长激素中的赤霉素、吲哚乙酸以及维生素 B_{12} 等，能够破坏单细胞病菌的细胞膜和体内蛋白质，有效控制有害病菌的繁殖；沼液中的氨、铵盐和抗生素，能抑制和封闭红蜘蛛等害虫的呼吸系统，从而达到驱虫、杀虫、杀菌的作用。对果树腐烂病、轮纹病、干腐病、根腐病、斑点落叶病、霉心病、褐斑病、白粉病、黑点病、红点病；梨树黑星病；葡萄黑痘病、白腐病、灰霉病、霜霉病、炭疽病；樱桃叶面穿孔病、叶斑病、流胶病；果树蔬菜及大田苗期疫病、纹枯病等几乎所有真菌、细菌病害均有明显控制作用。对蚜虫、红蜘蛛、白蜘蛛、地蛆、食心虫卵、菜青虫、甜菜夜蛾、棉铃虫等几乎所有虫害均有显著防效，常年使用沼液的作物能减少病虫害防治次数（最少 3 次以上），且无污染、无残毒、无抗药性，被称为"生物农药"。

（二）常见有机肥原料养分含量

由于各地喂养的饲料不同，畜禽粪便的养分含量也有所不同，数据仅供参考（表 3-24）。

表 3-24 常见畜禽粪尿类有机肥养分含量（鲜基，%）

种类	氮（N）	磷（P_2O_5）	钾（K_2O）
猪粪	0.55	0.56	0.35
猪尿	0.17	0.05	0.19
牛粪	0.38	0.22	0.28
牛尿	0.51	0.04	1.11
马粪	0.44	0.31	0.46
马尿	0.69	0.14	0.82
羊粪	1.01	0.50	0.64

种类	氮（N）	磷（P₂O₅）	钾（K₂O）
羊尿	0.59	0.05	0.84
兔粪	0.87	0.68	0.79
驴粪	0.49	0.43	0.64
驴尿	0.17	0.03	0.28
骡粪	0.31	0.36	0.28
骡尿	0.17	0.03	0.34
鸡粪	1.63	1.54	0.85
鸭粪	1.10	1.40	0.62
鹅粪	0.55	0.50	0.95
猪厩肥	0.45	0.19	0.60
牛厩肥	0.34	0.16	0.40

（三）安全施用原则

畜禽粪便作为肥料施用，其卫生学指标、重金属含量等应达到要求，避免使农产品质量和环境受到威胁。一般要求充分腐熟并灭杀病原菌、虫卵和杂草种子。堆肥的卫生学要求应符合表 3-25，沼气肥的卫生学要求应符合表 3-26，传统有机肥的重金属含量应符合表 3-27。

表 3-25 堆肥的卫生学要求

项　目	要　求
蛔虫卵死亡率	95%～100%
粪大肠菌值	10⁻¹～10⁻²
苍蝇	堆肥中及堆肥周围没有活的蛆、蛹或新孵化的成蝇

表 3-26 沼气肥的卫生学要求

项目	要　求
蛔虫卵沉降率	95%以上
血吸虫卵和钩虫卵	在使用的沼液中不应有活的血吸虫卵和钩虫卵

（续）

项目	要求
粪大肠菌值	$10^{-1}\sim10^{-2}$
蚊子、苍蝇	有效地控制蚊蝇滋生，沼液中无孑孓，池的周边无活蛆、蛹或新羽化的成蝇

表 3-27　传统有机肥重金属含量限值（干基，mg/kg）

项　目		土壤 pH		
		<6.5	6.5~7.5	>7.5
砷	旱田作物	50	50	50
	水稻	50	50	50
	果树	50	50	50
	蔬菜	30	30	30
铜	旱田作物	300	600	600
	水稻	150	300	300
	果树	400	800	800
	蔬菜	85	170	170
锌	旱田作物	2 000	2 700	3 400
	水稻	900	1 200	1 500
	果树	1 200	1 700	2 000
	蔬菜	500	700	900

二、商品化有机肥料

以畜禽粪便、农作物秸秆、植物残体等来源于动植物的有机废弃物为原料，经无害化处理和工厂化的腐熟发酵过程生产而成的肥料为商品化有机肥料。它克服了农家肥腐熟不彻底的缺点。目前用于制作商品有机肥的原料主要有以下几种：一是自然界有机物，如森林枯枝落叶。二是农作物废弃物，如绿肥、作物秸秆、豆粕、棉粕、食用菌菌渣。三是畜禽粪便，如鸡鸭粪、猪粪、牛羊马粪、兔粪等。四是食品加工业废弃物，如酒糟、醋糟、木薯渣、糖渣、糠醛渣发酵过滤物质。经过无害化处理，这些原料生产的商品有机肥都可以用于苹果园果树生产。

《有机肥料》NY/T 525—2021 代替 NY 525—2012，规定了商品化有机肥料相关指标要求（表 3-28）。

表 3-28　商品化有机肥料的指标要求

项　目	指标
有机质的质量分数（以烘干基计，%）	≥30
总养分（N+P₂O₅+K₂O）的质量分数（以烘干基计，%）	≥4
水分（鲜样）的质量分数（%）	≤30
酸碱度（pH）	5.5~8.5
种子发芽指数（%）	≥70
机械杂质的质量分数（%）	≤0.5
蛔虫卵死亡率（%）	≥95
粪大肠菌群数（个/g）	≤100
总砷（As，以烘干基计，mg/kg）	≤15
总汞（Hg，以烘干基计，mg/kg）	≤2
总铅（Pb，以烘干基计，mg/kg）	≤50
总镉（Cd，以烘干基计，mg/kg）	≤3
总铬（Cr，以烘干基计，mg/kg）	≤150

三、有机肥的应用

参照第六章第一节，详细介绍了有机肥的施用原则、施用方法等内容。

第六节　有机无机复混肥料

一、有机无机复混肥料的概述

有机无机复混肥料是一种既含有机质又含有适量化肥的复混肥。它是对粪便、草炭等有机物料，通过微生物发酵进行无害化和有效化处理，并添加适量化肥、腐植酸、氨基酸或有益微生物菌，经过造粒或直接掺混而制得的商品肥料。

《有机无机复混肥料》GB/T 18877—2020 代替 GB 18877—2009，规定了有机无机复混肥料中相关指标要求（表 3-29）。

表 3-29 有机无机复混肥料的指标要求

项　目		指　标		
		Ⅰ型	Ⅱ型	Ⅲ型
有机质含量（%）		≥20	≥15	≥10
总养分[①]（$N+P_2O_5+K_2O$）含量（%）		≥15.0	≥25.0	≥35.0
水分[②]（H_2O,%）		≤12.0	≤12.0	≤10.0
酸碱度（pH）		5.5~8.0		5.0~8.5
粒度[③]（1.00~4.75 mm 或 3.35~5.60 mm,%）		≥70		
蛔虫卵死亡率（%）		≥95		
粪大肠菌群数（个/g）		≤100		
氯离子含量[④]（%）	未标"含氯"的产品	≤3.0		
	标明"含氯（低氯）"的产品	≤15.0		
	标明"含氯（中氯）"的产品	≤30.0		
砷及其化合物（以 As 计）含量（mg/kg）		≤50		
镉及其化合物（以 Cd 计）含量（mg/kg）		≤10		
铅及其化合物（以 Pb 计）含量（mg/kg）		≤150		
铬及其化合物（以 Cr 计）含量（mg/kg）		≤500		
汞及其化合物（以 Hg 计）含量（mg/kg）		≤5		
钠离子含量（%）		≤3.0		
缩二脲含量（%）		≤0.8		

注：① 标明的单一养分含量不应低于 3.0%，且单一养分测定值与标明值负偏差的绝对值不应大于 1.5%。

② 水分以出厂检验数据为准。

③ 指出厂检验数据，当用户对粒度有特殊要求时，可由供需双方协议确定。

④ 氯离子的质量分数大于 30.0% 的产品，应在包装袋上标明"含氯（高氯）"，标识"含氯（高氯）"的产品氯离子的质量分数不做检验和判定。

二、有机无机复混肥料的特点

有机无机复混肥料严格意义上不属于有机肥，是以有机肥和化肥为原料配制而成的稳产绿色环保肥料，同时具有无机肥肥效快和有机肥改良土壤、肥效长的特点。与单施有机肥或化肥相比，有机无机复混肥可以达到作物增产和品质提高的目标，还会避免土壤质量和环境污染问题。

三、有机无机复混肥料的应用

有机无机复混肥料有机质部分主要为有机肥，以动植物残体为原料，经过发酵并腐熟，能够有效为植物提供有机营养元素。同时添加氮磷钾等无机肥，实现养分含量均衡的同时，发挥有益菌固氮、解磷、解钾的作用，促进氮磷钾的吸收，提高氮磷钾吸收率。相比只施氮磷钾肥，吸收率能提高30％～50％。部分产品还可添加其他有益元素如微量元素、多酶、多肽等，使其营养更加全面，真正做到了养分无短板。

施用有机无机复混肥时，要结合有机肥和无机肥的特点，根据果树养分需求规律、肥料特性，按照产品说明书推荐用量进行合理施用。

第七节　缓控释肥料

缓控释肥料从广义上讲是指养分释放速率慢、释放周期长，能够满足作物整个生长周期养分所需的肥料。但从狭义上讲，缓释肥和控释肥的概念又存在差异。缓释肥又被称为长效肥料，主要指施入土壤后转变为植物有效养分的速度比普通肥料缓慢的肥料。其释放速率、方式和持续时间不能很好地控制，受施肥方式和环境条件的影响较大。缓释肥的高级形式为控释，是指通过各种机制措施预先设定肥料在作物生长季的释放模式，使其养分释放规律与作物养分吸收基本同步，从而达到提高肥效目的的一类肥料。

一、分类

（一）包膜缓控释肥

分为无机物包膜缓控释肥和有机物包膜缓控释肥。无机物包膜材料是通过将硫黄、高岭土、膨润土、氧化镁、硅酸盐等材料通过物理吸附的方法固定在肥料颗粒表面，减少水分进入肥料达到养分缓慢释放的目的。有机物包膜材料包括天然聚合物、合成聚合物、生物质包膜材料等。

（二）不包膜缓控释肥

分为合成型缓控释肥和抑制型缓控释肥。合成型缓控释肥是通过添加化学试剂与养分结合，达到水环境下养分缓慢释放这一目的的肥料。抑制型缓控释肥是将抑制剂与肥料混合得到的一种具有缓释效果的新型肥料，主要通过降低尿素在环境中的水解速度以及铵态氮的硝化速率到达缓释目的，减少养分流失。

二、执行标准

《缓释肥料》（GB/T 23348—2009）规定了缓释肥料中相关指标要求，《控释肥料》（GB/T 4215—2011）规定了控释肥料中相关指标要求（表3-30）。

表 3 - 30　缓控释肥料的指标要求

项　目	指　标	
	高浓度	中浓度
总养分①②（N＋P₂O₅＋K₂O）的质量分数（%）	≥40	≥30
水溶性磷占有效磷的质量分数③（%）	≥60	≥50
水分④（H₂O）的质量分数（%）	≤2.0	≤2.5
粒度（1.00～4.75 mm 或 3.35～5.60 mm,%）	≥90	
养分释放期⑤（月）	标明值	
初期养分释放率⑥（%）	≤15/≤12（缓/控）	
28 d 累积养分释放率⑥（%）	≤80/≤75（缓/控）	
养分释放期的累积养分释放率⑥（%）	≥80	

注：① 总养分可以是氮、磷、钾三种或两种之和，也可以是氮和钾中的任何一种养分。

② 三元或二元缓控释肥料的单一养分含量不得低于 4.0%。

③ 以钙镁磷肥等枸溶性磷肥为基础磷肥并在包装上注明为"枸溶性磷"的产品、未标明磷含量的产品、缓控释氮肥以及缓控释钾肥，"水溶性磷占有效磷的质量分数"这一指标不做检验和判定。

④ 水分以出厂检验数据为准。

⑤ 应以单一数值标注养分释放期，其允许差为 25%/20%（缓/控）。如标明值为 6 个月/180 d，累积养分释放率达到 80% 的时间允许范围为 6 个月±45 d/(180±36) d；若标明值为 3 个月/90 d，累积养分释放率达到 80% 的时间允许范围为 3 个月±23 d/(90±18) d。

⑥ 三元或二元缓控释肥料的养分释放率用总氮释放率来表征；对于不含氮的二元缓控释肥料，其养分释放率用钾释放率来表征。

⑦ 除上述指标外，其他指标应符合相应的产品标准的规定，如复混（合）肥料、掺混肥料中的氯离子含量、尿素中的缩二脲含量。

三、缓控释肥料的特点

缓控释肥料是一种根据作物不同生长阶段对营养的需求特点而释放养分的新型肥料，具有控制肥料养分释放、肥效周期长等特征，可使传统化肥利用率提高 20%～50%，乃至一倍以上。缓控释肥料可以延缓或控制肥料养分的释放率和释放时间，使肥料养分释放与作物养分吸收规律相吻合，一次性施肥可满足作物整个生长期所需且不会造成"烧苗"，达到简化施肥技术，节约用工成本，提高肥料利用率。缓控释肥料具有肥效长、养分利用率高、环境污染小、使用方便快捷等特点。经过 30 多年的研究，缓控释肥料已由原来的简单缓释发展到目前的控制释放，并强化控释肥料养分释放模式与作物吸收模式基本匹配的功能。

四、缓控释肥料的应用

合理施用缓控释肥料是实现作物最大化增产增效的重要措施。首先，要根据不同作物的需肥要求选择适宜的肥料种类，不同作物对缓控释肥料养分类型、配比、释放的要求存在较大差异，因此根据不同作物研制的专用缓释肥具有较高的应用潜力。其次，不同缓控释肥料对外界环境的响应存在巨大差异。温度、水分是影响缓控释肥料养分释放的主要环境因素，因此选择的缓控释肥料对于施肥地区的降水和温度要有较好的耐受性。在降水较多的南方地区，推荐施用树脂包膜的缓控释肥料，其对水分的耐受性更高，具有较好的稳定性；在降水较少的北方地区，推荐施用硫包膜和脲甲醛等缓释肥，它们可在水分含量较高的条件下加速溶解释放，因此在降水较少的地区施用可以减缓养分的释放，达到更好的施用效果。

苹果等多年生经济作物特别依赖化肥。近年来，缓控释肥料得到了越来越多人的青睐，彻底了摆脱了"贵族肥料"的头衔。苹果园长达 3 年的定位试验结果显示，施用缓控释肥料处理与农民习惯施肥处理相比，能显著提高苹果产量 10％左右，但是苹果含糖量差异不显著。一次性施用缓控释肥料可以满足苹果整个生育期内的养分需求，能够减少氮肥的施入量，提高苹果的品质，节约了成本和劳动力，极大地降低了果品的生产成本。

第八节　微生物肥料

微生物肥料（microbial fertilizer）又称生物肥料（biofertilizer），是一类含有特定微生物活体的制品，应用于农业生产，通过其中所含微生物的生命活动，增加植物养分的供应量或促进植物生长并提高产量、改善农产品品质及农业生态环境。目前，微生物肥料包括微生物菌剂、复合微生物肥料和生物有机肥。

一、分类及常见产品

（一）微生物菌剂

微生物菌剂又称微生物接种剂，是指一种或一种以上的功能微生物经工业化生产增殖后直接使用，或经浓缩、载体吸附而制成的活菌制品。其具有菌数高、用量少、产品品种多样、适用对象广泛等特点。

微生物菌剂根据产品剂型可分为液体、粉剂和颗粒剂型；根据菌种组成可分为单一菌剂和复合菌剂；根据菌种种类可分为细菌菌剂、真菌菌剂和放线菌菌剂；根据菌种功能类型又可分为固氮菌菌剂、根瘤菌菌剂、解磷菌菌剂、硅酸盐细菌菌剂、光合细菌菌剂、促生菌剂、有机物料腐熟剂、菌根菌剂、生物修复菌剂 9 种类型。

(二) 复合微生物肥料

传统微生物肥料产品中仅含有微生物成分，与化肥相比，微生物肥料的推广使用虽然更符合食品安全的需求，但存在养分低、见效慢等问题。而市场选择或农民使用过程中，希望将不同种类肥料的优点集于一体，同时达到减少化肥用量、增产、改善品质、保护环境安全的目的。随着生产工艺技术的突破，市场出现了含有无机成分的微生物肥料——复合微生物肥料，这类肥料集微生物、有机和无机成分于一体。

复合微生物肥料是指目的微生物经工业化生产增殖后与营养物质复合而成的活菌制品。主要分为以下两种类型：

(1) 两种或两种以上微生物复合而成的微生物肥料，可以是同一种微生物的不同菌株复合，也可以是不同种微生物的复合。

(2) 微生物与各营养元素或添加物、增效剂的复合而成的微生物肥料。在充分考虑复合物的用量、复合剂 pH 和盐离子浓度对微生物影响的前提下，可采用在菌剂中添加一定量的大量元素、微量元素、稀土元素、植物生长雌激素等复合方式进行复合微生物肥料的生产。

常见的复合微生物肥料产品有：微生物微量元素复合生物肥料，联合固氮菌复合生物肥料，固氮菌、根瘤菌、磷细菌和钾细菌复合生物肥料，有机无机复合生物肥料，多菌株多营养生物复合肥。

(三) 生物有机肥

生物有机肥是指特定功能微生物与主要以动植物残体（如畜禽粪便、作物秸秆等）为来源并经无害化处理、腐熟的有机物料复合而成的一类兼具微生物肥料和有机肥料效应的肥料。生物有机肥生产过程中一般有两个环节涉及微生物的使用，一是在腐熟过程中加入促进物料分解、腐熟兼具除臭功能的腐熟菌剂，其多由复合菌系组成，常见菌种有光合细菌、乳酸菌、酵母菌、放线菌、青霉、木霉、根霉等；二是在物料腐熟后加入功能菌，一般以固氮菌、溶磷菌、硅酸盐细菌、乳酸菌、假单胞菌、芽孢杆菌、放线菌等为主，在产品中发挥特定的肥料效应。

二、执行标准

(一) 微生物菌剂

《农用微生物菌剂》（GB 20287—2006）规定了有效活菌数、霉菌杂菌数、

杂菌率、水分、细度、pH 及保质期等作为产品的技术指标（表 3-31），粪大
肠菌群数、蛔虫卵死亡率、重金属元素作为产品无害化技术指标（表 3-32），
其中有效活性菌数、杂菌率是产品品质关键。该标准还对微生物菌剂液体、粉
剂和颗粒 3 种剂型的产品外观特征进行了规定，并根据菌种生物学特性，适应
性地规定了不同产品的指标特征，对不同剂型、不同种类产品的有效活菌数和
保质期进行了区别和规定（表 3-33）。

表 3-31　农用微生物菌剂产品的指标要求

项　目	液体	粉剂	颗粒
有效活菌数（亿 CFU/g 或亿 CFU/mL）	≥2	≥2	≥1
霉菌杂菌数（个/g 或个/mL）	≤3×10⁶	≤3×10⁶	≤3×10⁶
杂菌率（%）	≤10	≤20	≤30
水分（%）	—	≤35	≤20
细度（%）	—	≥80	≥80
pH	5～8	5.5～8.5	5.5～8.5
保质期（月）	≥3	≥6	≥6

注：复合菌剂，每种有效菌的数量不少于 0.01 亿 CFU/g 或 0.01 亿 CFU/mL；以单一的胶质芽孢
杆菌制成的粉剂产品中的有效活菌数不少于 1.2 亿 CFU/g。

表 3-32　农用微生物菌剂产品无害化指标

项　目	标准极限
粪大肠菌群数（个/g 或个/mL）	≤100
蛔虫卵死亡率（%）	≥95
砷及其化合物（以 As 计，mg/kg）	≤75
镉及其化合物（以 Cd 计，mg/kg）	≤10
铅及其化合物（以 Pb 计，mg/kg）	≤100
铬及其化合物（以 Cr 计，mg/kg）	≤150
汞及其化合物（以 Hg 计，mg/kg）	≤5

表 3-33　有机物料腐熟剂产品的指标要求

项　目	剂型		
	液体	粉剂	颗粒
有效活菌数（亿 CFU/g 或亿 CFU/mL）	≥1	≥0.5	≥0.5
纤维素酶活性（U/g 或 U/mL）	≥30	≥30	≥30
蛋白酶活性（U/g 或 U/mL）	≥15	≥15	≥15
水分（%）	—	≤35	≥20
细度（%）	—	≥70	≥70

（续）

项　目	剂　型		
	液体	粉剂	颗粒
pH	5～8	5.5～8.5	5.5～8.5
保质期（月）	≥3	≥6	≥6

注：以农作物秸秆类为腐熟对象测定纤维素酶活性，以畜禽粪便为腐熟对象测定蛋白酶活性。

（二）复合微生物肥料

2015 年农业部发布农业行业标准《复合微生物肥料》NY/T 798—2015 代替了《复合微生物肥料》NY/T 798—2004，对总养分的质量分数要求、pH 范围要求、重金属限量指标要求进行了修改，并增加了总养分中各单养分的限值要求、有机质的技术指标要求，删除了细度技术指标等要求。

该标准规定了复合微生物肥料悬浮型液体产品应无大量沉淀，沉淀摇匀后分散均匀，粉状产品应松散，粒状产品无明显机械杂质、大小均匀。对不同剂型产品的有效活菌数、总养分量、杂菌率和有效期进行了区别（表 3 - 34）。

表 3 - 34　复合微生物肥料产品的指标要求

项　目	剂　型	
	液体	固体
有效活菌数（亿 CFU/g 或亿 CFU/mL）	≥0.5	≥0.2
总养分（N+P_2O_5+K_2O,%）	6～20	8～25
有机质（以烘干基计,%）	—	≥20
杂菌率（%）	≤15	≤30
水分（%）	—	≤30
pH	5.5～8.5	5.5～8.5
保质期（月）	≥3	≥6

注：含两种以上有效菌的复合微生物肥料，每种有效菌的数量不得少于 0.01 亿 CFU/g（mL）；总养分应为规定单位内的某一确定值，其测定值与标明值正负偏差的绝对值不应大于 2%，各单一养分值应不少于总养分含量的 15%。

在无害化指标中，主要规定了粪大肠菌群数不高于 100 个/g（mL），蛔虫死亡率不低于 95%，以及砷、镉、铅、铬、汞等重金属的最高含量（表 3 - 35）。

表 3 - 35　复合微生物肥料无害化指标

项　目	限量指标
粪大肠菌群数（个/g 或个/mL）	≤100
蛔虫卵死亡率（%）	≥95

（续）

项　目	限量指标
砷及其化合物（以 As 计，mg/kg）	≤15
镉及其化合物（以 Cd 计，mg/kg）	≤3
铅及其化合物（以 Pb 计，mg/kg）	≤50
铬及其化合物（以 Cr 计，mg/kg）	≤150
汞及其化合物（以 Hg 计，mg/kg）	≤2

（三）生物有机肥

《生物有机肥》（NY 884—2012）规定了生物有机肥产品微生物菌种使用的安全性、产品外观、产品技术指标要求及重金属限量技术要求，规定粉剂产品应松散、无恶臭味，颗粒产品应无明显机械杂质、大小均匀、无腐败味，规定了有效活菌数、有机质、水分、pH、粪大肠菌群数、蛔虫卵死亡率、保质期等作为生物有机肥的产品技术指标（表 3-36），还规定了砷、镉、铅、铬、汞 5 种重金属含量指标（表 3-37）。

表 3-36　生物有机肥产品的指标要求

项　目	技术指标
有效活菌数（亿 CFU/g）	≥0.2
有机质（以干基计，%）	≥40
水分（%）	≤30
pH	5.5～8.5
粪大肠菌群数（个/g）	≤100
蛔虫卵死亡率（%）	≥95
有效期（月）	≥6

表 3-37　生物有机肥产品 5 种重金属限量指标

项　目	限量指标
总砷（As）（以干基计，mg/kg）	≤15
总镉（Cd）（以干基计，mg/kg）	≤3
总铅（Pb）（以干基计，mg/kg）	≤50
总铬（Cr）（以干基计，mg/kg）	≤150
总汞（Hg）（以干基计，mg/kg）	≤2

三、微生物肥料的作用机理及应用效果

（一）提高作物产量，改善产品品质

微生物肥料中的功能微生物在植物根际定殖后，一方面通过提高土壤养分供应能力，改善作物生长的土壤环境中营养元素的供应状况；另一方面通过自身生命活动以及次级代谢产物的分泌增强作物的养分吸收能力，从而促进作物生长，提高作物产量。此外，微生物特殊的分泌物进入植物体内，对植物起到了刺激作用，增强植物呼吸强度、光合作用，提高植物体内的各种酶类活性，从而提高果实的着色力、含糖量、维生素 C 等品质指标，达到改善果实品质的效果。

（二）调节根际微生物区系，提高作物抗逆性

功能微生物进入土壤后，占据空间生态位，调节了植物根际微生物区系组成，对微生态系统结构具有改善作用。同时，微生物在根际生长繁殖过程中分泌多种抗生素及植物生长激素，不但能有效抑制病原微生物生长繁殖，减少病原菌对植株的侵害，而且能刺激植物生长，促进根系生长及叶绿素、蛋白质和核酸的合成，提高作物抗逆性。

（三）改善土壤理化性状，培肥地力

微生物肥料中的微生物能分泌产生大量胞外多糖类物质，可与土壤胶体、植物根系分泌物等共同作用，形成土壤团粒结构，提高土壤保肥、保水能力。此外，微生物还参与腐殖质形成，改善土壤理化性状。施用具有固氮、溶磷、解钾等功能的微生物，可以增加土壤中的氮素来源，将土壤中难溶的磷、钾分解出来，同时各种有机酸和酶类的大量分泌可以分解转化各种复杂的有机物和快速活化土壤养分，增加土壤有效养分。

四、微生物肥料的应用

微生物肥料除了可以作基肥、种肥、追肥外，还可用于叶面喷施等。微生物肥料是生物活性肥料，施用方法比化肥、有机肥严格，有特定的施用要求，施用时应注意施用条件，严格按照产品使用说明书操作，否则难以获得良好的施用效果。施用时应注意以下几点：

（1）微生物肥料对土壤条件要求相对比较严格。微生物菌剂施入土壤后，需要一个生长、繁殖的过程，一般 15 d 之后才可发挥作用，能长期均衡地为植物供给养分。

（2）微生物肥料适宜在清晨和傍晚或无雨阴天施用，避免紫外线杀死微生

物或降低微生物活性。

（3）微生物肥料应避免高温干旱条件，施用时注意温度、湿度的变化。在高温干旱条件下，微生物生长和繁殖会受到影响，无法充分发挥其作用。要结合盖土灌水等措施，避免微生物菌剂受到阳光直射或因水分不足等不良环境因素的影响。

（4）微生物肥料不能长期泡在水中，在水田施用时应注意干湿灌溉，促进微生物活动。好氧性微生物为主的产品，尽量不要施于水田。同样，严重干旱的土壤也会影响微生物的生长繁殖，微生物肥料适宜的土壤含水量为50%～70%。

（5）微生物肥料可以单独施用，也可与其他肥料配施。但要注意微生物肥料不易与未腐熟有机肥混用，高温或有害物质会影响微生物生长繁殖，甚至造成死亡。有的微生物菌剂不宜与化肥混合施用，尤其是一些与固氮相关的微生物菌剂不宜与氮肥混施。

（6）微生物肥料不能与农药同时施用。化学农药会抑制微生物的生长繁殖，甚至杀死微生物。不能用拌过杀菌剂、杀虫剂的工具装微生物肥料。

（7）微生物肥料不宜久放。拆包后要及时施用，长期存放可能导致其他微生物侵入，导致微生物种群发生变化，影响施用效果。

第九节　水溶肥料

水溶肥料是指能够溶于水的单质化肥或多元复合肥料，经水溶解或稀释，可以用于灌溉施肥、叶面施肥、无土栽培、浸种蘸根等用途的液体或固体肥料。具有容易被作物吸收利用，速溶、无残渣、吸收率高、见效快、施用方便等显著优点，而且通过应用于喷、滴灌等设施农业，可以实现水肥一体化，达到节水、省肥、省工的效果。

一、分类

根据肥料中营养元素类型及种类，可分为大量元素水溶肥料、中量元素水溶肥料、微量元素水溶肥料、含腐植酸水溶肥料、含氨基酸水溶肥料等。

我国水溶肥料产品类型既有单一养分，也有含多种营养元素的复合型。针对不同类型的水溶肥料产品，我国出台相应的行业标准对产品的养分种类、含量、pH等技术指标进行了规定，同时还规定了产品的检测方法、检测规则、外包装、标识、运输和贮存条件等。

二、执行标准

(一) 大量元素水溶肥料

《大量元素水溶肥料》NY 1107—2020 对 NY 1107—2010 进行了修订，删除了原产品类型大量元素水溶肥料（中量元素型）和大量元素水溶肥料（微量元素型）的划分及相应技术指标。此外，对产品的大量元素含量、水不溶物含量进行了修改，删除了产品 pH 3～9 的技术指标，增加了氯离子含量及缩二脲含量限量指标要求（表 3-38）。

表 3-38 大量元素水溶肥料产品的指标要求

项　目		固体产品	液体产品
大量元素含量①		≥50.0%	≥400 g/L
水不溶物含量		≤1.0%	≤10 g/L
水分（H_2O）含量		≤3.0%	—
缩二脲含量		≤0.9%	
氯离子含量②	未标"含氯"的产品	≤3.0%	≤30 g/L
	标识"含氯（低氯）"的产品	≤15.0%	≤150 g/L
	标识"含氯（中氯）"的产品	≤30.0%	≤300 g/L

注：①大量元素含量指总 N、P_2O_5、K_2O 含量之和，产品应至少包含其中 2 种大量元素。单一大量元素含量不低于 4.0% 或 40 g/L。各单一大量元素测定值与标明值负偏差的绝对值应不大于 1.5% 或 15 g/L。

②氯离子含量大于 30.0% 或 300 g/L 的产品，应在包装袋上标明"含氯（高氯）"，标识"含氯（高氯）"的产品，氯离子含量可不做检验和判定。

产品中若添加中量元素养分，须在包装标识注明产品中所含单一中量元素含量、中量元素总含量。

——中量元素含量指钙、镁元素含量之和，产品应至少包含其中一种中量元素。

——单一中量元素含量不低于 0.1% 或 1 g/L。

——单一中量元素含量低于 0.1% 或 1 g/L 不计入中量元素总含量。

——当单一中量元素标明值不大于 2.0% 或 20 g/L 时，各元素测定值与标明值负相对偏差的绝对值应不大于 40%；当单一中量元素标明值大于 2.0% 或 20 g/L 时，各元素测定值与标明值负偏差的绝对值应不大于 1.0% 或 10 g/L。

产品中若添加微量元素养分，须在包装标识注明产品中所含单一微量元素含量、微量元素总含量。

——微量元素含量指铜、铁、锰、锌、硼、钼元素含量之和，产品应至少包含其中一种微量元素。

——单一微量元素含量不低于 0.05% 或 0.5 g/L。钙元素含量不高于 0.5% 或 5 g/L。

——单一微量元素低于 0.05% 或 0.5 g/L 不计入微量元素总含量。

——当单一微量元素标明值不大于 2.0% 或 20 g/L 时，各元素测定值与其标明值正负相对偏差的绝对值应不大于 40%；当单一微量元素标明值大于 2.0% 或 20 g/L 时，各元素测定值与其标明值正负偏差的绝对值应不大于 1.0% 或 10 g/L。

（二）中量元素水溶肥料

《中量元素水溶肥料》（NY 2266—2012）对中量元素水溶肥产品的技术指标进行了规定，区别了固体剂型和液体剂型产品的技术指标。同时，还对汞、砷、镉、铅、铬等重金属元素进行了最高限量要求（表 3 - 39）。

表 3 - 39　中量元素水溶肥料产品的指标要求

项目	固体指标	液体指标
中量元素含量	≥10%	≥100 g/L
水不溶物含量	≤5%	≤50 g/L
pH（1：250 倍稀释）	3～9	
水分（%）	≤3	—
汞（Hg）（以元素计，mg/kg）	≤5	
砷（As）（以元素计，mg/kg）	≤10	
镉（Cd）（以元素计，mg/kg）	≤10	
铅（Pb）（以元素计，mg/kg）	≤50	
铬（Cr）（以元素计，mg/kg）	≤50	

注：中量元素含量指钙含量、镁含量或钙镁含量之和。含量不低于 1.0%（10 g/L）的钙镁元素均应计入中量元素含量中。硫含量不计入中量元素含量，仅在标识中标注。

（三）微量元素水溶肥料

《微量元素水溶肥料》NY 1428—2010 对 NY 1428—2007 进行了修订，将微量元素种类由至少两种改为至少包含一种微量元素，pH 的最高值由 7.0 修订为 10.0。此外，还增加了硫、氯、钠元素含量和 pH 的要求，增加了固体产品销售包装和分量包装净含量要求。规定微量元素水溶肥料产品外观为均匀的液体或均匀、松散的固体。对养分含量等进行了限定。同样，该标准也对汞、砷、镉、铅、铬等重金属元素含量进行了限量（表 3 - 40）。

表 3 - 40　微量元素水溶肥料产品的指标要求

项目	固体指标	液体指标
微量元素含量	≥10.0%	≥100 g/L
水不溶物含量	≤5%	≤50 g/L
pH（1：250 倍稀释）	3～10	

（续）

项　目	固体指标	液体指标
水分（%）	≤6	—
汞（Hg）（以元素计，mg/kg）	≤5	
砷（As）（以元素计，mg/kg）	≤10	
镉（Cd）（以元素计，mg/kg）	≤10	
铅（Pb）（以元素计，mg/kg）	≤50	
铬（Cr）（以元素计，mg/kg）	≤50	

注：微量元素含量指铜、铁、锰、锌、硼、钼元素含量之和，含量不低于 0.05%（0.5 g/L）的单一微量元素均应计入微量元素含量中，钼元素含量不高于 0.5%（5 g/L）。

（四）含氨基酸水溶肥料

含氨基酸水溶肥料是以游离氨基酸为主体的，按适合植物生长所需比例，添加钙镁中量元素或铜铁锰锌硼钼等微量元素而制成的液体或固体水溶肥料。按照产品中添加营养元素类型，含氨基酸水溶肥料又可分为中量元素型和微量元素型（表 3 - 41、表 3 - 42）。《含氨基酸水溶肥料》（NY 1429—2010）规定了游离氨基酸含量、中量元素含量、微量元素含量、水不溶物含量、pH、水分含量等作为产品的技术指标。当中量元素含量和微量元素含量均符合要求时，产品类型归为微量元素类型。

表 3 - 41　含氨基酸水溶肥料产品（中量元素型）的指标要求

项　目	固体指标	液体指标
游离氨基酸含量	≥10%	≥100 g/L
中量元素含量	≥3%	≥30 g/L
水不溶物含量	≤5%	≤50 g/L
pH（1∶250 倍稀释）	3～9	
水分（%）	≤4	—
汞（Hg）（以元素计，mg/kg）	≤5	
砷（As）（以元素计，mg/kg）	≤10	
镉（Cd）（以元素计，mg/kg）	≤10	
铅（Pb）（以元素计，mg/kg）	≤50	
铬（Cr）（以元素计，mg/kg）	≤50	

注：中量元素含量指钙镁元素含量之和，含量不低于 0.1%（1 g/L）的单一中量元素均应计入中量元素含量中。

表 3-42　含氨基酸水溶肥料产品（微量元素型）的指标要求

项　目	固体指标	液体指标
游离氨基酸含量	≥10%	≥100 g/L
微量元素含量	≥2%	≥20 g/L
水不溶物含量	≤5%	≤50 g/L
pH（1∶250 倍稀释）	3～9	
水分（%）	≤4	—
汞（Hg）（以元素计，mg/kg）	≤5	
砷（As）（以元素计，mg/kg）	≤10	
镉（Cd）（以元素计，mg/kg）	≤10	
铅（Pb）（以元素计，mg/kg）	≤50	
铬（Cr）（以元素计，mg/kg）	≤50	

注：微量元素含量指铜、铁、锰、锌、硼、钼元素含量之和。产品应至少包含一种微元素。含量不低于 0.05%（0.5 g/L）的单一微量元素均应计入微量元素含量中。钼元素含量不高于 0.5%（5 g/L）。

（五）含腐植酸水溶肥料

含腐植酸水溶肥料是以适合植物生长所需比例的矿物源腐植酸为主，田间适量氮磷钾大量元素或铜铁锰锌硼钼等微量元素而制成的液体或固体水溶肥料。按照产品中添加营养元素类型，含腐植酸水溶肥料又可分为大量元素型和微量元素型（表 3-43、表 3-44）。《含腐植酸水溶肥料行业标准》（NY 1106—2010），明确了腐植酸原料为矿物源腐植酸，对腐植酸含量和大量元素含量指标进行了修订，扩大了含腐植酸水溶肥料的 pH 范围等内容。此外，还对肥料中汞、砷、镉、铬、铅等重金属元素含量指标进行了规定。

表 3-43　含腐植酸水溶肥料产品（大量元素型）的指标要求

项　目	固体指标	液体指标
腐植酸含量	≥3%	≥30 g/L
大量元素含量	≥20%	≥200 g/L
水不溶物含量	≤5%	≤50 g/L
pH（1∶250 倍稀释）	4～10	
水分（%）	≤5	—
汞（Hg）（以元素计，mg/kg）	≤5	
砷（As）（以元素计，mg/kg）	≤10	
镉（Cd）（以元素计，mg/kg）	≤10	

（续）

项　目	固体指标	液体指标
铅（Pb）（以元素计，mg/kg）	≤50	
铬（Cr）（以元素计，mg/kg）	≤50	

注：大量元素含量指总 N、P_2O_5、K_2O 含量之和。产品应至少包含两种大量元素，单一大量元素不低于 2%（20 g/L）。

表 3-44　含腐植酸水溶肥料产品（微量元素型）的指标要求

项　目	固体指标
腐植酸含量（%）	≥3
微量元素含量（%）	≥6
水不溶物含量（%）	≤5
pH（1∶250 倍稀释）	4～10
水分（%）	≤5
汞（Hg）（以元素计，mg/kg）	≤5
砷（As）（以元素计，mg/kg）	≤10
镉（Cd）（以元素计，mg/kg）	≤10
铅（Pb）（以元素计，mg/kg）	≤50

注：微量元素含量指铜、铁、锰、锌、硼、钼元素含量之和。产品应至少包含一种微量元素，含量不低于 0.05% 的单一微量元素均应计入微量元素含量中。钼元素含量不高于 0.5%。

三、水溶肥料的应用

果园中，与传统肥料相比，水溶肥料不但配方多变，施用方法也灵活多样，既可作叶面肥喷施，也可与节水灌溉结合施用，实现水肥耦合。

（一）叶面喷施

水溶肥料作叶面肥喷施，是解决某些特殊问题而采用的辅助性措施，是对土壤施肥的一种补充，但不能取代土壤施肥。利用叶面喷施，可使盐分通过叶片吸收直接进入植株体内，参与植物新陈代谢过程，通过缩短养分运输距离，快速高效地为植物补充养分。科学合理的利用水溶肥料进行叶面喷施，不仅可以提高肥料的利用率，而且对防治作物缺素症、增强作物抗逆性、改善作物品质、增加作物产量方面具有良好的应用效果。

（1）施用浓度。不同水溶肥料使用浓度不同，在一定范围内，喷施浓度越高，叶面吸收效果越好，但养分浓度过高容易灼伤叶片产生肥害，尤其是微量元素肥料。应根据作物种类和作物生育时期选择不同喷施浓度。当环境温度较高时，在适宜浓度范围内，应把握"就低不就高"原则。

（2）喷施时期。应根据作物的生育时期选择适宜的叶面施肥时期，在作物幼苗期、花期应避免叶面喷施。应根据作物种类、水溶肥料的种类选择适宜的叶面施用时期。如含有植物生长调节剂的水溶肥料具有促进植株生长的作用，应在作物生长前期喷施，含硼、锌的肥料在植物初花期喷施效果最好。同时，还应根据农业生产实际需要和作物生长环境与条件进行叶面喷施。具体根据产品说明书进行操作。

（3）喷施部位。植株叶片背面气孔数量较多，且溶液蒸发较慢，有利于养分的吸收，因此喷施叶面肥时要注意正反面都应均匀喷施。一般新叶比老叶、叶背面比正面养分吸收速率高，吸收能力更强。在喷洒叶面肥时要做到雾滴细、匀，作物叶面受肥液程度以肥液将流未流为宜。

（4）与土壤施肥相结合。与叶片相比，植物根部的养分吸收系统更加完善和庞大，对氮磷钾等大量元素的吸收，叶面施肥 10 次以上才能与根部养分吸收量持平，因此叶面施肥不能完全代替作物根部施肥，必须与根部施肥相结合，以获得更好的施肥效果。

（二）灌溉施肥

水溶肥料与节水灌溉相结合的水肥一体化技术是一项节水节肥、高效环保的农业措施。水溶肥料随水灌溉，将养分随水分同时输送到作物根部，让作物根系在吸收水分的同时吸收养分，不仅施肥均匀，且能有效提高肥水利用率。同时，由于水溶肥料配方灵活可调节，根据作物不同生育时期、养分需求特点及土壤养分供应情况及时调节，可以做到养分均衡供应、浓度适宜，避免了烧苗等不良后果。

（1）严格控制肥料用量。与普通复合肥料相比，水溶肥料养分含量高，速效性强，难以在土壤中长期留存。如果单次施肥量较大，不仅容易造成养分流失，降低施肥效益，而且容易造成水环境污染，不利于农业可持续发展。因此在施用时要按照产品包装说明严格控制肥料用量。采用少量多次施肥方法，以满足作物不间断养分吸收特点，避免养分流失，提高施肥效益。

（2）避免直接冲施。水溶肥料区别于普通复合肥料，不能直接冲施，否则容易造成施肥不均匀、烧苗伤根等问题。一般采用二次稀释，以保证水溶肥料完全溶解和使用浓度安全，再随水灌溉，保障肥料施用效果，提高肥料利用率。

（3）防止灌溉系统堵塞。目前，喷头、滴头堵塞是影响水肥一体化技术推广应用的重要因素，尤其是经物理混配工艺生产的水溶肥料产品。由于原料中含有一定程度的钙镁杂质，又受各区域水体硬度不同影响，肥料产品在溶解后，溶液 pH 的改变容易引起沉淀。

（三）水溶肥料的混配使用

将两种或多种水溶肥料合理混合，不仅能够为作物提供更加全面的养分，显著增加肥效，还可节省施肥时间和用工成本。但肥料的混合需要注意不同混配溶液的浓度和酸碱度，防止沉淀、絮凝和离子拮抗，遵循肥料混合后无不良反应或不降低肥效的原则。

第四章 <<<
苹果化肥科学施用

第一节　苹果矿质养分与吸收

一、苹果生长发育所需矿质养分

要了解苹果树正常生长发育需要什么养分，首先要知道苹果树的养分组成。新鲜植物经烘烤后可获得干物质，干物质中含有无机和有机两类物质。经生物试验验证，植物体内所含的化学元素并非全部都是植物生长发育所必需的营养元素。确定为必需营养元素的 3 个标准为：①这种元素对所有高等植物的生长发育是不可缺少的，缺少这种元素植物就不能完成其生命周期。对高等植物来说，即由种子萌发到再结出种子的过程。②缺乏这种元素后，植物会表现出特有的症状，而且其他任何一种元素均不能代替，只有补充这种元素后症状才能减轻或消失。③这种元素必须直接参与植物的新陈代谢，对植物起直接的营养作用，而不是改善环境的间接作用。

果树必需的 16 种元素是：碳（C）、氢（H）、氧（O）、氮（N）、磷（P）、钾（K）、钙（Ca）、镁（Mg）、硫（S）、铁（Fe）、硼（B）、锰（Mn）、铜（Cu）、锌（Zn）、钼（Mo）、氯（Cl）。其中，以碳、氢、氧三种元素的需要量最大，占树体干重的 95% 左右。果树主要从空气（CO_2）和水（H_2O）中吸收这三种元素，称为非矿质元素。果树需要的其余元素均需从土壤中吸收，称为矿质元素。矿质元素可利用形态如下：氮 NO_3^-、NH_4^+；磷 $H_2PO_4^{1-}$、HPO_4^{2-}；钾 K^+、钙 Ca^{2+}、镁 Mg^{2+}、硫 SO_4^{2-}、铁 Fe^{2+}、锰 Mn^{2+}、铜 Cu^{2+}、锌 Zn^{2+}、硼 $H_2BO_3^-$、$B_4O_7^{2-}$；钼 MoO_4^{2-}、氯 Cl^- 以及少量较小的有机分子氨基酸、糖、植素等。

二、苹果养分吸收

（一）根系对养分的吸收

根系吸收养分的形态可以是气态、离子态和分子态。土壤中养分到达根表有两个途径：一是根对土壤养分的主动截获。截获是指根直接从所接触的土壤中获取养分而不通过运输。截获所得的养分实际是根系所占据的土壤容积中的养分，主要取决于根系容积（或根表面积）和土壤中有效养分的浓度。二是在果树生长与代谢活动（如蒸腾、吸收等）影响下，土体养分向根表迁移。迁移有两种方式：即质流与扩散。植物蒸腾作用导致根际土壤水分减少，造成周围土壤和根际土壤产生水势差，周围土壤水分携带土壤养分向根际土壤移动的过程称作质流。果树根系不断吸收有效养分，导致根际土壤有效养分浓度降低而与周围土壤产生浓度差，从而引起周围土壤有效养分（高浓度）向根际土壤（低浓度）扩散的过程称作扩散。果树根系对无机养分的吸收可以分为两种情况：一是被动吸收，也称非代谢吸收，是一种顺电化学势梯度的吸收过程，被动吸收不需要消耗能量，属于物理或物理化学吸收作用，可通过扩散、质流、离子交换等方式进入根细胞。二是主动吸收，又称作代谢吸收，是一个逆电化学势梯度且消耗能量的吸收过程，具有选择性，故也称选择性吸收。果树根系还可以吸收有机态养分，其吸收机理尚无定论。一般认为，在具有一定特性的透过酶作用下进入细胞的这个过程是消耗能量的，属于主动吸收。

（二）叶片和地上部其他器官对养分的吸收

果树除可从根部吸收养分外，还能通过叶片（或茎）吸收养分，这种营养方式称为根外营养。

一般来讲，在果树的营养生长期间或是生殖生长的初期，叶片有吸收养分的能力，并且对某些矿质养分的吸收比根的吸收能力强。因此，在一定条件下，根外追肥是补充营养物质的有效途径，能明显提高果树的产量和改善品质。与根供应养分相比，通过叶片直接提供营养物质是一种见效快、效率高的施肥方式。这种方式可防止养分在土壤中被固定，特别是锌、铜、铁和锰等微量元素。此外，还有一些生物活性物质如赤霉素等可与肥料同时进行叶面喷施。如果树生长期间缺乏某种元素，可进行叶面喷施，以弥补根系吸收的不足。在干旱与半干旱地区，由于土壤有效水缺乏，不仅使土壤养分有效性降低，而且使施入土壤的养分难以发挥作用，因此常因营养缺乏使果树生长发育受到影响。在这种情况下，叶面施肥能满足作物对营养的需求，达到矫正养分缺乏的目的。

果树的叶面营养虽然有上述优点，但也有其局限性。如叶面施肥的效果虽然快，但往往效果短暂；而且每次喷施的养分总量有限；又易从疏水表面流失或被雨水淋洗。此外，有些养分元素（如钙）从叶片的吸收部位向果树的其他部位转移相当困难，喷施的效果不一定很好。这些都说明果树的根外营养不能完全代替根部营养，仅是一种辅助的施肥方式。因此，根外追肥只能用于解决一些特殊的果树营养问题，并且要根据土壤环境条件、作物的生育时期及其根系活力等合理应用。

三、苹果营养关键时期

苹果对营养需求的时期可以分为营养临界期和营养最大效率期。在苹果营养过程中，某一时期对某种养分需求的绝对数量不大，但需求迫切而且敏感，此时这种养分如果供应不及时，苹果生长发育和产量就会受到影响，即便过后该养分得到补充也无济于事，这个时期称为营养临界期。营养临界期一般出现在生长初期。在苹果营养过程中，某一时期对某种养分需求的绝对数量大，需求速率大，增产效率最高，此时这种养分如果供应不及时，苹果产量就会受到严重影响，即便过后该养分得到补充也不能提高产量，这个时期称为营养最大效率期。营养最大效率期一般出现在营养生长旺盛期或营养生长和生殖生长并进期。

第二节　苹果科学施肥原理与原则

一、苹果科学施肥原理

（一）营养元素同等重要、不可替代律

对果树来讲，不论大量元素还是中量元素或微量元素，在果树生长中所起到的作用都是同等重要、缺一不可的。缺少某种微量元素时，尽管它的需要量可能会很少，仍会产生微量元素缺乏症而导致减产。不论微量元素还是大量元素、中量元素，其在果树生长发育中所起的作用都是同等重要的，并不因为需要量的多少而改变其重要性。果树需要的各种营养元素，在果树体内都有一定的功能，相互之间不能代替。缺少哪种营养元素，就必须施用含有该营养元素的肥料，施用其他肥料不仅不能解决缺素的问题，有时还会加重缺素症状。

（二）养分归还学说

养分归还学说的中心内容是：植物通过不同方式从土壤中吸收矿质养分，随着人们将植物收获物拿走，必然会从土壤中将这部分养分携带走，使土壤养分逐渐减少，连续种植会使土壤贫瘠。为了保持土壤肥力，提高作物产量，就

必须把作物带走的矿质养分全部归还给土壤。施肥是归还土壤养分的最直接有效的方式。

(三) 最小养分律

最小养分律的中心内容是：作物为了生长发育需要吸收各种养分，但是决定作物产量的却是土壤中相对含量最小的有效养分的含量，产量也在一定限度内随着这个最小养分含量的增减而相对地变化。最小养分不是固定不变的，在得到一定补充后，最小养分可能发生变化，产生新的最小养分。

(四) 报酬递减律与米采利希学说

报酬递减律的中心内容是：从一定土地上所得到的报酬随着向该土地投入的劳动和资本量的增大而有所增加，但随着投入的劳动和资本量的增加，单位投入所获得的报酬增加量却是在逐渐递减的。

米采利希学说：在其他各项技术条件相对稳定下，随着施肥量的增加作物产量也随之增加，但单位施肥量所获得的增产量却是逐步减少的。

(五) 因子综合作用学说与限制因子律

作物生长发育，除了需要充足的养分外，还需要适宜的温度、水分、光照和空气等诸多因素（因子），每种因素对作物的生长发育都有同样重要的影响。如果把影响作物生长发育的因素从养分扩展开来，把每个影响作物生长发育的因素都考虑进去，就会得到这样一个规律：养分、水分、空气、热量、光照、栽培技术措施等很多因素都在影响作物生长发育，作物的生长状况就取决于这些因素，作物的产量是这些因素综合作用的结果，但其中必然有一个因素供给量相对最少，被称作限制因子，作物产量在一定程度上受这个限制因子的制约即限制因子律。

二、苹果科学施肥原则

(一) 高效施肥原则

苹果高效施肥基于果园养分状况和果树营养特性基础，以高产优质、高效和环保为目标，最大限度实现经济效益、生态效益和社会效益的最佳化。

1. 用地和养地相结合 土壤是果树根系生长和养分、水分吸收的主要场所，果园土壤肥力状况显著影响根系生长及其对养分、水分的吸收。用地和养地相结合的实质就是在满足果树高产、优质对营养需要的同时，逐步提高果园土壤肥力。其中，"用地"指采取合理的施肥措施，通过促进根系生长、改善土壤结构和水热状况、选择合适的品种等，充分挖掘果树利用土壤养分的能力，最大限度发挥土壤养分资源的潜力，保证果树高产优质。"养地"是指通过施肥，逐步培肥土壤，提高土壤保肥、供肥能力并改善土壤结构，维持土壤养分平衡，为果树的高产、稳产打下良好基础。另外，"养地"除了通过施肥逐步适度提高果园土壤养分含量外，还要重视改善土壤理化性状，以及消除土壤中不利于根系生长及养分吸收的障碍因子。"养地"是"用地"的前提，而"用地"是"养地"的目的，二者互相结合、互相补充。

2. 营养需求与肥料释放、土壤养分供应特性相吻合 栽培方式、砧木/品种、立地条件及管理水平不同，苹果树产量和生长量均有较大差异，因此单位产量的养分需求量也不同。此外，土壤肥力水平也显著影响苹果根系的养分吸收状况。在土壤肥力较高的苹果园，施肥不仅效果不好，造成肥料浪费，施肥过多还会引起果实品质降低和环境污染问题；而在土壤肥力低的苹果园，施肥不足则会导致严重减产及果实品质降低。苹果园土壤的理化性状，如结构、质地、pH 对苹果树根系生长及养分吸收利用也有重要的影响，因此在施肥中也应对这些因素加以调控，使之逐步改善。对肥料而言，不同种类的肥料在土壤中转化过程不同，对土壤理化性状（如 pH）的影响也不一致，苹果树对其利用能力也不同，这也需要在生产实际中加以考虑。

沙质土果园因保肥保水性差，追肥少量多次浇小水，勤施少施，多用有机态肥和复合肥，防止养分严重流失。盐碱地果园因土壤 pH 偏高，许多营养元素如磷、铁、硼易被固定，应注重多追施有机肥、磷肥和微肥，最好与有机肥混合施用。黏质土果园保肥保水性强，透气性差，追肥次数可适当减少，多配合有机肥或局部优化施肥，协调水气矛盾，提高肥料有效性。

3. 有机肥与无机肥相结合 研究和生产实践均证明，土壤有机养分与无机养分的有机结合有利于土壤肥力和肥料利用率的逐步提高，是保证苹果高产、稳产、优质行之有效的举措。在我国苹果园有机质含量偏低的现状下，应大力提倡有机肥与无机肥的配合施用。有机肥与无机肥相结合的原则有两方面的内涵：一方面，通过施用有机肥，尤其是施用富含有机质的有机肥，改善土壤理化性状，提高土壤保肥供肥能力，促进根系生长发育及对养分的吸收，为无机养分的高效利用提供基础；另一方面，通过施用无机肥料，逐步提高土壤养分含量并协调土壤养分比例，在满足苹果树对养分需求的同时，使土壤养分含量逐步提高。根据一些地区的经验，苹果园养分投入总量中，有机养分的投入应占 50% 左右，此时可较大限度地发挥有机养分和无机养分在增产和改善果品中的作用。

4. 肥料精确调控与丰产、稳产、优质的树体结构和生长节奏调控相结合
良好的树体结构有利于协调营养生长（枝、叶等）与生殖生长（花、果）的关系，促进光合作用，优化碳水化合物在树体内的分配。利用生产技术调节苹果树生长节奏、协调营养生长与生殖生长的矛盾，是保证苹果树高产、稳产的关键，而养分管理在调节苹果树生长节奏中发挥重要作用。例如，在苹果生产中，如秋施基肥及早春施肥有利于叶幕和营养器官形成，对保证苹果树正常生长有重要意义；而花芽分化期施氮肥（6 月上中旬）则需格外注意，过量施氮会造成枝条旺长，不利于果实品质的提高，同时不利于花芽分化。

5. 施肥与水分管理的有机结合　水、肥结合是充分利用养分的有效措施。在实际生产中，肥料利用率不高、损失率大等问题的产生往往与不当的水分管理有关。过量灌水不仅会造成根系生长发育不良，影响根系对养分的吸收，同时还会引起氮素等养分的淋洗损失；而土壤干旱也会使肥效难以发挥，施肥不当还会发生烧根等现象，不利于养分利用及苹果树生长。尤其在土壤贫瘠、肥力低的苹果园，将水、肥管理有机结合，是节约水分、养分资源提高果树产量的有效方法。

6. 施肥与其他栽培技术的结合　施肥技术必须与其他果树栽培技术有机结合，在苹果生产中，其他栽培技术措施如环割、环剥、套袋、生草制等的运用都会对施肥提出不同的要求。例如，为控制营养生长过旺、促进开花结果，在苹果树上较普遍地实行环割和环剥，提高果树产量的同时，会增加树体对养分的需求。又如，在实行生草制的苹果园，氮肥的推荐量应较实行清耕制的苹果园有所增加，等等。因此，在设计苹果园施肥方案时，应与立地条件和其他栽培技术相配套。

（二）化肥科学施用原则

1. 氮肥科学施用原则　苹果树的根系从土壤中吸收的氮包括有机氮和无机氮，根系从土壤中吸收的有机氮有尿素施入土壤中水解形成的酰胺态氮，无机氮有 NO_3^-、NH_4^+ 两种形态的氮。在苹果树氮肥施用过程中，需要根据果园土壤氮素养分、树体的生长期不同、树势强弱不同来确定氮肥的施用总量，因氮肥在土壤中容易流失，氮肥施用过程中要遵循"少量多次"的原则，全年氮肥施用保持 3～4 次。氮肥要深施：氮肥深施既可减少氮肥的损失，又能延长肥效期，可克服表施造成的前期徒长，遏制后期脱肥早的现象。氮肥要和有机肥配合施用，对苹果高产、稳产、降低成本具有重要作用。氮肥施用的同时要按照需求施入一定量的磷钾肥，以维持果园土壤中大量元素的平衡，促进营养元素间的协同作用，提高肥料利用率。

2. 磷肥科学施用原则　磷肥对苹果的开花、坐果、枝叶生长、花芽分化、果实发育都有积极作用。在一年之中，苹果树对磷的吸收几乎没有高峰和低谷，较为平稳。黄土高原碱性土壤中，有些土壤中磷的总含量并不低，但由于土壤呈碱性，磷极易被固定，能溶于水的有效性磷含量非常低，往往使树体处于缺磷状态。磷在土壤中的水溶性和移动性较差，当季利用率低，磷肥在施用时要作基肥施用，而且要深施，尽量施在根系附近，有利于根系对磷的吸收，提高磷肥利用率；磷肥施用时可与优质的呈酸性的有机肥混合施用，有机肥可在磷肥颗粒外围包上一层"外衣"，避免或减少碱性土壤与磷肥的接触，减少磷被土壤固定。因此，对于碱性土壤，为避免施入的磷肥被土壤固定，降低其有效性，可在每年秋季结合深翻与有机肥混合施入，全年施入一次即可。

3. 钾肥科学施用原则　苹果树在春梢迅速生长期和果实膨大期需钾量大，尤其在果实膨大期需钾量最多，这一时期施入钾肥，可以促进糖向果实运转，增强果实的吸水能力，果实表现个大，上色早且快，着色面积大而鲜艳，含糖量高、味甜、风味浓、品质佳且耐贮藏。因此，钾肥的施用时期主要在新梢迅速生长前的谢花后和果实膨大前。此外，秋施基肥时，在有机肥中混施一部分钾肥，可以增加树体钾的贮藏量，对翌年春季春梢生长和幼果发育具有良好作用。钾肥的施入应以追肥为主、基肥为辅，重视中后期的施用。

4. 中微量元素肥料施用原则　苹果树对中微量元素的需求量少，但是它们对果树生长发育的作用与大量元素同等重要。当缺乏某种中微量元素时，果树生长会受到明显影响，产量降低、品质下降。一是因缺补缺，适时施用。中微量元素的需求量小，缺素施用时要严格控制用量和浓度，做到施肥均匀。二是调节土壤环境。土壤酸碱度、水分含量等因素都会影响中微量元素的吸收利用。三是注意合理配施。如钾过多对 Ca^{2+} 起拮抗作用，磷过多易引起缺锌症状，偏施氮肥会造成缺硼，要注意合理配施。

第三节　苹果化肥科学施用技术

一、常用推荐施肥方法

国内外在作物养分管理和高效施肥方面开展了大量研究，探索了一些推荐施肥方法，有些方法仍然沿用至今，如地力分级法、目标产量法、肥料效应函数法等。这些研究方法可以归结为两大类：一类是以土壤测试为基础的测土推荐施肥方法；另一类是以作物反应为基础的推荐施肥方法。如肥料效应函数法和地上部冠层营养诊断等。这些推荐施肥和养分管理方法在增加产量和提高养分利用率上发挥了积极作用。适用于果园推荐施肥方法最常用的有两种，分别是目标产量（测土配方施肥）法和叶分析法。

（一）测土配方施肥法

测土配方施肥是指通过化学分析测定土壤中养分的含量，并根据土壤化学分析结果对土壤肥力进行解释说明与评价，从而提出施肥建议。

测土配方施肥步骤：田间采集土壤样品、实验室土壤测试、对分析结果做出解释说明、提出施肥建议。

测土配方施肥推荐施肥的理论基础是将形成一定量的作物产量（目标产量）的养分需求量分为两部分，分别来自施肥和土壤，因此目标产量所需养分量与土壤供应养分量之差为需要通过施肥提供的养分量。目标产量法是当前测土配方施肥工作中应用最广泛的方法。具体过程如下：

1. 测算方法 综合考虑形成目标产量所需吸收的养分量以及土壤养分供应量，根据以下公式计算得出实际养分投入量。

每亩养分投入量＝（目标产量所需养分量－土壤养分供应量）/养分利用率

（1）目标产量所需养分量＝形成 100 kg 果实需要吸收的养分量/100×目标产量。

盛果期目标产量＝前 3 年平均产量×（1＋20%），初果期目标产量根据经验值确定；每形成 100 kg 苹果需要吸收的 N、P_2O_5、K_2O 的量分别为 0.30 kg、0.08 kg、0.32 kg。

（2）土壤养分供应量＝土壤速效养分测定值×养分利用系数×0.15。

速效氮测定采用碱解扩散法；有效磷测定采用 Olsen 法；速效钾测定采用乙酸铵浸提-火焰光度法。

土壤碱解氮利用系数＝3.4038×（1/测定值）＋0.1117；土壤有效磷利用系数＝0.6185×（1/测定值）＋0.2491；土壤速效钾利用系数＝5.1923×（1/测定值）＋0.0965。0.15 为换算系数（按照深度 40 cm，树盘面积占果园总面积的 1/2 算）。

（3）氮、磷、钾肥利用率分别按照 25%、15%、40% 计算。

文中提供的土壤有效养分利用系数以及氮磷钾肥料的利用率数值仅供参考，具体需要通过严格的田间试验获得。

2. 测土配方施肥特点　测土配方施肥的优点是直观感强，根据土壤丰缺状况进行适当补充的观点很容易被接受。其缺点是不够精确的半定量性质，不同土壤理化性状差异较大，在土壤样品采集、测试方法的选择、分析技术等方面也很容易造成误差。另外，有些土壤养分测定值与果树相对产量的相关性不是很高，特别是氮素。

目前，国际上对于土壤氮素的测试和推荐施肥仍没有令人满意且适合各种土壤类型的测试方法、指标和参数。测土的长周期和高成本仍然很难满足我国一家一户以小农户为主体的经营单元及种植茬口紧的现实需求，因此如何结合现代信息技术提高测试分析效率，是测土配方施肥需要解决的关键问题。

（二）叶分析法

多数果树营养学者认为，叶分析是当前较成熟的简单易行的果树营养诊断的方法。用这种方法诊断的结果来指导施肥，能获得较理想的经济效益。它是根据同一树种或品种的果树叶内矿质元素含量在正常条件下基本稳定的原理，将要诊断的植株叶片内矿质元素含量与正常生长发育的植株叶片内矿质元素含量的标准值进行比较，从而判断该植株体内元素含量的丰缺。这种方法是用仪器分析法对叶片进行全量分析，它包括了树体汁液中的可溶组分和全量成分。

1. 分析方法　参考第二章第四节叶分析的相关内容。

2. 叶分析的特点　叶分析方法的优点是简单快速，消除了土壤不均性带来的误差，应用范围大，并且可应用计算机来推荐施肥；施用不同种类的肥料时，能在叶片营养元素组成上及时反映出来；在一个特定的时期，这种变化具有一定规律性；叶片测定结果与果树的生长发育以及外部形态有明显的相关性；叶片取样只破坏树体的很小部分，不致影响果树的正常生长；可在生产上直接应用。缺点是采样时间、部位和分析手段都会给分析结果带来误差。

因此，应用此法进行推荐施肥时首先要建立统一的取样和制样方法标准，使叶片样品能准确反映该作物的营养水平；其次，在实验室分析工作中要采用标准参比样进行质量控制，以保证结果的准确性与可靠性；最后，要建立各树种叶片内矿质元素含量的标准值，作为营养诊断的标准。另外，叶分析的不足之处是仅可以定性指导是否需要施肥，对于施肥量的估算很难给出定量的计算方法。也有部分研究者总结出一些经验性的肥料用量的指导性原则，如氮肥施用量每增加 10%，叶片中氮的含量增加 0.1%。

二、苹果化肥施肥量的确定依据

苹果树体每年养分的吸收量近似等于树体中养分含量与翌年新生组织中养分含量之和。因此，确定苹果施肥量最简单可行的方法是：以结果量为基础，并根据品种特性、树势强弱、树龄、立地条件及诊断的结果等加以调整。

1. 根据产量确定氮肥施用量 根据化肥试验网的资料，一般幼树期主要满足果树根系枝干叶片的生长需求，建议亩施氮 10～15 kg；初果期既要满足果树根系枝干叶片的生长需求，还要满足果树开花结果的需要，建议亩施氮 15～20 kg；果树进入盛果期，产量越高树体需要吸收的养分越多，一般每产 1 000 kg 苹果，需要吸收氮 3～5 kg，建议每产 1 000 kg 苹果施氮 6～10 kg。

2. 根据树龄、树势确定氮磷钾比例 不同时期果树的生长发育状况不同，需要调整氮磷钾的比例。一般幼树期果树氮磷钾比例为 1∶2∶1 或 1∶1∶1；初果期果树氮磷钾比例确定为 1∶1∶1；盛果期果树氮磷钾比例为 2∶1∶2；更新衰老期果树氮磷钾比例为 2∶1∶1（表 4-1）。

表 4-1 不同树龄苹果的亩施肥量 （kg）

树龄（年）	有机肥	尿素	过磷酸钙	硫酸钾或氯化钾
1～5	1 000～1 500	5～10	20～30	5～10
6～10	2 000～3 000	10～15	30～50	7.5～15
11～15	3 000～4 000	10～30	50～75	10～20
16～20	3 000～4 000	20～40	50～100	20～40
21～30	4 000～5 000	20～40	50～75	30～40
>30	4 000～5 000	40	50～75	20～40

3. 根据土壤养分含量调整氮磷钾施肥量 土壤的物理、化学特性可以提供许多有用的信息。首先土壤中各元素的有效浓度可以告知土壤能提供多少可用元素，而土壤物理结构特点又是施肥时考虑肥料利用率的重要依据。土壤分析可以使营养诊断更具针对性，分析土壤的组成可知在一定阶段内哪些元素可能缺乏，哪些基本不缺，哪些肯定会缺，从而可以有目的地针对这些元素调整氮磷钾肥用量。但大量研究表明，土壤中元素含量与树体元素含量间并没有明显的相关关系，因而土壤分析并不能完全回答施多少肥的问题，所以它只有与其他分析方法相结合，才能起到应有的作用。根据表 4-2 果园土壤有机质和养分含量分级标准适量调整。

表4-2　果园土壤有机质和养分含量分级标准

分级	有机质（%）	碱解氮（mg/kg）	有效磷（mg/kg）	速效钾（mg/kg）
丰富	>4.0	>100	>50	>200
较丰富	3.0~4.0	85~100	40~50	150~200
中等	2.0~3.0	70~85	20~40	100~150
较缺	1.0~2.0	55~70	10~20	50~100
缺	0.6~1.0	40~55	5~10	30~50
极缺	<0.6	<40	<5	<30

4. 根据树体表现确定中微量元素施肥量　第二章第四节详细介绍了树体缺素症状表现，在此基础上，结合果园土壤检测数据，根据因缺补缺原则，制定中微量元素施肥计划。

5. 部分苹果产区肥料配方推荐　根据各地土壤养分状况、苹果种植情况，广泛征集整理了部分苹果产区肥料推荐配方，供参考使用（表4-3）。

表4-3　部分苹果产区肥料推荐配方

序号	省份	县（区、市）	配方尺度（省级或市县级）	氮（N）	磷（P$_2$O$_5$）	钾（K$_2$O）
1	天津市	北辰	市县级	16	12	18
2	河北省	威县	市县级	16	15	9
3	河北省	邢台	市县级	15	12	13
4	河北省	成安	市县级	16	10	19
5	山西省	大宁	市县级	15	15	15
6	山西省	蒲县	市县级	15	15	15
7	山西省	尧都	市县级	15	15	15
8	山西省	晋源	市县级	11	4	8
9	山西省	万荣	市县级	15	15	15
10	山西省	平陆	市县级	15	15	15
11	山西省	陵川	市县级	25	14	6
12	山西省	高平	市县级	10~15	5~10	15~25
13	辽宁省	千山	市县级	18	9	13
14	辽宁省	千山	市县级	15	10	20
15	辽宁省	凌海	市县级	16	12	12
16	辽宁省	兴城	市县级	15	15	15
17	辽宁省	绥中	市县级	18	12	15
18	山东省	沂源	市县级	16	10	16

（续）

序号	省份	县（区、市）	配方尺度 （省级或市县级）	氮（N）	磷 （P$_2$O$_5$）	钾 （K$_2$O）
19	山东省	莱阳	市县级	17	10	18
20	山东省	莱州	市县级	17	10	18
21	山东省	龙口	市县级	16	9	20
22	山东省	蓬莱	市县级	18	12	15
23	山东省	蓬莱	市县级	20	10	15
24	山东省	招远	市县级	20	5	15
25	山东省	招远	市县级	20	10	15
26	山东省	招远	市县级	15	5	25
27	山东省	招远	市县级	17	10	18
28	山东省	招远	市县级	18	9	18
29	山东省	招远	市县级	20	6	14
30	山东省	东港	市县级	17	10	18
31	山东省	莒南	市县级	17	10	18
32	山东省	冠县	市县级	18	18	9
33	山东省	阳谷	市县级	10	18	12
34	四川省	汉源	市县级	21	10	9
35	四川省	盐源	市县级	15	15	10
36	四川省	盐源	市县级	17	14	9
37	四川省	甘孜	市县级	24	12	9
38	云南省	昭阳	市县级	8	5	8
39	陕西省	—	省级	10	20	15
40	陕西省	印台	市县级	18	12	12
41	陕西省	印台	市县级	20	15	14
42	陕西省	王益	市县级	18	12	12
43	陕西省	扶风	市县级	20	20	5
44	陕西省	安塞	市县级	35	10	12
45	陕西省	扶风	市县级	15	15	15
46	陕西省	扶风	市县级	22	18	5
47	陕西省	澄城	市县级	15	15	15
48	陕西省	富平	市县级	18	9	11
49	陕西省	黄陵	市县级	20	18	7
50	陕西省	黄陵	市县级	20	18	7
51	陕西省	延川	市县级	18	12	15
52	陕西省	武功	市县级	15	20	8
53	陕西省	礼泉	市县级	18	12	15
54	陕西省	旬邑	市县级	20	15	10

（续）

序号	省份	县（区、市）	配方尺度 （省级或市县级）	氮（N）	磷 (P_2O_5)	钾 (K_2O)
55	甘肃省	—	省级	9	7	7
56	甘肃省	灵台	市县级	23	13	13
57	甘肃省	庄浪	市县级	18	9	18

三、施肥时期与方法

（一）施肥时期

苹果园常规施肥（氮、磷、钾肥）时期，基本有下述 4 个时期。

（1）秋施基肥。秋季（9 月中旬至 10 月中旬）施有机肥料的同时，适当加入氮、磷、钾肥或复合肥，可以减少氮肥被淋溶和磷、钾肥被固定，可供苹果树深层根系稳定持久地吸收利用，也有利于苹果树生长前期的吸收利用。

（2）萌芽期至开花前追肥。可促进新梢生长和提高坐果率，以速效氮肥为主，配合施用腐植酸肥、生物有机肥、磷肥。

（3）花后追肥。可以缓解花芽形成与幼果迅速膨大争肥的矛盾，有利于多形成花芽与提高花芽质量，促进幼果发育，对提高产量有明显效果。以复合肥料为主，配合施用微量元素肥料。

（4）果实迅速膨大或开始着色前追肥（7—8 月）。可以防止叶片早衰，增强叶片光合速率，促进果实着色，提高果实品质，以钾肥为主。

在苹果园生产管理中，对苹果树施用氮肥通常是与施用磷、钾肥等同时进行的。但是生长期不同，需要的氮肥数量是不一样的。在确定施肥量上，要根据树势强弱的不同，调整氮与钾的比例，以达到控制新梢生长、缓和树势，既丰产又优质的目的。

（二）施肥方法

1. 环状施肥　特别适于幼树基肥。在树冠外沿 20～30 cm 处挖宽 40～50 cm、深 50～60 cm 的环状沟，把有机肥与土按 1∶3 的比例和一定量的化肥掺匀后填入。随树冠扩大，环状逐年向外扩展。此法操作简便，但断根较多。

2. 条沟状施肥　在果树的行间或株间隔行开沟施肥，沟宽、沟深同环状沟施肥。此法适于密植果园。

3. 放射状施肥　从树冠边缘向内开深 40 cm、宽 30～40 cm 的条沟（行间或株间），或从距树干 50 cm 处开始挖放射沟，内膛沟窄些、浅些（深约 20 cm、宽 20 cm），树冠边缘沟宽些、深些（深约 40 cm、宽 40 cm），每棵树 3～6 个沟，依树体大小而定。然后将有机肥、轧碎的秸秆与土混合，再施化肥，根据土壤养分状况可再向沟中加入适量的硫酸亚铁、硫酸锌、硼砂等，然后灌水。

4. 穴施 3月上旬至4月上旬整好树盘后，在树冠外沿挖深35 cm、直径30 cm的穴，穴中加一直径20 cm的草把，高度低于地面5 cm（先用水泡透），放入穴内，然后灌营养液4 kg（穴的数量视树冠大小而定，一般幼龄树挖2～4个穴，成龄树6～8个穴），然后覆膜，平时用石块封住，防止蒸发，由于穴低于地面5 cm，降雨时可使雨水流入穴中，如雨不足，每半个月浇水4 kg，进入雨季后停止灌水，在花芽生理分化期（5月底6月上旬）可再灌营养液1次。这种追肥方法断根少，肥料施用集中，减少了土壤的固定作用，并且草把可将一部分肥料吸附在其上，逐渐释放养分从而延长了肥料作用时间，且草把腐烂后又可增加土壤有机质含量。此法比一般的土壤追肥可少用一半的肥料，是一种经济有效的施肥方法，增产效应大，施肥穴每隔1～2年改动一次位置。

5. 全园施肥 适于根系已经布满全园的成龄树或密植果园。将肥料均匀地撒入果园，再翻入土中。缺点是施肥较浅（20 cm左右），易导致根系上浮，降低根系对不良环境的抗性。最好与放射状施肥交替使用。有机肥施用方式见图4-1。

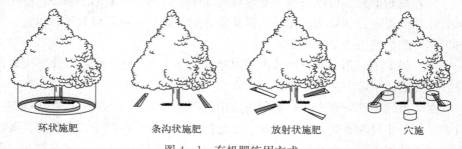

环状施肥　　　　　条沟状施肥　　　　放射状施肥　　　　穴施

图4-1　有机肥施用方式

（三）施肥技术

1. 基肥 此时期以施用有机肥为主，速效肥料与有机肥配合施用，主要是氮肥和过磷酸钙。化肥用量约占全年的2/5。

2. 追肥 指生长季根据树体的需要而追加补充的速效肥料，追肥因树因地灵活安排。

（1）因树追肥。

① 旺长树。调整施肥时期，追肥应避开营养分配中心的新梢旺盛期，提倡"两停"（春梢和秋梢停长期）追肥，尤其注重"秋停"追肥，有利于分配均衡、缓和旺长。应注重磷钾肥，促进成花。春梢停长期追肥（5月下旬至

6月上旬），时值花芽生理分化期，追肥以铵态氮为主，配合磷钾，结合小水、适当干旱促进花芽分化；秋梢停长期追肥（8月下旬），时值秋梢花芽分化和芽体充实期，结合补氮，以磷钾为主，注重肥料配方。

② 衰弱树。应在旺长前期追施速效肥，有利于促进生长。萌芽前追氮，配合浇水，加盖地膜。春梢旺长前追肥，配合大水。夏季借雨勤追，猛催秋梢，恢复树势。秋天带叶追肥，增加贮备，提高芽的质量，促进秋根生长。

③ 丰产稳产树。追肥目的是保证高产、维持树势。萌芽前追肥，有利发芽抽梢、开花坐果。果实膨大时追肥，以磷钾为主，配合铵态氮，加速果实增长，促进增糖增色。采后补肥浇水，协调物质转化，恢复树体，增加贮备。

④ 大小年树。"大年树"追肥时期宜在花芽分化前1个月左右，以利于促进花芽分化，增加翌年产量。追氮数量宜占全年总施氮量的1/3。"小年树"追肥宜在发芽前，或开花前及早进行，以提高坐果率，增加当年产量。追氮数量应占全年总施氮量的1/3左右。

（2）因地追肥。根据土壤类型、保肥能力、营养丰缺具体安排。

① 沙质土果园。因保肥保水差，追肥少量多次浇小水，勤施少施，多用有机态肥和复合肥，防止养分严重流失。

② 盐碱地果园。因土壤pH偏高，许多营养元素如磷、铁、硼易被固定，应注重多追施磷肥和微肥，最好与有机肥混合施用。

③ 黏质土果园。保肥保水强，透气性差。追肥次数可适当减少，多配合有机肥或局部优化施肥，协调水气矛盾，提高肥料有效性。

（3）根外追肥。在苹果生长季中，还可以根据树体的生长结果状况和土壤施肥情况，适当进行根外施肥（表4-4）。

表4-4　苹果根外施肥参考

时期	种类、浓度	作用	备注
萌芽前	2%～3%尿素	促进萌芽，提高坐果率	上年早期落叶的果园更重要
	1%～2%硫酸锌	矫正小叶病	主要用于易缺锌的果园
萌芽后	0.3%尿素	促进叶片转色，提高坐果率	可连续2～3次
	0.3%～0.5%硫酸锌	矫正小叶病	出现小叶病时应用
花期	0.3%～0.4%硼砂	提高坐果率	可连续喷2次
新梢旺长期	0.1%～0.2%柠檬酸铁	矫正缺铁黄叶病	可连续喷2～3次
5—6月	0.3%～0.4%硼砂	防治缩果病	
5—7月	0.2%～0.5%硝酸钙	防治苦痘病，改善品质	在果实套袋前连续喷3次

（续）

时期	种类、浓度	作用	备注
果实发育 后期	0.4%～0.5%磷酸二氢钾	增加果实含糖量，促进着色	可连续喷3～4次
采收前	0.2%～0.5%硝酸钙	防治苦痘病，改善品质	在果实摘袋后连续喷2次
采收后至 落叶前	1%～5%尿素	提高贮藏营养	可连续喷3～4次，浓度前低后高
	0.5%～1%硫酸锌	矫正小叶病	主要用于易缺锌的果园
	0.5%～1%硼砂	矫正缺硼症	主要用于易缺硼的果园

（4）缺素症矫正施肥。

① 缺钙矫正施肥。对缺钙严重果树，可在生长季叶面喷施1 000～1 500倍硝酸钙或氯化钙溶液，或者其他商品钙肥。喷洒重点部位是果实萼洼处。每个生长季喷施5次，套袋前3次，套袋后2次，最后1次应在采收前3周为宜。

② 缺锌矫正施肥。在萌芽前15 d，用2%～3%硫酸锌溶液全树喷施，展叶期喷0.1～0.2%、秋季落叶前喷0.3%～0.5%硫酸锌溶液，重病树连续喷2～3年。或在发芽前3～5周，结合施基肥，每株成年树施50%硫酸锌1.0～1.5 kg或0.5～1.0 kg锌铁混合肥。

③ 缺镁矫正施肥。缺镁较轻的果园，可在6—7月叶面喷施1%～2%硫酸镁溶液2～4次。缺镁较重的果园可把硫酸镁混入有机肥中根施，每亩施硫酸镁1～1.5 kg。在酸性土壤中，施镁石灰或碳酸镁可中和土壤酸度。

④ 缺铁矫正施肥。发病严重的树发芽前可喷0.3%～0.5%的$FeSO_4$溶液，或在春梢迅速生长初期，用黄腐酸二胺铁200倍液叶面喷施。也可结合深翻施入有机肥，适量加入$FeSO_4$，不要在生长期施用，以免产生肥害。

⑤ 缺锰矫正施肥。缺锰果园可在土壤中施入氧化锰、氯化锰和硫酸锰等，最好结合有机肥分期施入，一般每亩施氧化锰0.5～1.5 kg，氯化锰或硫酸锰2～5 kg。也可叶面喷施0.2%～0.3%硫酸锰，喷施时可加入半量或等量石灰，以免发生肥害，也可结合喷施波尔多液或石硫合剂等一起进行。

⑥ 缺硼矫正施肥。缺硼果树可于秋季或春季开花前结合施基肥，施入硼砂或硼酸。施肥量因树体大小而异，每株大树施硼砂0.15～0.20 kg，小树施硼砂0.05～0.10 kg，用量不可过多，施肥后及时灌水，防止产生肥害。根施效果可维持2～3年，也可喷施，在开花前、开花期和落花后各喷1次0.3%～0.5%硼砂溶液。溶液浓度发芽前为1%～2%，萌芽至花期为0.3%～0.5%。碱性强的土壤硼砂易被钙固定，采用此法效果好。

第五章 <<<
苹果园水肥一体化技术

苹果园水肥一体化技术借助压力系统（或地形自然落差），根据苹果园土壤养分含量和苹果树需肥规律及特点，将可溶性固体或液体肥料配制成肥液，与灌溉水一起，通过可控管道系统均匀、准确地输送到苹果树根部土壤，浸润树体根系生长发育区域，使主根根系土壤始终保持含水量适宜。通俗地讲，就是将肥料溶于灌溉水中，通过管道在灌水的同时施肥，将肥料和水均匀、准确地输送到苹果根部土壤，即灌溉施肥技术。

第一节　苹果园水肥一体化技术特点

一、水肥一体化技术的优点

水肥一体化技术是现代种植业生产的技术，它从传统的"浇土壤"改为"浇作物"，是一项综合水肥管理措施。与传统施肥和地面灌溉相比，具有以下优点：

（一）节水效果明显

水肥一体化技术可减少水分的下渗和蒸发，提高水分利用率。传统的灌溉方式，水分利用率只有45％左右；而喷灌的水分利用率约为75％，滴灌的水分利用率可达95％。在露天条件下，微灌施肥与大水漫灌相比，节水率达50％左右。

（二）节肥效果明显

利用水肥一体化技术可以方便地控制灌溉时间、肥料用量、养分浓度和营养元素间的比例，实现了平衡施肥。与常规施肥相比，水肥一体化将肥料直接施于作物根部，既加快了作物吸收养分的速度，又减少了挥发、淋失所造成的养分损失。水肥一体化技术具有施肥简便、施肥均匀、供肥及时、作物易于吸收、肥料利用率高等优点。据试验，在田间滴灌施肥系统下种植果树，氮肥利用率可达90％以上、磷肥利用率达到70％、钾肥利用率达到95％。肥料利用率的提高意味着施肥量减少，从而节省了肥料。微量元素通常为螯合态，价格昂贵，而通过水肥一体化可以做到精确供应，提高肥料利用率，降低微量元素肥料用量。

（三）节药效果明显

水肥一体化技术有效地减少了灌水量和水分蒸发，提高土壤养分有效性，促进根系对营养的吸收，还可降低土壤湿度和空气湿度，抑制病菌、害虫的产生、繁殖和传播，并抑制杂草生长，减少了病虫草害的发生，因此也减少了农药的投入和防治病虫草害的劳力投入。与常规施肥和灌水相比，利用水肥一体化技术每亩农药用量可减少 15％～30％。

（四）省时省工效果显著

水肥一体化技术可灵活、方便、准确地控制施肥数量和时间，对于集约化管理的农场或果园，可以在短时间内完成施肥任务，作物生长速率均匀一致，有利于合理安排田间作业。水肥一体化技术采用管网供水，操作方便，便于自动控制，减少了人工开沟、撒肥、灌溉等过程，可明显节省劳力；灌溉为局部灌溉，大部分地表保持干燥，减少了杂草的生长，也减少了用于除草的劳动力；由于水肥一体化可减少病虫害的发生，减少了用于防治病虫害、喷药等的劳动力；水肥一体化技术实现了种地无沟、无渠、无埂，大大减轻了水利建设的工程量。

（五）改善作物品质

水肥一体化技术可充分发挥水肥协调平衡，明显改善作物的生长环境条件，可促进作物增产，提高农产品的外观品质和营养品质。应用水肥一体化技术种植的作物，生长整齐一致，定植后生长恢复快、提早收获、收获期长、丰产优质、对环境气象变化适应性强。通过水肥的控制可以根据市场需求提早供应市场或延长供应市场。

（六）改善土壤微生态环境

采用水肥一体化技术有利于改善土壤物理性状。滴灌施肥克服了因灌溉造成的土壤板结，土壤容重降低，孔隙度增加，有效地调控土壤盐渍化、土传病害等障碍。水肥一体化技术可严格控制灌溉用水量、化肥施用量、施肥时间，防止化肥淋洗到深层土壤，造成地下水的污染，同时可将硝酸盐产生的农业面源污染降到最低程度。

（七）适应恶劣环境

采用水肥一体化技术可以使果树在恶劣土壤环境下正常生长，可以保证果树正常的养分和水分供应，使果树获得最大的增产潜力。

二、水肥一体化技术的需要注意的问题

由于我国土地类型多样，各地农业生产发展水平、土壤结构及养分间有较大差异，因此水肥一体化技术在应用过程中还需要注意以下问题：

（一）避免灌水器堵塞

灌水器的堵塞是当前水肥一体化技术应用中必须解决的关键问题。引起堵塞的原因有化学因素、物理因素，有时还有生物因素。如在井水灌溉的地方，水中的铁质诱发的铁细菌会堵塞滴头；藻类植物、浮游生物也是堵塞物的来源，严重时会使整个系统无法正常工作，甚至报废。因此，灌溉水要求较严，一般均应经过过滤，必要时还需经过沉淀和化学处理。用于灌溉系统的肥料应详细了解其溶解度等性质，对不同类型的肥料应有选择地施用。在系统安装、检修过程中，若采取的方法不当，管道屑、锯末或其他杂质可能会从不同途径进入管网系统引起堵塞。对于这些问题，首先要加强管理，在安装、检修后应及时用清水冲洗管网系统，同时要加强过滤设备的维护。

（二）操作不当可污染灌溉水源

施肥设备与供水管道连通后，若发生特殊情况，如事故、停电等，系统内会出现回流现象，这时肥液可能被带到水源处，因此必须安装逆止阀。另外，当饮用水与灌溉水用同一主管网时，如无适当措施，肥液可能进入饮用水管道，对水源造成污染。

（三）限制根系发展，降低作物抵御风灾能力

由于灌溉施肥技术只湿润部分土壤，加之果树的根系有向水性，对于多年生果树来说，滴头位置附近根系密度增加，而非湿润区根系因得不到充足的水分供应其生长会受到一定程度的影响。少灌、勤灌的灌水方式会导致果树根系分布变浅，在风力较大的地区可能产生拔根危害。

（四）工程造价高，维护成本高

与地面灌溉相比，滴灌一次性投资费用相对较高，其投资与作物种植密度和自动化程度有关，作物种植密度越大投资就越大，反之越小。根据测算，果树采用水肥一体化技术每亩投资在 1 000～1 500 元，投资较高。使用自动控制设备会明显增加资金投入，但是可降低运行管理费，减少劳动力成本，选用时可根据实际情况确定。

（五）用户观念亟待转变

应用水肥一体化技术后，施肥量、施肥种类、施肥方法以及肥料在各生长

期的配比与传统施肥有较大区别，这就要求使用者需要及时转变观念。然而，在果树生产中尽管很多用户安装了先进灌溉设施设备，但还是按照传统的办法，结果会导致负面效果。另外，很多用户还存在安装设施设备不合理、不符合实际等问题，均会引起副作用。

第二节　苹果园水肥一体化设施

一、水肥一体化技术设备

一般而言，水肥一体化技术设备主要包括首部枢纽、输配水管网和灌水器等。

（一）首部枢纽

首部枢纽的作用是从水源取水、增压，并将其处理成符合灌溉施肥要求的水流输送到田间系统中，包括加压设备（水泵、动力机）、过滤设备、施肥设备、控制与测量设备。

1. 加压设备　加压设备的作用是满足灌溉施肥系统对管网水流的工作压力和流量要求。加压设备包括水泵和为水泵提供能量的动力机。水泵主要有离心泵、潜水泵等，选择水泵时，首先要确定流量，按照水泵的设计流量选择大于所需水量即可。动力机可以是柴油机、电动机等。在井灌区，如果是小面积使用灌溉施肥设备，最好使用变频器。在有足够自然水源的地方可以不安装加压设备，可利用重力进行灌溉。加压设备一般安装在泵房内，根据灌溉设计需求确定型号类别。

2. 过滤设备　过滤设备是将灌溉水中的固体颗粒（砂石、肥料沉淀物及有机物）过滤，避免进入系统造成系统和灌水器堵塞。过滤器在微灌系统中起着非常重要的作用，不同类型的过滤器对不同杂质的过滤能力不同，在设计选型时一定要根据水源的水质情况、系统流量及灌水器要求选择既能满足系统要求，且操作方便的过滤器类型及组合。过滤器主要有砂砾过滤器、离心过滤器、介质过滤器、筛网过滤器和叠片过滤器五种，可根据不同灌溉水源选择过滤器（表5-1）。

表5-1　不同过滤器灌溉水的选择

类型	灌溉水		
	井水	水库水	河水
介质过滤器	不用	可用	可用
离心过滤器	可用	不用	不用

（续）

类型	灌溉水		
	井水	水库水	河水
叠片过滤器	可用	可用	可用
筛网过滤器	可用	不用	不用

3. 施肥设备　目前，苹果园采用的施肥法主要有压差式施肥灌、文丘里施肥器、重力自压式施肥法、泵吸肥法、泵注肥法五种方式。

（1）压差式施肥罐。压差式施肥罐由两根细管（旁通管）与主管道相接，在主管道上两根细管接点之间设置一个节制阀（球阀或闸阀）以产生一个较小的压力差（1~2 m水压），使一部分水流流入施肥罐，进水管直达罐底，水溶解罐中肥料后，肥料溶液由另一根细管进入主管道，将肥料输入作物根区。

适用范围：压差式施肥罐适用于设施果树和露地果树栽培等水肥一体化灌溉施肥系统。一般设施果树小面积地块用体积小的施肥罐，露地果树轮灌区面积较大的地块用体积大的施肥罐。

系统特点：设备成本低，操作简单，维护方便；适合液体肥料和水溶性固体肥料，施肥时不需要外部动力；设备体积小，占地面积少。但系统无法精确控制灌溉水中的肥料注入速率和养分浓度，每次灌溉之前都需重新将肥料装入施肥罐内。

（2）文丘里施肥器。文丘里施肥器的原理是水流通过一个由大渐小然后由小渐大的管道时（文丘里管喉部），水流经狭窄部分时流速加大，压力下降，使前后形成压力差，当喉部有一更小管径的入口时，形成负压，将肥料溶液从一敞口肥料罐通过小管径细管吸上来。文丘里施肥器的注入速度取决于产生负压的大小（即所损耗的压力）。施肥器类型主要有：简单型、改进型和两段式。

适用范围：文丘里施肥器因其出流量较小，主要适用于小规模果园。

系统特点：设备成本低，维护费用低；施肥过程可维持均一的肥液浓度，施肥过程无需外部动力；设备重量轻，便于移动和用于自动化系统；施肥时肥料罐为敞开环境，便于观察施肥进程。缺点是：施肥时系统水头压力损失大；为补偿水头损失，系统中要求较高的压力；施肥过程中的压力波动变化大；为使系统获得稳压，需配备增压泵；不能直接使用固体肥料，需将固体肥料溶解后施用。

（3）重力自压式施肥法。在应用重力滴灌或微喷灌的场合，可以采用重力自压式施肥法。南方丘陵山地果园，通常引用高处的山泉水或将山脚水源泵至高处的蓄水池。通常在水池旁高于水池液面处建一个敞口式、便于搅拌、大小为 $0.5\sim5.0\ m^3$ 的方形或圆形混肥池。池底安装肥液流出的管道，出口处安装硬塑料管（PVC）球阀，此管道与蓄水池出水管连接。为扩大肥料的过流面积，通常在管上钻一系列的孔，用尼龙网包扎。施肥时先计算好每轮灌区需要的肥料总量，倒入混肥池，加水溶解，或溶解好直接倒入。打开主管道的阀门，开始灌溉。然后打开混肥池的管道，肥液即被主管道的水流稀释带入灌溉系统。应用重力自压式灌溉施肥，当采用滴灌时，一定要将混肥池和蓄水池分开，二者不可共用。

适用范围：丘陵山地果园有许多果农会选择重力自压式施肥法。很多山地果园在山顶最高处建有蓄水池，果园一般采用拖管淋灌或滴灌，采用重力自压式施肥非常方便。

系统特点：重力自压式施肥简单方便，通过调节球阀的开关位置即可控制施肥速度。施肥浓度均匀，农户易于接受。不足之处是必须将肥料运送到山顶。

（4）泵吸肥法。泵吸肥法主要用于有泵加压的灌溉系统，利用水泵直接将肥料溶液吸入灌溉系统。水泵主要有潜水泵和离心泵两种。离心泵适用于大面积施肥，一次可施肥 $1/5\sim4/3\ hm^2$；潜水泵则适用于较小面积施肥，一次可施肥 $1/5\sim1/3\ hm^2$。施肥时首先开机进行灌水，打开滴灌阀门，当运行正常时，打开施肥阀门，肥液在水泵负压状态下被吸进水泵进水管，与进水管中的水混合，通过出水口进入管网系统。通过调节肥液管上阀门，可以控制施肥速度，肥水在管网输送过程中自行均匀混合，无需人工配制。为防止肥料溶液倒流入水池而污染水源，可在吸水管上安装逆止阀。

适用范围：适用于统一管理的种植区。

系统特点：不需外加动力，结构简单，操作方便，可用敞口容器盛肥料溶液。施肥时通过调节肥液管上阀门，可以控制施肥速度，精确调节施肥浓度。但是施肥时要有人照看，当肥液快完时应立即关闭吸肥管上的阀门，否则会吸入空气，影响泵的运行。

（5）泵注肥法。泵注肥法是利用加压泵将肥料溶液注入有压管道，通常泵产生的压力必须要大于输水管的水压，否则肥料注不进去。在泵房外侧建一个不漏水的 $3\sim4\ m^3$ 的砖水泥结构的施肥池（一般高为 $1\ m$，长、宽均为 $2\ m$）。池底最好安装一个排水阀门，方便清洗排走肥料池的杂质。施肥池内侧最好用油漆划好刻度，以 0.5 m³ 为一格。安装一个吸肥泵将池中溶解好的肥料注入输水管。

适用范围：对使用深井泵或潜水泵抽水直接灌溉的地区，泵注肥法效果最佳。

系统特点：这种施肥方法肥料有没有施完看得见，施肥速度方便调节，克服了压差式施肥罐的缺点。尤其是使用地下水的情况下，由于水温低（9～10 ℃），肥料溶解慢，可以提前放水升温，自动搅拌溶解肥料。缺点是要单独配置施肥泵。对于施肥不频繁的地区，普通清水泵可以使用，施完肥后用清水清洗；对于施肥频繁的地区，建议采用耐腐蚀的化工泵。

4. 控制和量测设备　为确保灌溉施肥系统正常运行，首部枢纽中还必须安装控制装置、保护装置、量测装置，如进排气阀、逆止阀、压力表和水表等。

（1）控制部件。控制部件可根据系统设计灌水方案，有计划地按照要求的流量将水流分配输送至系统的各个部分，主要有各种阀门和专用给水部件。其作用是控制水流的流向、流量和总供水量。

（2）保护装置。灌溉系统运行中不可避免地会遇到压力突然变化、管道进气、突然停泵等一些异常情况，这就会威胁到系统，因此在灌溉系统相关部位必须安装保护装置，防止系统内因压力变化或水倒流对灌溉设备产生破坏，保证系统正常运行。常用的设备有进（排）气阀、安全阀、调压装置、逆止阀和泄水阀等。

（3）流量与压力调节装置。当灌溉系统中某些区域实际流量和压力与设计工作压力相差较大时，就需要安装流量与压力调节装置来调节管道中的压力和流量，特别是在利用自然高差进行自压喷灌时，往往存在灌溉区管道内压力分布不均匀，或实际压力小于喷头工作压力导致流量与压力分布不均匀，或实际压力大于喷头工作压力导致流量与压力很难满足要求。此时，在管道系统中安装流量与压力调节装置极为重要。

（4）量测装置。灌溉系统的量测装置主要有压力表、流量计和水表，其作用是系统工作时实时监测管道中的工作压力和流量，判断系统工作状态，及时发现并排除系统故障。压力表是所有设施灌溉系统必需的量测装置，它是测量系统管道内水压的仪器，能够实时反映系统是否处于正常工作状态。流量计和水表都是量测水流流量的仪器，两者不同之处是流量计能够直接反映管道内的流量变化，不记录总过水量；而水表反映的是通过管道的累积水量，不能记录实时流量，一般安装于首部枢纽或干管上。

（5）自动化控制设备。自动化控制设备能够在很大程度上提高灌溉系统的工作效率。采用自动化控制灌溉系统具有以下优点：能够适时适量地控制灌水量、灌水时间和灌水周期，提高水分利用效率；节约劳动力，提高工作效率，减少运行费用；可灵活方便地安排灌水计划，管理人员不必在田间进行操作；可增加系统每天的工作时间，提高设备利用率。节水灌溉的自动化控制系统主要由中央控制器、自动阀、传感器等设备组成，其自动化程度可根据用户要求、经济实力、种植作物的经济效益等多方面综合考虑确定。

（二）输配水管网

水肥一体化技术中输配水管网包括干管、支管和毛管，由各种管件、连接件和压力调节器等组成，其作用是向果园输配水肥。微灌用管道系统分为输配干管、田间支管和连接支管与灌水器的毛管，对于固定式微灌系统的干管与支管以及半固定式系统的干管，由于管内流量较大，常年不动，一般埋于地下，在我国生产实践中应用最多的是 PVC。微灌系统的地面用管较多，由于地面管道系统暴露在阳光下容易老化，缩短使用寿命，因而微灌系统的地面各级管道常用抗老化性能较好、有一定柔韧性的高密度聚乙烯管（HDPE），尤其是微灌使用的毛管，基本都是聚乙烯管。

（三）灌水器

灌水器的作用是将灌溉施肥系统中的压力水（肥液）等，通过不同结构的流道和孔口，消减压力使水流变成水滴、雾状、细流或喷洒状，直接作用于作物根部或叶面。这里主要介绍微灌系统的灌水器。微灌系统的灌水器根据结构和出流形式不同主要有滴头、滴灌管、滴灌带、微喷头四类，其作用是把管道内的压力水流均匀而又稳定地灌到作物根区附近的土壤中。目前，矮砧栽培果园一般采用滴灌模式，乔化栽培果园一般采用微喷模式。

1. 滴头　滴头应满足以下要求：一是精度高，其制造偏差系数应控制在 0.07 以下；二是出水量小而稳定，受水压变化的影响较小；三是抗堵塞性能强；四是结构简单，便于制造、安装、清洗；五是抗老化性能好，耐用。

2. 滴灌管　滴灌管是在制造过程中将滴头与毛管一次成型为一个整体的灌水装置，它兼具输水和滴水两种功能。

3. 滴灌带　目前国内使用的滴灌带有两种：一种是在厚 0.2~1.0 mm 的薄壁软管上按一定间距打孔，灌溉水由孔口喷出湿润土壤；另一种是在薄壁管的一侧热合出各种形状的流道，灌溉水通过流道以水滴的形式湿润土壤。

4. 微喷头　微喷头按其结构和工作原理可以分为自由射流式、离心式、折射式和缝隙式四类。较好的微喷头应满足以下基本要求：一是制造精度高。微喷头的制造偏差系数应不大于0.11；二是微喷头所使用的材料应具有良好的自润滑性和较好的抗老化性；三是微喷头及配件在规格上要呈系列性和具较高的可选择性。

二、设施设备安装与调试

水肥一体化技术的设施设备安装主要包括首部安装、管网安装和微灌设备安装。

（一）首部安装与调试

1. 负压变频供水设备安装　负压变频供水设备安装处应符合控制柜对环境的要求，柜前后应有足够的检修通道，进入控制柜的电源线径、控制柜前级的低压柜的容量应有一定的余量，各种检测控制仪表或设备应安装于系统贯通且压力较稳定处，不应对检测控制仪表或设备产生明显的不良影响。水泵安装应注意进水管路无泄漏，地面应设置排水沟，并应设置必需的维修设备。

2. 离心自吸泵安装　建造水泵房和进水池，泵房占地3 m×5 m以上，并安装一扇防盗门，进水池2 m×3 m。安装ZW型卧式离心自吸泵，进水口连接进水管到进水池底部，出口连接过滤器，一般两个并联。外装水表、压力表及排气阀。安装吸肥管，在吸水管三通处连接阀门，再接过滤器，过滤器与水流方向要保持一致，连接钢丝软管和底阀。可以配3个容量各为200 L左右的施肥桶，通过吸肥管分管分别放进各肥料桶内，可以在吸肥时，把不能同时混配的肥料分桶吸入，在管道中混合。根据进出水管的口径，配置吸肥管的口径，保持施肥浓度在5%～7%。

3. 潜水泵安装　拆下水泵上部出水口接头，用法兰连接止回阀，止回阀箭头指向水流方向。管道垂直向上伸出池面，经弯头引入泵房，在泵房内与过滤器连接，在过滤器前开一个施肥口，连接施肥泵，前后安装压力表。水泵在水池底部需要垫高0.2 m左右，防止淤泥堆积，影响散热。

4. 山地微蓄水肥一体化首部设施设备　主要由引水池、沉沙池、引水管、蓄水池、总阀门、过滤器以及排气阀等组成。这种首部设施设备简单、安全可靠，如果过滤器性能良好，在施肥过程中基本不需要护理。引水池、沉沙池起到初步过滤水的作用，将水源中的泥沙、枝叶等拦截。引水管是将水源中的水引到蓄水池的管道，引水管埋在地下 0.3～0.4 m为宜，防止冻裂和人为破坏。如果管路超过 1 km，且途中有起伏坡地，需要在起伏高处设置排气阀，防止气阻。蓄水池与灌溉地的落差应在 10～15 m，蓄水池大小根据水源、灌溉面积确定，一般以 50～120 m³ 为宜。蓄水池建造质量要求较高，最好采用钢筋混凝土结构，池体应深埋地下，露出地面部分以不超过池体的 1/3 为宜。顶部加盖，留维修口，以确保安全。过滤器安装在出水阀处，最好同时安装 2 套为一组的过滤器，方便清洗。施肥池也可以用施肥桶代替，容积 1～2 m³，连接出水管。

（二）管网安装与调试

在水肥一体化设施设备建设过程中，除了选择合适的首部设备外，还需要布局合理、经济实用的供水管网。灌溉管网的建设多采用塑料管，目前应用最为广泛的有聚氯乙烯（PVC）和聚乙烯（PE）管材管件。山地灌溉管网适合选用 PE 管，常规安装同平地管网。铺设方法与平地不同，主管从蓄水池沿坡而下铺设，高差每隔 20～30 m 安装减压消能池，消能池内安装浮球阀。埋地 0.3 m 以下，支管垂直于坡面露出地面，安装阀门，阀门用阀门井保护。各级支管依照设计要求铺设，滴灌管的铺设需按等高线方向铺设，出水量更加均匀。

（三）微灌设备安装与调试

1. 微喷设备的安装与调试 微喷灌是利用直接安装在毛管上，或与毛管连接的微喷头将水流以喷洒状湿润土壤。微喷头孔径较滴灌灌水器大，比滴灌抗堵塞、供水快。

微喷系统安装好后，先检查供水泵，冲洗过滤器和主、支管道，放水 2 min，封住尾部，如发现连接部位有问题应及时处理。当发现微喷头不喷水时，应停止供水，检查喷孔，如果是沙子等杂物堵塞，应取下喷头，除去杂物，但不可自行扩大喷孔，以免影响微喷质量，同时要检查过滤器是否完好。

2. 滴灌设备安装与调试 为达到灌溉均匀目的，要求滴灌带滴孔距离、孔洞、规格一致。通常滴孔距离为 20 cm、30 cm 等。在设计施工过程中，需要根据实际情况，选择合适的滴灌带，还要根据滴灌带的流量等技术参数确定单条滴灌带的铺设最佳长度。

铺设滴灌带时，先从下方拉出，由一人控制，另一人拉滴灌带，当滴灌带略长于畦面时，将其剪断并将末端折扎，防止异物进入。首部连接旁通或旁通阀，要求用剪刀裁平滴灌带，如果附近有滴头，则剪去不要，将螺旋螺帽往后退，把滴灌带平稳套进旁通阀的口部，适当摁住，再将螺帽往外拧紧即可。将滴灌带尾部折叠并用细绳扎住，打活结，以方便冲洗（带用堵头也可以，只是在使用过程中受水压、泥沙等影响，不容易拧开冲洗，直接用绳扎住方便简单）。

三、系统操作与维护

水肥一体化系统操作主要是指在作物生长季节灌溉施肥系统正常工作，实现灌水与施肥功能所需要的一系列工作。而正确操作与维护水肥一体化系统，可最大限度地延长系统的使用寿命，充分发挥系统操作。

（一）系统操作

1. 运行前准备　主要是检查系统是否按照设计要求安装到位，检查系统主要设备和仪表是否正常，对损坏或漏水的管段及配件进行修复，还要检查水泵、电机、过滤器、肥料罐或注肥泵、末端竖管、管网、排气阀、电控柜等。

2. 灌溉操作　水肥一体化系统包括单户系统和组合系统。组合系统需要分组轮灌。系统的简繁不同，灌溉作物和土壤条件不同都会影响到灌溉操作。管道在灌溉季节首次使用时，必须进行充水冲洗，充水前需开启排污阀或泄水阀，关闭所有控制阀门，在水泵运行正常后缓慢开启水泵出水管道的控制阀门，管道冲洗后应缓慢关闭泄水阀。要保证动力机在空载或轻载下启动。注意观察过滤器前后的压力读数差是否在规定范围内。新安装管道首次使用时，需先开放管道末端堵头，充分冲洗各级管道系统。及时到田间进行轮灌区管道接头和管道的巡回检查。

3. 施肥操作　施肥过程是伴随灌溉同时进行的，施肥操作在灌溉进行20～30 min后开始，并确保在灌溉结束前20 min以上的时间内结束，这样可以保证对灌溉系统的冲洗和尽可能地减少化学物质对灌水器的堵塞。施肥操作前要按照施肥方案将肥料准备好，对于溶解性差的肥料可以先将肥料溶解在水中，不同施肥设备在操作细节上有所不同。

（1）压差施肥罐。压差施肥罐的操作运行顺序如下：第一步，根据各轮灌区具体面积或作物株数（如果树）计算好当次施肥的数量，称好或量好肥料。第二步，用两根各配一个阀门的管将旁通管与主管接通。第三步，将液体肥直接倒入施肥罐，若用固体肥料则先溶解并通过滤网注入施肥罐。有些较小的罐可将固体肥直接投入施肥罐，使肥料溶解，但需要5倍以上的水量以确保所有肥料被用完。第四步，注完肥料溶液后，扣紧罐盖。第五步，检查旁通管的进出口阀均关闭而节制阀打开，然后打开主管道阀门。第六步，打开旁通进出口阀，然后慢慢地关闭节制阀，同时注意观察压力表，得到所需的压差（1～3 m水压）。第七步，对于有条件的用户，可以用电导率仪测定，计算施肥所需时间，施完肥后关闭进口阀门。第八步，要施下一罐肥时，必须排掉部分罐内的积水。打开罐底的排水开关前，应先打开排气阀或球阀，否则水排不出去。

（2）文丘里施肥器。文丘里施肥器可按比例施肥，但在整个施肥过程中需保持恒定浓度供应，制定施肥计划时仍要按施肥数量计算。如用液体肥料，则将所需体积的液体肥料加到储肥罐（或桶）中；如用固体肥料，则先将肥料溶解配成母液，再加入储肥罐，或直接在储肥罐中配制母液。当需要连续施肥时，先计算好每一轮灌区的施肥量。在确定施肥速度恒定的前提下，可以通过记录施肥时间或观察施肥桶内壁上的刻度来为每一轮灌区定量。对于有辅助加压泵的施肥器，在了解每个轮灌区施肥量（肥料母液体积）的前提下，安装一个定时器来控制加压泵的运行时间。在自动灌溉系统中，可通过控制器控制不同轮灌区的施肥时间。当整个施肥操作可在当天完成时，可以统一施肥后再统一冲洗管道，否则施过肥的管道当日必须冲洗。

（3）重力自压式施肥法。施肥时先计算好每轮灌区需要的肥料总量，倒入混肥池，加水溶解，或溶解好直接倒入。打开主管道的阀门，开始灌溉。然后打开混肥池的管道，肥液即被主管道的水流稀释带入灌溉系统。通过调节球阀的开关位置，可以控制施肥速度。当蓄水池的液位变化不大时（丘陵山地果园许多情况下一边灌溉一边抽水至水池），施肥的速度可以相当稳定，保持养分浓度恒定。采用滴灌施肥，施肥结束后需继续灌溉一段时间，冲洗管道。拖管淋水肥则无此必要。

（4）泵吸肥法。根据轮灌区的面积或果树的株数计算施肥量，然后倒入施肥池。开动水泵，放水溶解肥料。打开出肥口处开关，肥料被吸入主管道。通常面积较大的灌区吸肥管用 50～70 mm 的 PVC 管，方便调节施肥速度。对较大面积的灌区，可以在肥池或肥桶上画刻度。一次性将当次的肥料溶解好，然后通过刻度分配到每个轮灌区。

（5）泵注肥法。具体做法是：在泵房外侧建一个砖水泥结构的施肥池，一般 3～4 m³，通常高 1 m、长宽均 2 m。池底最好安装一个排水阀门，方便清洗排走肥料池的杂质。施肥池内侧最好用油漆画好刻度，以 0.5 m³ 为一格。安装一个吸肥泵将池中溶解好的肥料注入输水管。

4. 轮灌组更替　根据灌溉施肥制度，观察水表水量确定达到要求的灌水量时，更换下一轮灌组地块，注意不要同时打开所有分灌阀。首先打开下一轮灌组的阀门，再关闭第一个轮灌组的阀门，进行下一轮灌组的灌溉，重复以上操作步骤。

5. 结束运行操作　所有地块灌溉施肥结束后，需要先关闭灌溉系统水泵开关，然后关闭田间的其他各开关。对过滤器、施肥罐、管路等设备进行全面检查，以达到下一次正常运行的标准。注意冬季灌溉结束后要把田间位于主支管道上的排水阀打开，将管道内的水尽量排净，以避免管道留有积水冻裂管道，此阀门冬季不必关闭。

（二）系统维护

水肥一体化系统的使用寿命与系统维护密切相关，保养水平与使用寿命呈正比，保养得越好，使用寿命越长，效益越持久。

1. 水源工程　水源有地下取水、河渠取水、塘库取水等多种形式，保持这些水源工程建筑物的完好、运行可靠，确保设计用水的要求，是水源工程管理的首要任务。对泵站、蓄水池等工程应经常进行维修养护，蓄水池沉积的泥沙等污物应定期洗刷排除。灌溉季节结束后，应排除所有管道中的存水，封堵阀门。

2. 水泵　运行前检查水泵与电机的联轴器是否同心、间隙是否合适、皮带轮是否对正、其他部件是否正常、转动是否灵活，如有问题及时解决。运行中检查各种仪表的读数是否在正常范围内，轴承部位的温度是否太高，水泵和水管各部位有无漏水和进气情况，吸水管道应保证不漏气，水泵停机前应先停启动器后拉电闸。停机后要擦净水迹，防止生锈；定期拆卸检查，全面检修；在灌溉季节结束或冬季使用水泵时，停机后应打开泵壳下的放水塞将水放净，防止锈坏或冻坏水泵。

3. 动力机械　电机在启动前应检查绝缘电阻、所标电压和频率与电源电压是否相符、接线是否正确、电机外壳接地线是否可靠等。电机运行中，工作电流不得超过额定电流，温度不能太高。电机应经常除尘，保持干燥清洁。经常运行的电机每月应进行一次检查，每半年进行一次检修。

4. 管道系统　在每个灌溉季节结束时，要对管道系统进行全系统的高压清洗。在有轮灌组的情况下，要按轮灌组顺序分别打开各支管和主管的末端堵头，开动水泵，使用高压力逐个冲洗轮灌组的各级管道，力争将管道内积攒的污物等冲洗干净。在管道高压清洗结束后，应充分排净水分，装回堵头。

5. 过滤系统　运行时要经常检查过滤网、叠片等装置，发现损坏时应及时修复。灌溉季节结束后，应取出过滤器设备中的装置，刷洗干净，晾干后备用。砂介质过滤器在灌溉季节结束后，打开过滤器罐的顶盖，检查砂石滤料的数量，并与罐体上的标识相比较，若砂石滤料数量不足应及时补充以免影响过滤质量。若砂石滤料上有悬浮物要捞出。同时，在每个罐内加入一包氯球，放置 30 min 后，启动每个罐各反冲 2 min 两次，然后打开过滤器罐的盖和罐体底部的排水阀将水全部排净。

6. 施肥系统　在进行施肥系统维护时，关闭水泵，开启与主管道相连的注肥口和驱动注肥系统的进水口，排除压力。

（1）注肥泵。先用清水洗净注肥泵的肥料罐，打开罐盖晾干，再用清水冲净注肥泵，然后分解注肥泵，取出注肥泵驱动活塞，用原装的润滑油涂在部件上，进行正常的润滑保养，最后擦干各部件重新组装好。

（2）施肥罐。首先仔细清洗罐内残液并晾干，然后将罐体上的软管取下并用清水洗净，软管要置于罐体内保存。每年在施肥罐的顶盖及手柄螺纹处涂上防锈液，若罐体表面的金属镀层有损坏，立即清锈后重新喷涂。注意不要丢失各个连接部件。

7. 田间设备　在冬季来临前，为防止冬季管道被冻坏，将田间位于主支管道上的排水底阀打开，将管道内的水尽量排净，此阀门冬季不关闭；将各阀门的手动开关设置为打开状态；在田间将各条滴灌管拉直，切勿使其扭折，若冬季回收也要注意勿使其扭曲放置。

8. 其他　灌溉装置多为塑料制品，使用过程中要注意各步操作密切配合，扭动开关或旋钮时不可用力过猛。在打开各个容器时，注意一些小部件要按原样装回，以防丢失。

第三节　苹果园水肥一体化水肥管理

苹果园水肥一体化技术最重要的就是灌溉施肥，它是针对微灌设备应用和作物产量目标提出的，是在一定气候、土壤等自然条件下和一定的农业技术措施下，因地制宜地调节水量和肥量使之处于合理的范围，做到"肥随水走"，真正使水肥产生协同作用，达到"以水促肥"和"以肥调水"的最终目的，对节约水资源、肥料资源、保护环境有着重要的意义。

一、水肥一体化灌溉制度

灌溉制度的拟定包括确定苹果树全生育期的灌溉定额、灌水次数、灌水间隔时间、一次灌水的延续时间和灌水定额等。灌溉制度的主要决定因素包括土壤质地、田间持水量（土壤最大持水量）、果树的需水特性、根系分布、土壤含水量、微灌设备每小时出水量、降水情况、温度、设施条件和农业技术措施等。

　　苹果属深根系植物，根系分布在 20～90 cm 土层，但 80% 以上的根系集中于 60 cm 以上的土层。灌溉和施肥可以调控根系的分布深度。苹果园选用的灌溉模式与种植密度及土壤质地有关。对密植果园（如行距 1 m，株距 3 m，每亩 220 株）可以用滴灌、微喷带或膜下微喷带，对稀植果园（如每亩 20～50 株）可以用微喷灌或微喷带。特别是成龄果园安装灌溉设施以微喷灌为最佳。拖管淋灌适合各种种植密度。在轻壤土或沙质土上由于滴灌的侧渗范围小，加上苹果的根系生长量比其他果树（如柑橘）少，会造成显著的限根效应，宜选择微喷灌。在重壤土上可以选用滴灌。

二、水肥一体化水分管理

（一）果树需水规律

　　根据苹果树需水规律一般应在以下几个时期灌水：一是萌芽前，根、茎、叶、花都开始生长，需水较多，发芽前充分灌水，对养分吸收，新根生长与开花速度、整齐度等有明显作用，通常每年都要灌 1 次萌芽水。二是新梢旺长期，需水量最多，是全年需水临界期，宜灌大水，促春梢速长，增加早期功能叶片数量，并可减轻生理落果。三是花芽分化前及幼果生长始期，即 5 月末至 6 月上旬，需水不多，维持田间持水量的 60% 即可，这是全年控水的关键时期；不灌或少灌，可控长促花。四是果实膨大期，需水较多，水分多少是决定果实大小的关键，要供多而稳定的水分；但久旱猛灌，易落果、裂果。采收前 20 d 灌大水易降低果实含糖量。五是采果后，秋施粪肥后要灌水促进肥料分解，促根系生长和秋叶光合作用，增加贮藏养分，提高越冬能力。总之，苹果树虽全年都需水，但不同时期所需的水量差异较大，基本是前多、中少、后多。因此，应掌握溜—控—灌的原则，达到促—控—促的目的。生产上通常采用的萌芽水、花后水、催果水、冬前水，主要是按苹果树不同物候期的需水规律测定的。灌水是否需要，应根据当时的土壤墒情和需水规律而定。若当时土壤墒情好，可不灌；否则，必须灌溉。

（二）果树水分管理

　　苹果树水分管理从苹果树萌芽前开始至施用秋季肥后结束，在这约 7 个月的时间内维持土壤处于湿润状态。每次灌溉的时间因灌溉方式不同及出水器的流量不同确定。通常滴灌要持续 3～4 h，微喷灌持续 20～30 min。埋两支张力计，一支埋深 60 cm，一支埋深 30 cm。30 cm 张力计的读数决定何时开始灌溉，60 cm 张力计读数回零时停止灌溉。当 30 cm 张力计读数达－15 kPa 时开始滴灌，滴到 60 cm 张力计回零时为止。采用微喷灌时可以使用湿润前锋探测仪，埋深 40 cm，当看到浮标升起时停止灌溉。另外一种简单的方法是用螺杆式土钻在滴头下方取土，通过手测法了解不同深度的水分状况，从而确定灌溉时间。当土壤能抓捏成团或搓成泥条时，表明土壤水分充足。

（1）微喷灌。微喷灌一般设置在树冠之下，雾化程度高，喷洒的距离小（一般喷洒直径在 1 m 左右），每一喷头的灌溉量很少（通常每小时 30～60 L）。喷灌有节约用水的作用，能维持一定面积土壤在较高的湿度水平上，有利于根系对水分的吸收。此外，还具有需要的水压低（0.02～0.20 mPa）和加肥灌溉容易等特点。一般每株树一个微喷头，在两株树之间安装。

（2）滴灌。滴灌是通过管道系统把水输送到每棵果树树冠下，由一至几个滴头（取决于果树栽植密度及树体大小）将水均匀又缓慢地滴入土中（一般每个滴头的灌溉量每小时 2～8 L）。对山地果园一般选用压力补偿式滴灌，滴头间距 50～70 cm，流量 2～3 L/h，沿种植行在树下拉一条（从定植时开始安装）或两条（成龄后开始安装）滴灌管。平地果园使用普通滴灌管。

三、水肥一体化肥料的选择

1. 水肥一体化肥料选择原则　一般根据肥料的质量、价格、溶解性等来选择，具备以下条件：

（1）溶解性好。在常温条件下能够完全溶解于灌溉水中，溶解后要求溶液中养分浓度较高，而且不会产生沉淀阻塞过滤器和滴头。

（2）兼容性强。能与其他肥料混合施用，基本不产生沉淀，保证两种或两种以上养分能够同时施用，减少施肥时间，提高效率。

（3）作用力弱。与灌溉水的相互作用很小，不会引起灌溉水 pH 的剧烈变化，也不会与灌溉水产生不利的化学反应。

（4）腐蚀性小。对灌溉系统和有关设备的腐蚀性要小，以延长灌溉设备和施肥设备的使用寿命。

2. 水肥一体化常用肥料　水肥一体化技术对设备、肥料以及管理方式有着较高的要求。由于滴灌灌水器的流道细小或狭长，所以一般只能用水溶性固态肥料或液态肥，以防流道堵塞。而喷灌喷头的流道较大，且喷灌的喷水犹如降雨一样，可以喷洒叶面肥。因此，喷灌施肥对溶解性的要求相对较低。

（1）氮肥。常用于水肥一体化技术的氮肥主要有尿素、硫酸铵、硝酸铵、磷酸一铵、磷酸二铵、硝酸钾、硝酸钙和硝酸镁。其中，尿素是最常用的氮肥，纯净，极易溶于水，在水中完全溶解。

（2）磷肥。常用于水肥一体化技术的磷肥主要有磷酸、磷酸二氢钾、磷酸一铵和磷酸二铵。其中，磷酸非常适合水肥一体化技术，通过滴注器或微型灌溉系统灌溉施肥时，建议使用磷酸。

（3）钾肥。常用于水肥一体化技术的钾肥主要有氯化钾、硫酸钾、硝酸钾、磷酸二氢钾和硫代硫酸钾。其中，氯化钾、硫酸钾和硝酸钾最常应用。

（4）中微量元素。中微量元素肥料中，绝大部分溶解性好、杂质少。钙肥常用的有硝酸钙、硝酸铵钙。镁肥常用的有硫酸镁，硝酸镁价格高而很少使用，硫酸钾镁越来越普及。水肥一体化技术常用的微肥是铁、锰、铜、锌的无机盐或螯合物。无机盐一般为铁、锰、铜、锌硫酸盐，其中硫酸亚铁易产生沉淀，此外还易与硫酸盐反应产生沉淀堵塞滴头。螯合物金属离子与稳定的、具有保护作用的有机分子相结合，避免产生沉淀、发生水解，但价格较高。

（5）有机肥。有机肥用于水肥一体化技术需要解决两个问题：一是有机肥必须液体化；二是要经过多级过滤。一般易堆沤、残渣少的有机肥均适于水肥一体化技术；含纤维素、木质素多的有机肥如秸秆类，则不适于水肥一体化技术。液体有机肥用于滴灌较为方便，经过滤后肥液中不存在堵塞微灌系统的颗粒均可直接施用。

（6）水溶复混肥。水溶肥料是指经水溶解或稀释，用于灌溉施肥、无土栽培、浸种蘸根等的液体肥料或固体肥料。在实际生产中，水溶肥料主要是水溶复混肥，不包括尿素、氯化钾等单质水溶肥料。根据其组分不同，可以分为大量元素水溶肥料、微量元素水溶肥料、中量元素水溶肥料、含氨基酸水溶肥料、含腐植酸水溶肥料。在这五类肥料中，大量元素水溶肥料既能满足作物多种养分需求，又适合水肥一体化技术。

除上述有标准要求的水溶肥料外，还有一些新型水溶肥料，如糖醇螯合水溶肥料、含海藻酸型水溶肥料、木醋液（或竹醋液）水溶肥料、稀土型水溶肥料、有益元素类水溶肥料等也可以用于水肥一体化技术。含氮磷钾养分大于50％及微量元素大于2％的固体水溶复混肥是目前市场上供应较多的品种，常见配方有：高氮型（30-10-10＋TE）、高磷型（9-45-15＋TE、20-30-10＋TE、10-30-20＋TE等）、高钾型（15-10-30＋TE、8-16-40＋TE等）、平衡型（19-19-19＋TE、20-20-20＋TE、18-18-18＋TE等）。

四、苹果园水肥一体化施肥方案

安装好灌溉设施，确定果园水分管理后，制定施肥方案是核心内容。施肥方案必须明确施肥量、肥料种类、施肥时期。

（一）确定施肥方案的因素

1. 施肥量　理论上讲，施肥总量应根据目标产量需要的养分量减去土壤提供的养分量。由于施入土壤的肥料存在各种途径的损失，因此实际的施肥量还要考虑肥料的利用率，即应比理论施肥量要高。通常达到目标产量所需的养分量是相对固定的（同一品种各地数据相差不大），而土壤的供肥量各地相差很大，测土由于受仪器、取样代表性、数据解读等方面的影响，通常通过测土获得土壤的供肥量也不易。肥料利用率这个参数变幅很大，受肥料形态、施肥方法、施肥时期等多因素影响。施肥总量的确定是根据作物目标产量需肥量与土壤供肥量之差估算，通过施肥补充土壤供应不足的那部分养分。一般而言，苹果树形成 100 kg 经济产量需从土壤中吸收 N、P_2O_5、K_2O 的数量分别为 0.30～0.34 kg、0.08～0.11 kg、0.21～0.32 kg。

2. 果树营养特性　掌握苹果树的营养特性是实现合理施肥的重要依据之一。苹果树树龄不同，需肥特点不同。幼树施肥的目的是快长树、早成形、早结果；盛果期树施肥的目的是稳产、优质、壮树；衰老期树施肥的目的是恢复健康树势，延长结果年限。所以，不同树龄苹果树的施肥种类、施肥量等均不一样。

3. 养分需求规律　苹果树养分利用有明显的规律性，以氮素为例，苹果树需氮分为 3 个时期：第一时期为大量需氮期（萌芽至梢加速生长），前半期氮素主要来源于贮藏的氮素，后半段逐渐过渡为利用当年吸收的氮素。第二时期为氮素营养稳定供应期（新梢生长高峰到采收前），此期稳定供应少量氮肥可提高叶功能，但施氮过多会影响果实品质，施氮不足则影响果实大小和产量。第三时期为氮素营养储备期（采收至落叶），此期氮含量对下一年器官形成、分化、优质丰产均起重要作用。在一年中，苹果树对不同养分吸收有一定的规律性，前期以吸收氮肥为主，中、后期（果实膨大期）以吸收钾肥为主，而对磷的吸收在生长期内比较平稳。

（二）水肥一体化施肥方案

1. 幼年苹果树施肥方案　幼年果树是指种植 1～5 年的果树，每亩约种植 45 株树。表 5-2 是在山东省苹果栽培经验基础上总结得出的幼年苹果树的灌溉施肥制度，仅供参考。

表 5-2　幼年苹果树灌溉施肥制度

生育时期	灌溉次数（次）	每亩灌水定额（m³/次）	每亩每次灌溉加入的纯养分量（kg）				备注
			N	P_2O_5	K_2O	$N+P_2O_5+K_2O$	
落叶前	1	30	3.0	4.0	4.2	11.2	树盘滴灌
花前	1	20	3.0	1.0	1.8	5.8	滴灌
初花期	1	15	1.2	1.0	1.8	4.0	滴灌
花后	1	15	1.2	1.0	1.8	4.0	滴灌
初果	1	15	1.2	1.0	1.8	4.0	滴灌
新梢停长期	2	15	1.2	1.0	1.8	4.0	滴灌
合计	7	125	12	10	15	37	

（1）本方案适用于胶东地区果园，土壤类型为棕壤，土壤质地为轻壤或沙壤，土壤 pH 为 6.5～7.5，土壤肥力中等，钾素含量较低。

（2）幼年果树落叶前要基施有机肥和化肥，一般采用放射状条施。每亩施有机肥 2 000 kg、氮肥（折纯，以 N 计）3.0 kg、磷肥（折纯，以 P_2O_5 计）4.0 kg、钾肥（折纯，以 K_2O 计）4.2 kg。其中，化肥品种，如选用三元复合肥（15-15-15），可每亩施 26 kg；如选用单质肥料，可每亩施尿素 3.1 kg、磷酸二铵 8.7 kg、硫酸钾 8.4 kg。灌溉时采用树盘浇水，亩用水量 30 m³。

（3）花前至初花期微灌施肥 2 次，每亩每次施尿素 4.91 kg、工业级磷酸一铵 1.64 kg、硝酸钾 4.04 kg。

（4）初花期至新梢停长期微灌施肥 4 次，每亩每次施尿素 0.99 kg、工业级磷酸一铵 1.64 kg、硝酸钾 4.04 kg。

（5）在果树施肥管理中，应特别注意微量元素肥料的施用，主要采取基施或根外追施。

（6）苹果树是露地种植，进入雨季后，根据气象预报选择无降雨时进行注肥灌溉。在连续降雨时，当土壤含水量没有下降至灌溉始点，也要根据需肥规律注肥灌溉，可适当减少灌水量。

（7）参照灌溉施肥制度表提供的养分数量，可以选择其他的肥料品种组合，并换算成具体的肥料数量。黄土母质或石灰岩风化母质地区参考本方案时可适当降低钾肥用量。

2. 初果期苹果树施肥方案　初果期果树是指种植 6～10 年的果树，每亩约 45 株果树。表 5-3 是按照微灌施肥制度的制定方法，在山东省栽培经验的基础上总结得出的初果期苹果树灌溉施肥制度。

表 5-3　初果期苹果树灌溉施肥制度

生育时期	灌溉次数（次）	每亩灌水定额（m³/次）	每亩每次灌溉加入的纯养分量（kg）				备注
			N	P_2O_5	K_2O	N+P_2O_5+K_2O	
收获后	1	30	3.0	4.0	4.2	11.2	树盘滴灌
花前	1	25	3.0	1.0	1.8	5.8	滴灌
初花期	1	20	1.2	1.0	1.8	4.0	滴灌
花后	1	20	1.2	1.0	1.8	4.0	滴灌
初果	1	20	1.2	1.0	1.8	4.0	滴灌
果实膨大期	1	20	1.2	1.0	1.8	4.0	滴灌
果实膨大期	1	20	1.2	1.0	1.8	4.0	滴灌
合计	7	155	12	10	15	37	

（1）本方案适用于胶东地区果园，土壤类型为棕壤，土壤质地为轻壤或沙壤，土壤 pH 为 6.5～7.5，土壤肥力中等，钾素含量较低。

（2）初果期果树收获后、落叶前要基施有机肥和化肥，一般采用放射状条施。亩施有机肥 2 500 kg、氮肥（折纯，以 N 计）3.0 kg、磷肥（折纯，以 P_2O_5 计）4.0 kg、钾肥（折纯，以 K_2O 计）4.2 kg。其中，化肥品种，如选用三元复合肥（15-15-15），可每亩施 26 kg；如选用单质肥料，可每亩施尿素 3.1 kg、磷酸二铵 8.7 kg、硫酸钾 8.4 kg。灌溉时采用树盘浇水，亩灌水量 30～35 m³。

（3）花前至初花期微灌施肥 2 次，花前每亩施尿素 6.07 kg、工业级磷酸一铵 1.64 kg、硝酸钾 4.49 kg；初花期每亩施尿素 2.17 kg、工业级磷酸一铵 1.64 kg、硝酸钾 4.49 kg。花后至果实膨大期共微灌施肥 4 次，每亩每次施尿素 1.17 kg、工业级磷酸一铵 1.64 kg、硝酸钾 7.87 kg。

（4）在果树施肥管理中，应特别注意微量元素肥料的施用，主要采取基施或根外追施方式。在需要施用钙、镁肥的情况下，可以通过微灌系统分别注入钙肥和镁肥。

(5) 苹果树是露地种植，进入雨季后，根据气象预报选择无降雨时进行微灌施肥。在连续降雨时，当土壤含水量没有下降至灌溉始点，也要进行微灌施肥，但可适当减少灌溉水量。

3. 盛果期苹果树施肥方案 盛果期果树是指种植达 11 年的果树，每亩约 45 株果树。目标产量每亩为 3 000 kg。表 5 - 4 是按照微灌施肥制度的制定方法，在山东省栽培经验的基础上总结得出的盛果期苹果灌溉施肥制度。

(1) 本方案适用于胶东地区果园，土壤类型为棕壤，土壤质地为轻壤或沙壤，土壤 pH 为 6.5～7.5，土壤肥力中等，钾素含量较低。

表 5 - 4　盛果期苹果树灌溉施肥制度

生育时期	灌溉次数（次）	每亩灌水定额（m³/次）	每亩每次灌溉加入的纯养分量（kg）				备注
			N	P₂O₅	K₂O	N+P₂O₅+K₂O	
收获后	1	35	6.0	6.0	6.6	18.6	树盘滴灌
花前	1	20	6.0	1.5	3.3	10.8	滴灌
初花期	1	25	4.5	1.5	3.3	9.3	滴灌
花后	1	25	4.5	1.5	3.3	9.3	滴灌
初果	1	25	6.0	1.5	3.3	10.8	滴灌
果实膨大期	1	25	3.0	1.5	6.6	11.1	滴灌
果实膨大期	1	25	0	1.5	8.1	4.0	滴灌
合计	7	180	30.0	15.0	33.0	78.0	

(2) 盛果期果树收获后、落叶前要基施有机肥和化肥，一般采用放射状条施。亩施有机肥 3 000 kg、氮肥（折纯，以 N 计）6.0 kg、磷肥（折纯，以 P_2O_5 计）6.0 kg、钾肥（折纯，以 K_2O 计）6.6 kg。其中，化肥品种，如选用三元复合肥（15 - 15 - 15），可每亩施 40 kg；如选用单质肥料，可每亩施尿素 7.9 kg、磷酸二铵 13.0 kg、硫酸钾 13.2 kg。灌溉时采用树盘浇水，亩用水量 30～35 m³。

(3) 花前至花后期微灌施肥 2 次，花前每亩施尿素 10.2 kg、工业级磷酸一铵 2.5 kg、硝酸钾 7.4 kg；花期每亩施尿素 7.0 kg、工业级磷酸一铵 2.5 kg、硝酸钾 7.4 kg。

(4) 初果至果实膨大期共微灌施肥 3 次，初果期每亩施尿素 10.2 kg、工业级磷酸一铵 2.5 kg、硝酸钾 7.4 kg；果实膨大前期每亩施尿素 1.5 kg、工业级磷酸一铵 2.5 kg、硝酸钾 14.8 kg；果实膨大后期每亩施工业级磷酸一铵 2.5 kg、硝酸钾 18.2 kg。盛果期果树的果实膨大后期和成熟期不再施用氮肥。

（5）在果树施肥管理中，应特别注意微量元素肥料的施用，主要采取基施或根外追施方式。在需要施用钙、镁肥的情况下，可以通过微灌系统分别注入钙肥和镁肥。

（6）苹果树是露地种植，进入雨季后，根据气象预报选择无降雨时进行注肥灌溉。在连续降雨时，当土壤含水量没有下降至灌溉始点，也要进行微灌施肥，可适当减少灌溉水量。

第六章 <<<
苹果园有机替代

环渤海湾和黄土高原是我国苹果优势产区,苹果种植面积和产量均占世界总产量的 40％ 以上。然而,大部分果园位于丘陵山地,设施条件差,由于化肥施用于果树的比较优势大,在苹果生产中偏施化肥,有机肥投入不足。土壤有机质含量普遍偏低,平均含量不到 10％。

我国苹果园土壤有机质含量普遍较低,而土壤有机质含量与果树基础产量密切相关,有机质含量高,果树基础产量高且稳定,果实品质也好。在苹果园中开展有机替代,通过施用有机肥、果园生草等技术措施,建立化肥与有机肥相结合的科学施肥制度,是实现稳产、优质、培肥和环境保护协调发展的重要途径,是我国苹果产业可持续发展的战略选择。

第一节　苹果园有机肥施用技术

苹果园常用的有机肥种类主要有农家肥、商品有机肥和生物有机肥等。本节重点介绍有机肥腐熟原理、高温堆肥过程、果园有机肥施用技术等。

一、有机肥的作用

(一)提供作物所需的各种无机养分和有机养分

施用有机肥能够提供作物所需无机养分、有机养分和生物活性物质。其中,无机营养:N、P、K、Ca、Mg、S 和微量元素;有机营养:氨基酸、肽、蛋白质、核酸等;生理活性物质:生长素、维生素等。

(二)增加土壤有机质含量,提高土壤肥力

果园施用有机肥提高了土壤保水保肥能力,有利于土壤团粒结构的形成,改善土壤物理性状;提供有机碳源,促进土壤微生物的活动;含有的或微生物活动产生的各种酶进入土壤后可大大提高土壤中酶的活性;提高土壤中难溶性

磷和微量元素的有效性（表 6-1）。

表 6-1 中国和欧洲同类型土壤有机质含量比较

地区	棕壤	褐土	黑钙土
中国	$1\% \sim 1.5\%$	$\approx 1\%$	$\approx 3\%$
欧洲	$>3\%$	$>2\%$	$\approx 8\%$

（三）增加作物产量，改善农产品品质

果园中合理施用有机肥，可以促进果树更好、更快生长，实现果实增产、提高果实品质。在同等条件下，施用有机肥，果树的产量比施用普通肥料果树的产量要高 20%。施用有机肥还能提高果实的甜度，可溶性固形物含量占比得到明显提升。

（四）保护环境，提高资源利用效率

各种来源的有机肥数量巨大，若处理不当会引起环境污染。加大有机肥的利用极大减少了环境污染，提高了资源利用效率，同时能够减少化肥用量，减少资源、能源的浪费。例如，每年全国的猪粪尿可提供的氮素为 331.2 万 t，磷素 113.0 万 t，钾素 223.7 万 t，养分资源量非常丰富。

二、有机肥腐熟原理

有机肥是在微生物作用下进行矿质化和腐殖化的过程。有机肥料所含的营养元素多呈有机态，如纤维素、半纤维素和氨基酸等，必须经过微生物分解，才能转化成易被植物吸收利用的养分。

（一）腐熟目的

腐熟的目的主要有两个：一是使迟效养分转化成速效养分，提高肥效，还可避免有机物料在土壤中腐熟时对幼苗产生不利的影响，如与幼苗争夺水分、养分，或因局部高温、氨浓度过高或大量消耗土壤中的氧产生高度还原的有害物质而影响作物的生长发育，造成作物减产。二是消灭传染性病菌、寄生虫卵和杂草种子，进行无害化处理。

（二）腐熟过程

有机肥腐熟要经历一系列的有机、无机物质转化过程，一般把复杂的有机物质转化成简单的有机、无机物质的过程称为矿质化过程；把矿质化过程中形成的中间产物再经转化合成复杂的腐殖质过程，称为腐殖质化过程。这两个过

程是在微生物和酶的作用下同时进行的。

1. 矿质化过程

（1）含碳化合物的转化。在腐熟过程中，复杂的纤维素、半纤维素、多糖、双糖等转化为简单的葡萄糖、果糖和半乳糖等。在有氧条件下，葡萄糖、果糖及半乳糖等进一步分解成二氧化碳和水；在无氧条件下，则生成大量有机酸，最后形成甲烷和二氧化碳。反应如下：

$$C_6H_{12}O_6 + 6O_2 \xrightarrow{\text{好氧微生物}} 6CO_2 + 6H_2O$$

$$C_6H_{12}O_6 \xrightarrow{\text{厌氧微生物}} 3CO_2 + 3CH_4$$

（2）含氮化合物的转化。有机肥料含有各种蛋白质氮和非蛋白质氮，以蛋白质氮为主。蛋白质氮首先由水解蛋白酶把蛋白质的肽键打断形成多肽，然后在肽酶的作用下形成氨基酸，之后氨基酸在不同条件下进行氨化作用，转化形成氨。在好氧条件下，可进行硝化作用形成硝酸盐。其反应如下：

$$蛋白质 \longrightarrow 氨基酸或酰胺 \longrightarrow 铵态氮 \longrightarrow 硝态氮$$

（3）含磷化合物的转化。有机肥料中常见的含磷化合物有核蛋白、卵磷脂、核酸、肌醇磷酸盐等，它们经水解可转化成磷酸。其反应如下：

$$核蛋白 \xrightarrow{\text{水解}} 核酸 \xrightarrow{H_2O} 磷酸盐$$

$$卵磷脂 \xrightarrow{\text{水解}} 磷酸甘油 \xrightarrow{H_2O} 磷酸盐$$

$$核酸 \xrightarrow{\text{核酸酶}} 核苷酸 \xrightarrow{\text{核苷酸酶}} 核苷 + H_3PO_3$$

$$肌醇六磷酸盐 \xrightarrow{\text{肌醇磷酸酯酶}} 磷酸盐$$

（4）含硫化合物的转化。硫多数与蛋白质结合，所以硫的转化与氮化物的转化相似，先转化为含硫氨基酸，如半胱氨酸、胱氨酸、蛋氨酸、硫基丙氨酸等，在好氧条件下含硫氨基酸进一步转化为硫酸盐，在厌氧条件下则形成硫化氢（H_2S）、甲硫醇（CH_3-SH）、二甲基硫〔$(CH_3)_2S$〕等还原性物质。

2. 腐殖质化过程 有机肥料在腐熟过程中除进行有机物质的分解转化外，同时进行合成作用，产生结构复杂的有机化合物——腐殖质。一般认为腐殖质形成大体分两个阶段：第一阶段是形成腐殖质的原始材料，如多元酚、醌化合物以及蛋白质降解所产生的各种肽、氨基酸等含氮化合物，它们是构成腐殖质的主要原始材料；第二阶段是将那些原始材料缩合形成复杂的腐殖质。但第二阶段是个相当长期和复杂的过程，有些过程需要将有机肥料施入土壤后再继续转化，才能完成整个过程。

　　有机肥料的腐熟是一系列微生物活动的复杂过程，而环境条件又制约着微生物活动，要促进微生物活动，可采取各种措施调节环境条件。

　　（1）水分。水分是影响微生物活动和腐熟快慢的重要因素。吸水软化有利于微生物的入侵、分解和菌体、养分的移动，使有机肥料腐熟均匀。对于好氧微生物，适宜的水分含量是最大持水量的 $60\%\sim65\%$，即加水到手握成团、触之即散的状态。

　　（2）氧气。一般好氧微生物在 O_2 分压为大气中 O_2 分压的 1% 以上时可正常活动。如果通气不良，有机肥料腐解速度缓慢；反之，通气量过大则会造成有机肥料强烈分解，温度过高，造成水分和养分以及新形成的腐殖质的损失。

　　（3）温度。温度是微生物活动的必要条件，也是影响有机肥料腐熟速度和质量的主要因子之一。微生物活动引起有机质分解，有机质分解导致有机肥料从低温、中温进入高温。不同温度范围有不同的微生物类群，温度的变化又限制了不同微生物的活动。当温度高过 75 ℃时，微生物的作用几乎全部受到抑制；相反，温度在 20 ℃以下，又会影响腐熟速度。好氧腐熟高温阶段控制在 50～65 ℃，后熟保温阶段控制在 30 ℃左右最为适宜。

　　（4）酸碱度。微生物最适宜的 pH 为中性和微碱性。有机肥料在腐熟过程中由于有机质的分解而产生大量有机酸，pH 下降，不利于微生物的活动，可加入石灰或草木灰等调节酸碱度。在腐熟后期，C/N 缩小伴有氨的挥发损失和积累，pH 升高，不但不利于微生物的活动，而且还会引起氨的挥发损失，可加入新鲜绿肥和青草，利用它们分解时产生的有机酸来调节 pH，也可加入某些酸性物质进行调节。

　　（5）养分。微生物的活动需要能量和养分。在一般情况下，菌体同化 1 份氮素时平均需要 25～30 份碳，其中 5 份左右的碳与 1 份氮构成菌体，约 20 份碳用于呼吸作用的能量消耗。当 C/N 小于 25 时将释放出无机氮，而大于 25 时微生物必须从外界吸收无机氮。通常有机肥的 C/N 调节至 40～45 较为合适，这样腐熟较快，同时又能保持较高腐殖化系数。除了调节氮外，还应加入少量的含磷物质如过磷酸钙、钙镁磷肥等，对促进微生物活动和提高有机肥料质量也是有益的。

三、有机肥生产过程

　　苹果园有机肥主要以农家肥和商品有机肥为主。高温堆肥是有机肥的主要生产方式，其主要是利用畜禽粪便、作物秸秆、稻草、稻壳、锯木屑等为原料混合后按一定方式堆制而成。

（一）商品类有机肥

商品类有机肥包括普通商品有机肥（符合 NY525）和生物有机肥等，普通商品有机肥和生物有机肥属于工厂化生产的肥料产品，其制作工艺可参照相关标准，本书不做阐述。

（二）农家肥（堆肥）

农家肥包括堆肥、沤肥、厩肥、饼肥、沼渣和沼液。苹果园施用农家肥多以堆肥为主，即采用畜禽粪便和作物秸秆堆制而成。沤肥、厩肥、饼肥、沼渣和沼液应用较少，在此重点介绍果园堆肥的堆制过程。

1. 堆制方法　将畜禽粪便和辅料按照（80%～90%）∶（10%～20%）混合均匀，将物料含水量控制在 60%～65%，即"手握成团，松开即散"的状态。按有机物料腐熟剂使用说明撒腐熟剂。

（1）条垛式堆肥。将混合物料堆成宽 2 m、高 1.0～1.5 m 的长垛。为防止雨淋，堆置在有雨棚的地方，或者堆置后附上塑料布。待堆肥温度上升到 60 ℃后开始翻堆，以后温度每升高到 60 ℃以上进行翻堆，一般每 2～5 d 可用机械或人工翻堆一次，以提供氧气、散热和保证物料发酵均匀，一般鸡粪夏季 20～30 d、牛粪 30～45 d 即可腐熟。

（2）沟槽式堆肥。发酵槽由水泥、砖砌成，发酵槽高 1.0～1.5 m，宽 5～6 m，便于机械翻动或铲车翻动，长度不限。将粪料运到棚内，添加发酵剂和其他辅料，充分混匀，调节水分。物料翻堆可用装置于发酵槽上的移动翻堆机械，也可用翻堆车，待堆肥温度上升到 60 ℃后开始翻堆，以后温度每升高到 60 ℃以上进行翻堆，一般每隔 1～2 d 翻堆一次，夏季 15～20 d、冬季 30～40 d 温度逐渐下降至稳定时即可，如原料量较多，可减少发酵时间进行后熟，后熟时间 2 周至 1 个月。

2. 堆肥发酵过程　堆肥的腐熟是一系列微生物活动的结果，堆制初期以矿质化过程为主，后期则以腐殖质化过程为主。

（1）发热阶段。在堆制初期，由常温升到 50 ℃左右的阶段称为发热阶段。这一阶段以中温好氧微生物为主，利用堆肥中的水溶性有机物首先迅速繁殖，继而分解蛋白质和部分半纤维素和纤维素，同时放出氨、二氧化碳和热量，使堆内温度逐步提高。这一阶段一般 6～7 d，视气候、水分和易溶性有机物而定。

（2）高温阶段。随着堆内温度的不断升高，堆内温度达到 50 ℃以上的阶段称为高温阶段。中温性微生物逐渐被好热性微生物代替，其中以好热性纤维分解菌为主。这一阶段除继续分解易分解的有机物外，主要分解半纤维素、纤维素等复杂物质，同时腐殖质开始合成。这一阶段杀虫、灭菌及消灭杂草种子的能力很强。

（3）降温阶段。高温过后当堆肥温度降至50℃以下的阶段。在高温维持一定时间后大部分有机质被分解，剩余的是难分解的成分，微生物活动减弱，产热量减少，堆内温度逐渐下降。这一阶段微生物的作用主要是分解残留的半纤维素、纤维素和木质素，但以腐殖质的合成过程为主。为了得到腐熟程度较高的有机肥料，可翻堆2～3次。

（4）后期保熟阶段。经过前3个阶段后，大部分有机物已被分解，堆温下降，稍高于气温，此时即进入后熟保肥阶段。此阶段中分解腐殖质等有机物的放线菌数量和比例显著增多，厌氧纤维分解菌、固氮菌和反硝化细菌也逐渐增加。其主要任务是保存已形成的腐殖质和各种养分。此阶段应将肥堆压实，泥封或加土覆盖，造成厌氧条件。这样厌氧纤维分解菌能旺盛地进行纤维素的分解，进行后期的腐熟作用。

3. 堆肥腐熟度的评价　从颜色变化看，秸秆堆沤过程中堆料颜色会逐渐变深，最终呈灰黑褐色或灰浅色；从气味变化看，通常堆肥原料（采用畜禽粪便）有令人不快的气味，在运行良好的堆肥体系中，这种气味逐渐减少并在堆肥结束后消失，不再吸引蚊蝇，也不会再有令人讨厌的臭味，堆肥呈现疏松的团粒机构，颗粒直径小于1.3 cm；从pH看，一般情况下，秸秆和禽畜粪便混合堆沤发酵初期，pH弱酸性至中性，通常为6.6～7.5，腐熟的堆肥一般呈弱碱性，pH在8～9。

发酵结束时，应符合下列要求：

（1）有机质含量在25%～45%。

（2）含水率为20%～40%。

（3）耗氧速率趋于稳定。

（4）堆肥的pH应控制在5.5～8.5，如果堆肥pH低于5.5，就是过于偏酸，可适当添加生石灰进行调节。

（5）碳氮比（C/N）20左右。

发酵完毕后应进行后处理，确保堆肥制品质量合格。后处理通常由再干燥、破碎、造粒、过筛、包装至成品等工序组成，可根据实际需要确定。秸秆堆沤产品质量的控制标准，如重金属安全限量标准、蛔虫卵死亡率、粪大肠菌群数分别严格按照 GB18877、GB/T 19524.2、GB/T 19524.1 的要求执行。

4. 堆肥过程中的注意事项　用静态方法堆制有机肥的过程中，应注意：

（1）在发酵物表面覆盖一层 10 cm 左右的细碎秸秆或撒一层过磷酸钙，可以减少氨气的挥发，避免养分的损失。

（2）在发酵过程中若遇大风，顶部要覆盖秸秆等透气物，以减少水分的蒸发和温度的散失。

（3）畜禽粪便存放时间过长或厩肥中秸秆、杂草较多，粪便较少，可适当加入菜籽粕、尿素或者新鲜畜禽粪便，增加氮的含量，调节碳氮比，加快发酵速度，提高有机肥质量。

（4）应尽量避免在雨季、露天制造有机肥，以免水分过高影响堆肥过程。

（5）如堆肥发酵过程中出现水分偏高，透气性差，可在发酵堆的中间插几根秸秆帮助透气。

四、有机肥施用技术

（一）有机肥施用原则

苹果园施用有机肥的主要作用在于增加土壤有机质、改善土壤理化性质，提高土壤生物多样性，提高土壤保水保肥能力。根据有机肥特点、果树生长状况、土壤质地和理化性状、气候条件等，有效、合理、安全、经济施用有机肥。

1. 因树施用　根据树龄、树势和产量确定有机肥用量。树龄小、树势强、产量低的果园可少施，树龄大、树势弱、产量高的果园应多施。

2. 因土壤施用　有机质含量较低的土壤应多施用有机肥。质地黏重的土壤透气性较差，宜施用矿化分解速度较快的有机肥；质地较轻的土壤，土壤透气性好，宜施用矿化分解速度较慢的有机肥。

3. 因气候施用　在气温低、降雨少的地区，宜施用矿化分解速度较快的有机肥；在温暖湿润的地区，宜施用矿化分解速度较慢的有机肥。

4. 有机无机相结合　有机肥养分含量低，释放缓慢，应与化肥配合施用，以便取长补短，缓急相济。

5. 长期施用　充分挖掘有机肥资源，坚持长期施用，维持和提高土壤肥力。

6. 安全施用　有机肥在生产过程中，要求彻底杀灭对果树、畜禽和人体有害的病原菌、寄生虫卵、杂草种子等；应严格控制重金属、抗生素、农药残留等有毒有害物质含量。有机肥施用过程中，应防止因过量施用而造成氮磷环境污染。

（二）有机肥施用方法和时间

1. 有机肥施用方法

（1）沟施法。

条沟施：指的是在果树行间开沟施入肥料，也可以结合果园深翻进行，在宽行密植的果园，采用这个方法比较适合，果树的根系具有向肥性，这样做的目的主要是引导根系向下、向外生长，让根追肥，从而促进树体根深叶茂。

环状沟施：此方法比较适用于平地幼龄果树，在树冠外缘垂直投影处开环状沟，树比较小的可以开圆环沟，坡地可以开半环状沟。但是挖沟容易切断水平根，而且施肥面积比较小。

放射状沟施：根据树冠的大小，沿水平根的生长方向开放射状沟4~6条。采用这种方式，肥料的分布面积是比较大的，不仅可以隔年更换施肥位置，还可以扩大施肥面，促进根系的吸收。放射状比较适用于成年果园，或者是果树种植密度比较高的果园。

穴施：在树冠滴水线处挖直径和深度为30~40 cm的穴，有机肥与土掺匀后回填。依树冠大小确定施肥穴数量，每年变换位置，适用于乔砧盛果期果园。

（2）地表覆盖。以作物秸秆或木屑等为原料发酵的体积较大的有机肥，可从距树干20 cm处至树冠滴水线处进行地表覆盖，覆盖厚度10~15 cm。有机肥数量充足时，可选择树冠下全部覆盖；有机肥数量不足时，可选择树冠1/4或1/2区域进行局部覆盖，每年变换覆盖区域。

2. 有机肥施用时间

（1）苹果园有机肥施用一般作基肥在秋季果实采收后施入，有条件的果园也可作追肥施用。

（2）不同品种的苹果树施肥时间也存在着差异，早熟的果树品种一般在采收后进行施肥，而中、晚熟的果树则在采收前施肥为宜。

（3）施肥时间要考虑果树种类等因素，因地制宜、有针对性地选择施肥时间，这样才能使有机肥的营养价值得以充分利用，避免浪费。

3. 有机肥施用数量　苹果园中施用有机肥主要为农家肥、普通商品有机肥和生物有机肥，一般根据土壤有机质状况和果树产量水平确定有机肥施用数量。

（1）基肥。根据苹果园土壤有机质含量和果树产量水平，分别将果园有机质分为<10 g/kg、10～20 g/kg、>20 g/kg 3 个等级，将产量水平分为<22 500 kg/hm²、22 500～45 000 kg/hm²、>45 000 kg/hm² 3 个等级。

根据苹果园土壤有机质含量和果树产量水平，给出的农家肥、普通商品有机肥和生物有机肥基肥推荐用量分别见表6-2、表6-3和表6-4。该用量仅供参考，具体施肥量应根据实际情况而定。此外，农家肥、普通商品有机肥与生物有机肥可搭配施用。

表6-2　农家肥基肥推荐施用量（kg/hm²）

土壤有机质 (g/kg)	堆肥、沤肥、厩肥、沼渣			饼肥		
	产量水平					
	<22 500	22 500～45 000	>45 000	<22 500	22 500～45 000	>45 000
<10	30 000	37 500～45 000	52 500	3 000	3 750～4 500	5 250
10～20	22 500	30 000～37 500	45 000	2 250	3 000～3 750	4 500
>20	15 000	22 500～30 000	37 500	1 500	2 250～3 000	3 750

表6-3　普通商品有机肥基肥推荐施用量（kg/hm²）

土壤有机质（g/kg）	产量水平		
	<22 500	22 500～45 000	>45 000
<10	10 500	12 000～13 500	15 000
10～20	7 500	9 000～10 500	12 000
>20	4 500	6 000～7 500	9 000

表6-4　生物有机肥基肥推荐施用量（kg/hm²）

土壤有机质（g/kg）	产量水平		
	<22 500	22 500～45 000	>45 000
<10	4 500	5 250～6 750	7 500
10～20	3 750	4 500～5 250	6 000
>20	2 250	3 000～3 750	4 500

（2）追肥。商品有机肥，尤其是生物有机肥等作为追肥施用时，可在追施化肥的同时适量施用。沼液作为追肥时，盛果期果园每次每亩结合灌溉施入20～30 m³。

4. 注意事项

（1）在施用有机肥时还有一个需要注意的是：一定要将其与土壤充分混拌均匀，只有混拌均匀才能让肥料均匀地分布到各个位置。

（2）盖土保持土壤湿润，特别是在用微生物有机肥时，本身微生物是以芽孢形态形成的，萌发生长需要一定的外界条件（温度在 25～30 ℃，水分含量达到 60%），所以施用微生物肥和菌肥时一定不能直接撒施，也不能直接在太阳底下施肥，因为紫外线强的地方，对微生物菌具有杀伤作用。

第二节　苹果园有机物覆盖技术

我国苹果园地力普遍较差，有机质含量低（1%左右），园土保水保肥能力不足，化肥利用率低。苹果园有机物覆盖主要是指将粉碎过后或者加工腐熟的作物秸秆等覆盖到土壤中。果园有机物覆盖技术可改善土壤理化性状，增加土壤保水保肥能力，抑制杂草生长，稳定根区温度，提升作物品质，增加产量。据报道，苹果园有机物覆盖技术可使单果重增加 20% 以上，一级果率提高 4 倍以上，显著增加经济效益。

一、苹果园有机物覆盖的特点

（一）有机物覆盖的优点

1. 扩大根层分布范围　覆盖后，将表层土壤水、肥、气、热和微生物五大肥力因素不稳定状态变成最适态，诱导根系上浮，可以充分利用肥沃、透气的表层吸收养分和水分。

2. 保土蓄水、减少蒸发和径流　覆盖后可增强土壤蓄水能力，土壤含水量明显增加，除特大暴雨外，雨季不会产生径流。

3. 稳定地温　覆盖层对表土层具有隔光热和保温、保墒作用，缩小了表层土壤温度的昼夜和季节变幅，从而避免白天阳光暴晒让土表过热、灼伤根系（35 ℃ 以上），同时，也减缓了夜间地面散热降温过程，减缓地表温度变化。另外，覆盖区早春土温上升慢，推迟几天物候期，有助于躲过晚霜危害。

4. 提高土壤肥力　连年覆盖有机物可增加土壤有机质含量，例如亩覆草 1 000～1 500 kg，相当于增施 2 500～3 000 kg 优质圈肥。若连年覆草 3～4 年，可增加活土层 10～15 cm。覆盖有机物下 0～40 cm 土层内，有机质含量达 2.67%，比对照园相对提高 61.1%。试验研究发现，覆草果园氮、磷、钾含量比对照区分别增加 54.7%、27.7% 和 28.9%。

5. 省工省力 除草免耕，大大降低了繁重的除草劳动量或喷施除草剂存在的环境风险，可减少除草用工，每亩节省投入 700～800 元。

6. 有利于土壤动物和微生物活动 覆盖果园土壤水、肥、气、热适宜稳定，腐烂的覆盖物变为腐殖质，为土壤中动物和微生物提供了食物和良好生存环境。

7. 防止土壤泛盐 覆盖后，地面蒸发水分少，因而减少了可溶性盐分的上升和凝聚，减轻盐害。

8. 减轻落果摔伤 在果实摘袋、摘叶或采收过程中，碰掉即将成熟的果实，几乎占全树产量的 10%～15%，地面上有覆盖层，一般不会摔伤或轻微摔伤。

9. 减轻某些病虫害 据山东省 3 万多处覆盖果园的调查，果小食心虫、蝉等害虫大大减少。原因是果小食心虫幼虫生活的土温、湿度和光照等环境发生了根本改变。

（二）有机物覆盖缺点

1. 影响根系生长 覆盖后土壤表层吸收根大增，对丰产、优质十分重要，但覆盖不能间断，否则，表层根会受到严重损害。切忌春夏覆草，秋冬揭草。

2. 造成地表缺氧 覆盖后地表暂时缺氮，需增施氮肥，调节 C/N。

3. 增加鼠害和霜冻 覆盖后果园的鼠害和晚霜也略有增加趋势。有霜冻地区，早春应扒开树盘覆盖秸秆，待温度回升后复原。

4. 增加病虫害风险 覆盖后，不少病虫害栖息覆盖物中过冬，增加了虫害发生危险。

二、苹果园有机物覆盖

（一）有机物覆盖技术要点

1. 覆盖宽度 幼树果园和矮化砧成龄果园在果树两侧覆盖宽度为 0.5～1 m，行间采用生草制。乔化成龄果园，行间光照条件较差、根系遍布全园，可采用全园覆盖制度。

2. 覆盖厚度 有机物除提供有机质外，其厚度大小决定了杂草的抑制效果，厚度太薄不能有效抑制杂草，起不到保温、保墒作用。建议覆盖厚度为：不易腐烂的花生壳 15 cm 左右，玉米秸秆覆盖厚度在 20 cm 左右，稻草、麦草以及绿肥作物等容易腐烂，适当增加厚度，在 25 cm 左右。一般每亩地每年秸秆用量在 1 000～1 500 kg。

3. 有机物料的处理　花生壳、稻草、麦草、树叶、松枝、糠壳、锯屑等物料，可直接覆盖树盘，如果为坡地，稻草和麦草覆盖的方向与行向平行，以便阻截降水、防止地表径流等。玉米秸秆一般要铡成 5～10 cm 小段，然后覆盖。主干周围留下 30 cm 左右空隙不要覆盖，防止产生烂根病。秸秆覆盖后撒少量土压实，防止火灾发生。

4. 覆盖时期　一般在春季 5 月上旬以后，地温回升，果树根系活动时开始覆盖。翌年春季如果覆盖厚度较大，可扒开覆盖物，加快地温回升，防止幼树抽条。待地温回升后，恢复覆盖物并添加到适当厚度。

5. 旋耕处理　为了增加下层土壤的有机质含量，在新一轮覆盖工作开始前，可用小型旋耕机在树盘内距离树干 30 cm 左右旋耕，旋耕深度 20 cm 左右。这样可以把处于半腐烂状态的有机物料与土壤充分混合，既提高了与土壤微生物接触机会，加快腐烂速度，又增加了下层土壤有机质含量。

6. 调节碳氮比　为了加快秸秆的腐烂速度，可在雨季向覆盖物上撒施适量尿素并零星覆盖优质熟土，或者撒施腐熟的农家肥，促进秸秆腐烂还田。

7. 病虫害防治　为了避免所覆盖材料成为果树病虫栖息场所，覆盖后利用药剂进行病虫害的防治。防治对象主要包括：红蜘蛛、桃小食心虫、金纹细蛾及黑星病、白粉病、轮纹病、锈病等，通过投放毒饵进行鼠害防治。使用药剂应符合《绿色食品　农药施用准则》。

8. 注意事项

（1）覆盖尽量不要间断，否则表层根会受到严重损害。

（2）覆盖后地表暂时缺氮，需要增施氮肥。

（3）覆盖后果园的鼠害和晚霜也略有增加趋势。

（4）霜冻地区，早春应扒开覆盖物，地温回升后复原。

（5）覆盖后，不少病虫害栖息覆草中过冬，增加了病虫害发生危险。

（二）作物秸秆覆盖还田利用

作物秸秆是一种重要的生物质资源，富含热能和氮、磷、钾、微量元素等营养成分，是目前世界上仅次于煤炭、石油以及天然气的第四大能源。我国是一个农业大国，各类作物秸秆资源十分丰富，其资源拥有量居世界首位，且产量还在逐年增加，果园秸秆覆盖还田成为最为普遍的有机物覆盖方式。

1. 作物秸秆的成分　作物秸秆主要由纤维素、半纤维素、木质素、蛋白质和可溶性糖等物质组成，前 3 种成分占整个秸秆干质量的 80% 左右。不同作物秸秆中纤维素含量差异很大，同种作物因其不同产地的土壤和气候条件等因素，秸秆中纤维素含量亦不同。半纤维素广泛存在于植物中，主要作物秸秆中半纤维素含量介于 16.8%～35.0%，其含量受植物种属、成熟程度等因素影响。玉米秸秆中的半纤维素含量变化范围最大，最高可达 35.0%，最低仅为 16.8%，水稻秸秆中半纤维素含量变化范围最小，相差仅为 2.9%，其他作物秸秆中半纤维素含量变化范围不大。木质素是仅次于纤维素的第二大天然高分子有机化合物，占生物圈有机碳的 30%，是植物进化的一个重要标志。

2. 影响作物秸秆分解的因素

（1）化学组成。在秸秆组分中，水溶性和苯醇溶性物质以及蛋白质分解最快，半纤维素次之，纤维素再次之，木质素最难分解。

（2）碳氮比。秸秆的碳氮比总体看，相同条件下碳氮比越大，越难分解；反之，碳氮比越小越易分解。

（3）土壤条件。作物秸秆在土壤中的矿质化和腐殖质化过程，受土壤物理、化学和生物学性质直接或间接的影响，其中尤以温度和水分最为突出，土壤温度不但影响微生物的区系组成和活性，而且影响酶的活性，一般在 7～37 ℃范围内，不但淀粉和纤维素的分解迅速，而且木质素也开始被氧化。土壤温度过低或过高都会抑制土壤中微生物的活动和酶的活性。

（4）其他因素。影响作物秸秆分解的因素还有秸秆的数量、细碎程度、耕埋深度等。用量适度，比较细碎，全部埋入土中并分布均匀，土壤墒情好有利于分解；反之，分解缓慢。

3. 作物秸秆覆盖的生态效应

（1）改变了近地面下垫面的能量平衡。在气温高的季节，由于秸秆覆盖层降低了地表土壤接受太阳辐射，加之秸秆的导热性差，通常能够降低地温。此外，秸秆覆盖层在寒冬季节能阻碍地表长波辐射发生、减少热量损失，从而提高地温。秸秆覆盖对地温的影响不仅随季节变化，也随日变化。白天秸秆覆盖的地温最高值有所降低，秸秆覆盖具有降低地温作用，这主要是因为秸秆吸收太阳辐射后，秸秆导热率小，使得热量不易向地表传递。晚上地温降低时，秸秆覆盖层阻挡了地面长波辐射发生，减少了土壤热量散失，从而使夜晚的地温较高。

（2）改变了土壤理化性状。秸秆覆盖能减少人、畜践踏以及雨滴直接冲击，并可减轻地表蒸发、防止地表土壤收缩形成的龟裂、板结，有利于维持土壤疏松环境，从而降低土壤容重。秸秆覆盖给土壤带来大量碳源，产生激发效应，提高土壤微生物活性，促进秸秆碳矿化，提高土壤有机碳含量。秸秆富含的有机碳和土壤的腐殖质为土壤形成大团聚体提供了良好的物质基础，从而降低了土壤的不稳定团粒指数以及提高了团聚体数量。

（3）降低了土壤硝酸盐淋溶。在高氮肥用量情况下，大量硝酸盐在土壤累积会导致硝酸盐淋溶，进而引起水体富营养化，造成地表水、地下水污染，给环境带来危害。秸秆覆盖除能减少径流等引起的土壤硝酸盐淋溶外，还能促进土壤微生物生长、繁殖及活性提高，土壤矿质氮在微生物作用下能发生固持或转化为可溶性有机氮，进而降低土壤矿质氮含量，降低淋溶。

第三节　苹果园剪枝利用技术

一、苹果园修剪枝条堆肥的作用

（一）充分利用资源，改善果园生态
果树枝条粉碎物快速发酵堆肥技术，可将果农废弃的果树枝条变废为宝，既能充分利用资源，又能改善农村环境生态。

（二）生产有机肥，提高土壤质量
重要的是利用此项技术不仅可以获得纯正的高质量的有机肥，而且能极大地改善土壤理化性状，提高果园土壤有机质含量，是提高果实品质和经济效益的有效途径。

二、苹果园枝条堆肥原理

果园枝条堆肥，主要指在各类真菌、细菌等一系列微生物的综合作用下，采用人工控制发酵方式，使果树枝条中的可降解有机物质转化为矿物质，最终形成腐熟产品的过程。堆肥属于堆肥化过程的主要产物，其营养物质含量较高，属于有机肥料的一种，肥效较长，肥料性能稳定，能够使果树土壤理化性状得到更好改善。

三、苹果园枝条堆肥关键技术

（一）果园枝条堆肥
1. 枝条粉碎　用枝条粉碎机将新鲜枝条直接粉碎成 2～5 cm 大小即可。
2. 腐熟处理　将粉碎后的枝条碎片和畜禽粪便、作物秸秆等混合，加湿

到 60％ 左右的湿度，混入有益微生物菌和发酵剂，堆积高度 1 m 左右，用塑料布覆盖促进其发酵，冬季要发酵 6 个月，夏季 3 个月。

3. 腐熟后施用　充分腐熟后的枝条按有机肥施用技术，与土壤混合后施用在树冠外围吸收根密集分布区域即可。或将粉碎后的枝条碎片用多菌灵、辛菌胺、氯溴异氰尿酸等药剂喷雾杀菌并适当堆沤后，直接覆盖在果园地面，厚度 1～2 cm 即可。

此种方法可压制果园杂草缓慢提高果园土壤有机质，但需要大量的枝条，同时还要注意果园防火。

（二）影响果园枝条堆肥效果的因素

1. 环境温度　微生物活动过程中，温度对其影响特别大，即果树枝条的堆肥效果受外界温度的影响较大。微生物在生长代谢过程中，会释放一定的热量，使得堆体温度越来越高。

2. 土壤水分含量　在果园枝条堆肥的过程中，水分的重要作用体现在以下几方面：将有机物溶解；为微生物的新陈代谢提供水分；利用水分蒸发将堆肥的热量带走，保证堆肥温度不断下降。所以，堆肥原材料含水量对果树枝条堆肥反应速率影响较大。如果堆肥原料含水量比较低，堆肥产品质量会下降。

3. 通风效果　好氧微生物在氧气充足的条件下对有机物质实施快速的降解，这一过程被称为好氧堆肥，氧气含量对好氧堆肥效果影响特别大。通过定期对堆肥体进行通风，能够为堆肥体内的微生物提供充足氧气，保证堆肥体的温度得到更好控制。因此，为了进一步提升果树修剪枝条堆肥效果，技术操作人员需要定期进行通风。

4. 粉碎枝条粒径　利用粉碎机将堆肥原材料粒径进行合理调节，保证堆肥原材料的粒径符合相关规定数值，推动堆肥化进程，保证堆肥的发酵效果得到全面提升。

5. pH　在果树堆肥过程中，pH 对碳、氮含量影响较大，同时也会影响微生物的生长发育速度，当 pH 呈现中性亦或是弱碱性，则能够提高堆肥微生物的生长繁殖速率，当 pH 过高或者过低时，会对堆肥进程与微生物生长繁育产生抑制作用。

6. 微生物菌剂含量　堆肥发酵过程，主要指的是微生物经过代谢与繁殖，将堆肥中的有机物质进行充分分解，转化成无机态养分的过程。通过添加适量的微生物菌剂，使得堆肥中的微生物数量不断增多，保证堆肥腐熟效果得到进一步提升。

第四节　苹果园生草技术

苹果园生草是在苹果园内种植多年生草本植物的一种果园土壤管理方法。国内生草制也正在被有实施条件的新式果园逐步接受,但我国生草制至今仍处于小面积应用阶段。业已证明,生草制在改善果园环境效应、土壤生态效应、果树生理效应方面均有重要作用。果园绿肥是利用果园行间空地,因地制宜地种植豆科、禾本科、十字花科等绿肥作物,通过就地压青,地表覆盖等利用方式,施入果园的绿色植物体。果园生草根据生草的种类可以分为自然生草和人工生草。

一、苹果园生草的作用

(一)改善果园小气候

果园生草后,由于活地被物下垫面的存在,土壤容积热容量增大,而在夜间长波辐射减少,生草区的夜间能量净支出小于清耕区,缩小果园土壤的年温差和日温差,有利于果树根系生长发育及对水肥的吸收利用。果园空间相对湿度增加,空间水气压与果树叶片气孔下腔水气压差值缩小,降低果树蒸腾。近地层光、热、水、气等生态因子发生明显变化,形成了有利于果树生长发育的微域小气候环境。

(二)改善果园土壤环境

土壤是果园的载体,土壤质量状况在很大程度上决定着果园生产的性质、植株寿命、果实产量和品质。果园生草栽培,降低了土壤容重、增加土壤渗水性和持水能力。活地被物残体、半腐解层在微生物的作用下,形成有机质及有效态矿质元素,不断补充土壤营养,土壤有机质积累随之增加,有效提高土壤酶活性,激活土壤微生物活动,使土壤氮、磷、钾移动性增加,减缓土壤水分蒸发,促进团粒结构形成,有效孔隙和土壤容水能力提高。

(三)有利于果树病虫害的综合治理

果园生草增加了植被多样化,为害虫天敌提供了丰富的食物、良好的栖息场所,克服了天敌与害虫在发生时间上的脱节现象,使昆虫种类的多样性,富集性及自控作用得到提高,在一定程度上也增加了果园生态系统对农药的耐受性,扩大了生态容量。果园生草后优势天敌如东亚小花椿、中华草蛉及肉食性螨类等数量明显增加,天敌发生量大,种群稳定,果园土壤及果园空间富含寄生菌，制约着害虫的蔓延，形成相对较为持久的果园生态系统。

（四）促进果树生长发育，提高果实品质和产量

在果园生草过程中，树体微系统与地表牧草微系统在物质循环、能量转化方面相互连接，生草直接影响果树生长发育。试验表明，生草栽培果树叶片中全氮、全磷、全钾含量比清耕对照增加，树体营养的改善，生草后花芽比清耕对照可提高 22.5％，单果重和一级果率增加，可溶性固体物和维生素 C 含量明显提高。

二、自然生草

自然生草是采用多次刈割，清除恶性杂草来维护果树行间草本植被的一种技术。自然生草主要用于宽行密植的集约化果园，其他类型果园可参考应用。根据我国苹果园土壤管理现状，采用"行内清耕或覆盖、行间自然生草（＋人工补种）＋人工刈割管理"的模式，行内保持清耕或覆盖园艺地布、作物秸秆等物料，行间其余地面生草。

（一）自然生草选择

果园杂草种类众多，要重视利用禾本科乡土草种；以稗类、马唐等最易建立稳定草被。整地后让自然杂草自由萌发生长，适时拔除（或刈割）豚草、苋菜、藜、苘麻等植株高大、茎秆木质化的恶性杂草和牵牛花、萝藦、田旋花、卷茎蓼等缠绕茎的草。

（二）人工补种

自然生草不能形成完整被的地块需人工补种，增加草群体数量；人工补种可以种植商业草种，也可种植当地常见单子叶乡土草种（如马唐、稗、光头稗等）。采用撒播的方式，事先对拟撒播的地块稍加划锄，播种后用短齿耙轻耙使种子表面覆土，稍加镇压或踩实，有条件的可以喷水、覆盖稻草或麦秸等保墒，草籽萌芽拱土时撤除。

（三）刈割管理

在生长季节适时刈割，留茬高度 15～20 cm 为宜；雨水丰富时适当矮留茬，干旱时适当高茬，以利调节草种演替，促进以禾本科草种为主要建群种的草被发育，一定要避免贴地皮将草地上部割秃。

1. 刈割时间　刈割时间掌握在拟选留草种（如马唐、稗等）抽生花序之前，拟淘汰草种（如藜、苋菜、苘麻、豚草、牵牛花等）产生种子之前。

2. 刈割方法　环渤海湾地区自然气候条件下每年刈割次数以 4～6 次为

宜，雨季后期停止刈割。刈割的目的是要调整草被群落结构，并保证"优良草种"（马唐、稗等）最大的生物量与合理的刈割次数。例如，辽宁地区自然条件下，第一次刈割宜在套袋前进行，全园刈割，防止苋菜、藜等植株高大、秸秆木质化的阔叶草生长过于高大。第二次在雨季中期进行，此时单子叶草已成优势草种，只割行内，每行（幼龄）树行内 1 米范围内刈割，保留行间的草，增加果园蒸腾散水量，防止土壤过湿，引起植株旺长。第三次刈割可在雨季中后期，全园刈割一次，防止单子叶草抽穗老化。第四次刈割可在果实膨大末期（雨季后期），全园统刈割一次，减少双子叶植物结籽基数。最后一次刈割控制在摘袋前半个月左右，保证摘袋时草被形成新的草被叶幕层。

3. 施肥管理　实行生草制的幼龄园、矮砧园生长季注意给草施肥 2～3 次，已建立稳定草被的果园雨季给草补施 1～2 次以氮肥为主的速效性化肥，每亩用量 10～15 kg。

4. 翻耕管理　长期生草的果园表层土壤出现致密、板结现象时，应进行秋季耕翻，促进草被更新重建。耕翻时不宜一次性全园耕翻，可先隔行耕翻，翌年耕翻其余树行。

5. 病虫害防控　种群结构较为单一的商业草种形成的草被病虫害较重，尤其是白粉病、二斑叶螨等要注意防控。

6. 覆盖管理　树干基部的草越冬前清理干净，防止田鼠、野兔等越冬期间在草下啃啮树皮。

三、人工生草

人工生草就是在果树行间人工种植适宜草种的一种果园土壤管理方法。

（一）人工生草草种选择原则

（1）以低秆、生长迅速、有较高产草量、在短时间内地面覆盖率高的牧草为主。所采用的草种以不影响果树的光照为宜，一般在 50 cm 以下为宜，以匍匐生长的草最好。以须根系草较好，尽量选用主根分布较浅的草种。这样不至于造成与果树竞争肥水的矛盾。一般禾本科植物的根系较浅，须根多，是较理想的草种。

（2）与果树没有相同的病虫害。所选种的草，最好能成为害虫天敌的栖息地。生草的草种覆盖地面的时间长，而旺盛生长的时间短，可以减少与果树争肥争水的时间。

（3）要有较好的耐阴性和耐践踏性。

（4）繁殖简便，管理省工，适合机械化作业。

在生产上，选择草种时，不可能完全适合上述条件，但最主要的是选择生长量大、产草量高、覆盖率大和覆盖速度快的草种。也可选用两种牧草同时种植，以起到互补的作用。

（二）人工生草草种的选择

1. 商品草种的选择　苹果园应选择适应性强、植株矮小、生长速度快、鲜草量大、覆盖期长、容易繁殖管理的商品草种，现简要介绍苹果园常用的几种商品草种。

（1）红三叶。豆科草本植物，也称红车轴草、红荷兰翘。喜温暖湿润气候，最适气温在15～25 ℃，超过35 ℃，或低于－15 ℃都会使红三叶致死，冬季－8 ℃左右可以越冬。耐旱、耐涝性差，要求降水量在1 000～2 000 mm。主根较短，侧根、须根发达，根瘤可固氮。红三叶可条播也可撒播，撒播时行距15 cm左右，覆土0.5～1.0 cm，不宜过深。为了形成有竞争力的草被，可适当加大播种量，每亩播种1.5 kg。

（2）白三叶。豆科草本植物，又称白车轴草，喜温暖湿润气候，适应性广，耐酸、耐瘠薄，但不耐盐碱，不耐旱和长期积水，最适于生长在年降水量800～1 200 mm的地区，抗寒性较好，在积雪厚度达20 cm、积雪时间长达1个月、气温在－15 ℃的条件下能安全越冬。在我国西南、东南、东北、华中、华南各地均有栽培种。春季和秋季播种均可，建议亩播种量1.5 kg。可进行条播，条播行距20～30 cm，播种深度为1.0～1.5 cm。

（3）紫花苜蓿。又名紫苜蓿、苜蓿，豆科苜蓿属，多年生草本植物。产草量高，播后2～5年的每亩鲜草产量一般在2 000～4 000 kg，干草产量500～800 kg。根系发达、适应性广，喜欢温暖、半湿润的气候条件，抗旱、耐寒，对土壤要求不严。成年植株能耐零下20～30 ℃低温。在积雪覆盖下，－40 ℃低温亦不致受冻害。春秋季均可播种，以8月中旬至9月上旬播种为适宜，播种深度1.5～2.0 cm，亩播种量1.5 kg以上。

（4）毛叶苕子。豆科，一年生或两年生草本，主根发达，株高40 cm。在我国江苏、安徽、河南、四川、甘肃等省栽培较多，在东北、华北也有栽培。耐寒性较强，秋季－5 ℃的霜冻下仍能正常生长。耐旱力也较强，在年降水量不少于450 mm地区均可栽培。毛叶苕子春、秋播种均可。春播者在华北、西北以3月中旬至5月初为宜；秋播者在北京地区以9月上旬以前为好，陕西中部、山西南部也可秋播。亩播种量3～4 kg，条播行距30～40 cm。

（5）鼠茅草。禾本科一年生草本植物。根系发达，一般深达 30～60 cm。自然倒伏匍匐生长，生长季草被厚密，厚度 20～30 cm，可有效抑制杂草。在山东地区，播种时间以 9 月下旬至 10 月上旬最为适宜，翌年 3—5 月为旺长期，6 月中、下旬连同根系一并枯死。适宜的播种量是每亩 1.0～1.5 kg。

（6）黑麦草。禾本科，多年生草本植物。黑麦草秆高 30～90 cm，根系发达，但入土不深，须根主要分布于 15 cm 表土层中。喜温、湿气候，降水量500～1 500 mm 地方均可生长。春季和秋季均可播种，秋季播种生物量高。辽宁省春季播种在 4 月中旬左右，秋播在 8 月中旬至 9 月初，播种方式条播或散播均可，条播行距 15～30 cm，播种深度 1.5～2.0 cm，亩用种量 1.5 kg 左右。

（7）二月兰。十字花科，一年生或二年生草本，花蓝紫色。因农历二月前后开花，故称二月兰。株高 20～70 cm，普遍为 30～50 cm。根系发达，直根系较长，对土壤光照等条件要求较低，抗旱、耐寒、耐粗放管理。播种时间夏、秋均可，在辽宁地区以 8 月中旬最为适宜，9 月返绿，翌年 7 月种子成熟，植株枯死。亩播种量 1.5～2.0 kg。

2. 乡土草种的选择　人工生草的草种可选用当地乡土杂草种，最好选用耐粗放管理，生物量大、矮秆、浅根，与果树无共同病虫害且有利于果树害虫天敌及微生物活动的杂草，如马唐、狗尾草、空心莲子草和商陆等。马唐与狗尾草抗旱耐涝、管理粗放，产草量大，是新建果园应用的先锋草种。

（1）马唐。禾本科，一年生草本植物，株高 10～80 cm，直径 2～3 mm。马唐是一种生态幅相当宽的植物，从温带到热带的气候条件均能适应。它喜湿、好肥、嗜光照，对土壤要求不严格，在弱酸、弱碱性的土壤上均能良好地生长。耐粗放管理，一般每个生长季刈割 3～4 次，每次刈割高度在 10 cm左右。

（2）稗草。禾本科，一年生草本植物，稗草广泛分布于全国各地，长在稻田里、沼泽、沟渠旁、低洼荒地。株高 50～130 cm，须根庞大，茎丛生，光滑无毛。秆直立，基部倾斜或膝曲，光滑无毛，可在较干旱的土地上直立生长，茎亦可分散贴地生长。喜欢湿润多雨的季节，刈割后的再生能力较强，刈割后容易腐烂。

（3）牛筋草。禾本科，一年生草本植物。分布于我国南北各省，适宜温带和热带地区。株高 10～90 cm，秆丛生，基部倾斜，秆叶强韧，全株可作饲料，为优良保土植物。牛筋草根系极发达，吸收土壤水分和养分的能力很强，对土壤要求不高，立地条件较差的果园也可发展。

（4）狗尾草。禾本科，一年生草本植物。株高 30～100 cm，草被覆盖度可达 6％～100％。须根，秆直立或基部膝曲，适生能力强，抗旱、耐瘠薄，对土壤没有特殊要求，酸性或碱性土壤均可，常在农田、路边、荒地等地生长，立地条件较差的果园可发展。

（5）荠菜。十字花科，一年或两年生植物。又称护生草、稻根子草、地菜、小鸡草等，生长范围广，分布在我国各省，蔓生于路旁、沟边或田野。荠菜植株高 15～30 cm，根系较浅，须根不发达。荠菜为耐寒性植物，适宜于冷凉和湿润的气候，需要充足的水分，最适宜的土壤湿度为 30％～50％，对土壤要求不严格，一般在土质疏松、排水良好的土壤中可以发展。

（6）附地菜。紫草科，一年生草本植物。株高 5～30 cm，地面盖度可达 12％～53％。萌发生长较早，在辽宁地区 4 月上中旬开展萌发，5—6 月生物量大量形成，6 月末至 7 月初籽粒成熟，植株逐渐枯萎。茎丛生，一般生长较密集，基部的分枝较多，铺散于地面上，在土壤、光照较好的果园，容易形成绿色的草毯。由于植株矮小，不需要刈割，且生物量形成较早，是果园禾本科杂草搭配的适宜草种。在我国西藏、内蒙古、新疆、江西、福建、云南、东北、甘肃等地广泛分布。

（7）苋菜。苋科，一年生草本植物。株高 80～100 cm，有分枝，根系较发达，分布深广。植株生长季长，从春季 5 月中下旬萌发，6—7 月大量生长，8 月中下旬开花，直到 11 月后种子成熟枯萎。由于成熟后茎秆坚硬，因此建议在 7 月茎秆成熟前，全园旋耕、翻压，为后期杂草的生长创造条件。苋菜喜温暖，较耐热，生长适温 23～27 ℃，20 ℃以下生长缓慢，喜欢湿润土壤，但不耐涝，适应性强，全国范围内均有分布。

（三）人工生草技术

1. 灌溉整地　一般播种前需要根据土壤墒情灌水一次，灌水后每亩撒施 1 500 kg 腐熟农家肥，然后选择适宜果园内操作便捷的机械，如小型旋耕机等旋耕园区土壤，疏松 10～30 cm 土层土壤，实现肥土混匀，并平整土地。石块、树枝较多的果园需要及时清除，避免影响发芽。

2. 草种选择及播种量　草种购买后，播种前应做发芽率实验，一般种子的纯净度要求 90％以上，发芽率 85％以上。根据草种的习性，一般分为春播草种和秋播草种。具体播种时间根据地区气温高低略有差异，不同草种播种量也明显不同，需要具体对待。一般来讲，撒播实际播种量较条播增加 20％～30％。

3. 播种　条播播种行距 15～20 cm 即可，人工或条播机均可。白三叶、杂三叶等匍匐性较强的草种可采用撒播的方法。播种深度一般在 1～3 cm，黏重的土壤播种深度适当浅些，沙壤土播种深度深些；小粒种子播种宜浅，大粒种子宜深些。条播后用钉耙搂土覆盖，撒播的用钉耙往同一方向轻耙，将种子耙入土中。播种后需要立即进行人工脚踩或镇压器镇压，保证种子和土壤密切接触。镇压后及时灌水，保证 0～20 cm 土层湿润。

4. 肥水管理　幼龄园生长季补施 2～3 次尿素，防止树草营养竞争；建立完整草被后的果园雨季给草补施 1～2 次尿素，促进草的生长。每次每亩用量 10～15 kg。可以趁雨撒施。果树冬灌时，需及时灌水 1 次，以保持耕层 20 cm 以内土壤湿润。

5. 刈割管理　生长季节适时刈割，调节草种演替，以禾本科草为主要建群种。刈割时间掌握在拟选留草种（如马唐、稗等）抽生花序之前，拟淘汰草种（如藜、苋菜、苘麻等）产生种子之前。自然气候条件下每年刈割次数以 4～6 次为宜，雨季后期停止刈割。草长到 30～40 cm 时进行刈割，刈割留茬高度以 10～20 cm 为宜，雨水丰富时适当矮留茬，干旱时适当高留。秋播的当年不进行刈割，自然生长越冬后进入常规刈割管理。刈割的草可覆盖在树盘下，厚度 10 cm 左右，也可收集起来堆肥。

6. 杂草清除　生草初期应及时清除杂草，春季播种的鼠茅草需要人工去除杂草 2～3 次；从 4 月中旬开始，每隔 10 d 除草 1 次，直到鼠茅草长至高 20 cm、具备极强抑制杂草能力为止。

7. 覆盖管理　果园人工生草耐寒性差，在自然条件下不能安全越冬的草种需要在日平均气温接近 0 ℃时进行越冬覆盖。覆盖材料选择作物秸秆或刈割后的生草时，覆盖厚度为 5～8 cm；选用农膜覆盖时，覆盖宽度应宽于生草地的宽度，农膜厚度为 0.02 mm，四周用土压实。翌年返青后，平均气温回升至 5 ℃以上，及时清理覆盖材料。易腐烂的有机覆盖材料可直接覆盖于树盘下，其他材料清理出果园，做其他处理。

8. 病虫害防控　结合果树病虫害防控施药，给地面草被喷药，防治病虫害。种群结构较为单一的商业草种形成的草被病虫害较重，尤其锈病、白粉病、二斑叶螨等要注意防控。使用药剂应符合《绿色食品　农药施用准则》。

四、苹果园绿肥翻压利用技术

苹果园人工生草采用绿肥作物时，有条件的果园可以配合绿肥翻压利用技术。植物体翻压入土后，在微生物的作用下分解，把有机态养分转变成无机态养分，供作物吸收利用。

（一）绿肥翻压技术

1. 翻压时期 过早翻压产量低，植株较幼嫩，压青后分解过快，肥效短；翻压过迟，植株老化，养分多转移到种子中，茎叶养分含量较低，而且茎叶碳氮比大，在土壤中不易分解，降低肥效。一般豆科绿肥植株适宜的翻压时间为盛花至谢花期，禾本科绿肥植株最好在抽穗期翻压，十字花科绿肥植株最好在上花下荚期。间、套种绿肥作物的翻压时期，应与后茬作物需肥规律相互配合。

2. 翻压方法 先将绿肥茎叶切成长 10～20 cm 的段，然后撒在地面或施在沟内，随后翻耕入土 10～20 cm，沙质土可深些，黏质土可浅些。

3. 翻压量 应视绿肥种类、气候特点、土壤肥力的情况和作物对养分的需要而定。

（二）绿肥翻压利用的影响因素

1. 植物的老嫩程度 幼嫩绿色茎叶较枯老茎叶易于分解，因枯老茎叶纤维素、木质素多而水分少难以分解，切成碎片、细段的容易分解。所以不等老化就要翻压。

2. 植株含氮量 碳氮比大的分解困难，碳氮比小的分解较快。因此，施用较老硬的草种时可适当加施一些含氮多的肥料。

3. 土壤水分、温度和酸碱度 适宜的水分和近中性反应的环境有利于微生物的活动，分解较快，干旱、土壤过酸过碱、温度过高或低温都会影响分解。

五、苹果园生草种植误区

实行果园生草法代替清耕法，这是耕作制度上的一场大变革。果园生草法是一项新技术，多数果农还一知半解，因此在其栽培中还存在着一些问题，主要有以下五大误区。

（一）没有因地制宜选用草种

好多地方都引种白三叶，但白三叶耐旱性差，旱地果园种白三叶，一般死苗率达 30％以上，因此应因地制宜选用草种。灌区可选用耐阴湿的白三叶种植；旱地选用比较抗旱的草种种植。

（二）没有实行规格播种

一些果农将果园地面全部种成了草，这样树盘上种的草和树根发生了争水、争肥和争呼吸的矛盾，不利于果树正常生长。一般幼树园只能在树行间种草，其草带应距树盘外缘 40 cm 左右，作为施肥营养带；而成龄果园，可在行间和株间种草，但不能在树盘下种草。

（三）不重视苗期管理

许多果农种草后粗放管理，有的断条缺苗很严重，有的苗挤苗已形成了高脚苗，有的杂草丛生旺长，已压住了种下的草苗等。一般种草后遇到雨天，应及时松土解夹，并进行逐行查苗补苗。对于稠苗应及时间苗定苗，可适当多留苗，还可结合中耕彻底清除杂草，以利种下的草苗壮生长。

（四）不加强水肥管理

一些果农会有错误的想法，认为种草可以保水增肥，因此就放松了水肥管理，对种下的草一不施肥，二不灌水。一般来说，除了播种前施足底肥外，在苗期还应施提苗肥，施肥可结合灌水，也可趁下雨天撒施或叶面喷施。当果园天旱缺墒时，就要及时灌水。

（五）种下的草长期不刈割

有些果农在果园里种草后，即使草长得很高也不刈割。一般来说，多数生草，播种后的头一年，因苗弱根系小，不宜刈割，但从翌年开始，每年可刈割 3～5 次。当草长至 40 cm 左右时，就要刈割，并将刈割下的杂草覆盖在树盘上，以利保墒。多年生草，一般 5 年后已老化，就可进行秋翻压，使其休闲 1～2 年后，再重新播种生草。

第七章 <<<
苹果化肥减施增效技术模式

一、燕山山麓平原区苹果园高效平衡施肥技术模式

（一）技术概述

施肥是苹果生产中的一项重要管理内容，是否科学与精准直接影响产量和品质。目前果农施肥普遍存在以下问题：连年浅施有机肥，化肥撒施不覆土；重施氮、磷肥，轻施钾肥和中微量元素肥，肥料配比不合理；施肥时期不科学，不重视秋施基肥和分期施肥；施肥部位过于集中，造成局部烧根现象。通过实施苹果高效平衡施肥综合技术，能够根据苹果需肥规律、土壤供肥性能和肥料效应，在合理施用有机肥的基础上，适时、适量施用氮、磷、钾及中微量元素等肥料，有针对性地补充苹果树所需要的营养元素，缺什么补什么，缺多少补多少，实现各种养分在不同时期的均衡供应。该技术既能解决果农盲目大量施肥问题，又能增加产量，改善品质，增加收益，还能避免因过量施肥造成的土壤污染。

（二）技术效果

同常规施肥技术相比，苹果高效平衡施肥技术能提高肥料利用率7％，每亩减少化肥用量15 kg（折纯），土壤有机质每年提高 0.1％～0.3％，土壤理化性状得到改善，土壤污染情况得到有效遏制。

（三）适用范围

该技术适宜在燕山山麓平原区，低山丘陵区。苹果品系为红富士、金星和金冠系列。

（四）技术措施

1. 基肥

（1）施肥时期。秋季施肥最适宜的时间是 9 月中旬至 10 月中旬，及中熟品种采收后。对于晚熟品种如"红富士"，建议采收后马上施肥，越快越好。

（2）施肥品种。以有机肥为主，化肥为辅，增施生物肥料。有机肥包括豆

粕、豆饼类，生物有机肥类，羊粪、牛粪、猪粪、商品有机肥类，沼液、沼渣类，秸秆类等。化肥为复合肥，包括磷酸二铵、三元复合肥（高含量）等。

（3）施肥用量。基肥的用量，按照有效成分计算，宜占全年总施肥量的70%左右，其中化肥占全年的17%。

一般来说，有机肥根据土壤的肥力确定不同经济年龄时期的施肥量较为适宜。扩冠期，每年每亩施入有机肥 2 000～3 000 kg；压冠期，每年每亩施入有机肥 3 000～5 000 kg；丰产期，更应重施有机肥的施入，用量可根据产量而定，生产 1 kg 苹果要施入 1.5 kg 有机肥。根据树龄加入 10～15 kg 复合肥、50 kg 微生物肥料，适量硫酸亚铁、硫酸锌、硼砂等微肥。有机肥与化肥、生物肥料混合后施用。

（4）施用方法。采用挖沟法，挖沟类型有环状沟、放射沟和条状沟。环状沟：在树冠外围挖一环形沟，沟宽 20～50 cm，深度要因树龄和根的分布范围而异，小树可深些，大树一般挖深 40 cm。放射沟：即在树冠下距树干 1 m 左右处开始向外挖，根据树冠大小，向外挖放射沟 6～10 条，沟的深度和宽度同环形沟。条状沟即在树冠边缘稍外的地方，相对两面各挖一条施肥沟，深40 cm，宽 20 cm，沟上依树冠大小而定，下一年换到另外相对的两面开沟施肥。

（5）注意事项。有机肥必须要事先进行充分腐熟发酵，绝对不能直接施用生鲜堆肥，以免发生肥害、烧伤毛细根、加大病菌虫害扩繁。

2. 追肥

（1）追肥时期。追肥既为当季壮树和增产，也为果树翌年的生长结果打下基础。追肥的具体时间因品种、需肥规律、树体生长结果状况而定。一般情况下，全年分 3 次追肥为宜：第一次追花前肥或萌芽肥（4 月上旬），第二次追花后肥（5 月中旬），这两次肥能有效地促进萌芽、开花并及时防止因开花消耗大量养分而产生脱肥，提高坐果率，促进新枝生长。第三次追花芽分化和幼果膨大肥（5 月底至 6 月上旬），是为了满足果实膨大、枝叶生长和花芽分化的需要，此次施肥以钾肥为主。

（2）追肥品种。尿素、磷酸二铵、硫酸钾、缓控释肥料。

（3）追肥用量。经过多年的经验总结：幼树少施，大树多施；挂果少的少施，挂果多的多施；树干粗的少施，树弱的多施。

常规肥料：盛果期年施肥量为氮（N）36 kg，磷（P_2O_5）15 kg，钾（K_2O）30 kg。也可以根据盛果期果树，每生产 100 kg 果，需要施 N 1.5 kg、

P_2O_5 0.75 kg、K_2O 1.5 kg 来计算追肥数量。

花前追肥为尿素，每亩施用 30 kg；坐果期追肥，每亩施尿素 10 kg、磷酸二铵 15 kg、硫酸钾 30 kg；果实膨大期追肥为尿素 15 kg、磷酸二铵 10 kg、硫酸钾 20 kg。果实生长后期追肥为尿素 10 kg、磷酸二铵 7 kg、硫酸钾 10 kg。

缓控释肥：在花前期根据土壤养分状况，选用配方为 22 - 8 - 12、18 - 9 - 18、17 - 9 - 19、21 - 5 - 6 的缓控释肥料。盛果树每棵 2.5 kg，初果树每棵 1.5 kg，未结果树每棵 1.0 kg。

（4）追肥方法。在树冠下开环状沟或放射沟，沟深 20～30 cm，追肥后及时灌水。

（5）注意事项。一般成年果树每年追肥 2～4 次，依果园土质和树龄而定，沙质土或高温多雨季节，土壤养分易流失，追肥应少量多次；黏质土或低温季节，可减少追肥次数，用量适当增加。使用新型肥料可减少追肥次数。

3. 叶面施肥 在果树营养生长期，以喷施氮肥为主，浓度应偏低，如尿素为 0.3%～0.5%；生长季后期，以喷施磷、钾肥为主，浓度可偏高，如喷施 0.5% 磷酸二氢钾，喷施 0.5%～0.7% 尿素。花期可喷施（0.2%～0.3%）氮、硼、钙或光合微肥。

全年果园叶面喷施 2～3 次，主要补充磷、钾大量元素，钙、镁中量元素和硼、铁、锰、锌等微量元素。在苹果补钙关键临界期（落花后第三至五周）连喷 2 次钙宝 600～800 倍液，间隔 10 d。在采果前 30 d（套袋果内袋除后）用钙宝 600～800 倍液加磷酸二氢钾 300 倍液喷施 1 次，提高肥料利用率，维持微量元素的平衡，防止苹果缺钙痘斑病和苦痘病等病害的发生。

二、冀中南平原潮土类型区苹果园生物有机肥替代化肥施肥技术模式

（一）技术概述

1. 施肥现状 多年来果农一直沿用传统的施肥习惯，只注重产量而忽视品质，化肥投入量偏大，忽视了有机肥的施用，造成果品品质下降。

2. 果树生长必需元素 苹果树生长必需的大、中量元素有碳、氢、氧、氮、钾、钙、磷、镁、硫，微量元素有硼、锌、铁、铜、锰、钼、氯。

碳、氢、氧通过叶片的光合作用和水形成，氮、钾、钙、磷、镁、硫、硼、锌、铁、铜、锰、钼、氯等元素要通过土壤施肥和叶面追肥进行补充。

3. 生物有机肥替代化肥 生物有机肥添加了生物菌，通过充分发酵而得，它具有分解土壤内被固定的 N、P、K 等元素，疏松土壤，抗盐碱等功效；具

有改良修复土壤，抑制、驱避地下与地上病虫害，壮根发根，提高植物免疫力的作用。

生物有机肥替代化肥，不仅能提供苹果树所需养分，而且还能改善果实品质，提高商品价值。

(二) 技术效果

施用生物有机肥的果园，果实外观和内在品质明显提高，可溶性固型物含量增加10%~20%，果皮花青素含量增加 20%~30%，维生素 C 含量提高10%~30%，糖酸比提高20%~50%。同时，果色鲜艳、适口性好、商品价值也高；增施有机肥促进农产品生产的优质化、农村环境的清洁化，减少土壤和水体污染，利于保护生态环境。

(三) 适用范围

有机肥替代化肥是增加土壤有机质、提高产品品质的有效途径。此模式适用于冀中南平原潮土类型区果园。

(四) 技术措施

施用生物有机肥后减少原来化肥1/2的用量，同时还能增加果品的品质。

1. 施肥时间　最佳时间为秋季 9 月中旬苹果树新梢停止生长后作基肥施用，也可春季土壤解冻后发芽前施用。

2. 施用数量　盛果期的苹果树，每亩用量 300~500 kg。

3. 施肥方式　在树冠垂直投影 2/3 的地方开条形沟或环形沟，沟宽20 cm、深 20~30 cm。开沟施肥后覆土浇水，可与化肥同施。

(五) 推广前景

推广生物有机肥既是提供作物营养、实现农业增产增收的需要，也是保护土壤肥力与农村环境、实现循环经济的需要。无论是发展可持续的生态农业、发展无公害无污染的绿色农产品，还是减少农药和化肥的田间施用量以减少环境污染、降低生产成本，都将使得生物有机肥应用具有良好的推广前景。

三、晋南苹果"配方肥十生物有机肥"减肥增效技术模式

(一) 技术概述

利用测土配方施肥技术有针对性地补充作物所需的营养元素，实现各种养分平衡供应，满足作物的需要，从而达到提高作物产量、降低农业生产成本、保护农业生态环境的目的。

生物有机肥可调理土壤、激活土壤中微生物，克服土壤板结，增加土壤通透性，减少水分流失与蒸发，减轻干旱的压力，在减少化肥用量的情况下，提高土壤肥力，使农作物实现稳产提质。

（二）技术效果

苹果常规施肥每亩施尿素（N≥46%）50 kg、过磷酸钙（P_2O_5≥16%）150 kg、硫酸钾（K_2O≥50%）50 kg 作为底肥，果实膨大期追施高钾复合肥（15-5-25）50 kg，共施用化肥（折纯养分）94.5 kg；苹果"配方肥＋生物有机肥"化肥减量技术模式每亩施配方肥（折纯养分）65.5 kg，化肥（折纯养分）每亩用量减少 29 kg，减幅达 30.7%。

苹果应用"配方肥＋生物有机肥"化肥减量技术模式，既能提高土壤有机质含量，培肥改良土壤，还可利用生物有机肥的功能菌，促进被土壤固定养分的释放，提高肥料利用率。从而提高农产品品质，使果品色泽鲜艳、个头整齐、成熟集中，可溶性糖及维生素含量都有所提高，口感更好，有利于进入高端市场销售。

（三）适用范围

晋南盛果期果园。

（四）技术措施

1. 基肥 果实采收后（9 月下旬至 10 月上旬）每亩施配方肥（13-15-18）50 kg＋生物有机肥 200 kg。施肥方法为：距树干 15～30 cm 处，向外开挖 4～6 条放射状施肥沟，沟深 10～30 cm，沟宽 20～40 cm，长略超过树冠外沿。

2. 追肥 萌芽期每亩追施配方肥（28-6-6）50 kg；花芽分化期每亩追施配方肥（10-20-10）50 kg；果实膨大初期或着色前期每亩追施配方肥（15-5-25）50 kg。施肥方法均为穴施。

3. 叶面喷肥 于花序分离期、幼果期和果实膨大期叶面喷施中、微量元素水溶肥料各一次，每亩每次喷施中量元素水溶肥料 100 g＋微量元素水溶肥料 100 g，稀释 1 000 倍。

四、晋南苹果"沼渣沼液＋配方肥＋水溶肥"化肥减量技术模式

（一）技术概述

将畜禽粪便肥按 1∶10 的比例加水稀释，归集于多个沼气发酵池中，再按比例加入复合微生物菌剂，对畜禽粪便进行无害化处理，经过充分发酵后直接

入园。

将配方肥深施于树干周围，随后将腐熟的沼渣沼液通过地埋管道输入果园，随灌溉水一起施入提前开好的沟穴内，待水肥全部渗入土壤后，覆土保肥保墒。

（二）技术效果

果园常规施肥基肥用量为每亩施用商品有机肥 150 kg＋配方肥（15－15－15）150 kg＋三次追肥（15－15－15）120 kg，全年施用化肥（折纯）121.5 kg；化肥减量模式的果园基肥用量为配方肥（15－17－13）120 kg＋三次水溶肥料追肥（折纯）21 kg，全年合计施用化肥（折纯）75 kg。化肥减量模式和常规施肥模式相比，化肥（折纯）每亩用量减少 46.5 kg，减幅为 38.3%。

应用"商品有机肥＋配方肥＋水溶肥"化肥减量技术模式，增加了有机肥的施入比例，土壤保水、保肥能力增强，肥效持久，水肥供应平衡，使果实外观和内在品质明显提高，达到了提质增效的目的。

（三）适用范围

晋南高产果园。

（四）技术措施

将经过沼气发酵池充分发酵后的沼渣沼液，通过地埋管道，分春、秋两季冲施于果园。

1. 基肥

（1）施肥时期及数量。施肥时期：果实采摘前后（9 月下旬至 10 月上旬）；施肥数量：每亩施配方肥 120 kg，沼渣沼液 270 m³。

（2）施肥方式。先将配方肥以放射状或条状施于果树周围，施肥深度 20～40 cm，沼渣沼液结合灌溉开沟施于树干周围。

2. 追肥

（1）第一次追肥。萌芽至开花期（3 月中旬至 4 月上旬），每亩追含有机质的高氮水溶肥料（35－10－15）10 kg，用施肥枪注入果树周边土壤，同时结合灌溉追入沼渣沼液 35 m³。

（2）第二次追肥。果实第一次膨大期（5 月下旬至 6 月上旬），每亩追含有机质的高磷水溶肥（10－35－15）10 kg＋菌液 0.5～1 kg，用施肥枪注入果树周边土壤。

（3）第三次追肥。果实第二次膨大期（7 月下旬至 8 月上旬），每亩追含有机质的高钾水溶肥料（10－10－40）15 kg＋菌液 0.5～1 kg，用施肥枪注入果树周边土壤。

五、渤海湾地区苹果园"有机肥＋配方肥＋自然生草"技术模式

（一）技术概述

辽宁渤海湾地区苹果施肥及管理普遍存在以下问题：一是有机肥施用少或者不施；施肥方法不当，普遍地面浅施。二是化肥施用量大，并且氮、磷、钾配比不合理，许多果农全程施用均衡配方的肥料，施肥方法不当，地面撒施不覆土。三是重施氮、磷、钾，轻施中微量元素肥料。四是存在许多清耕果园。

通过实施有机肥＋配方肥＋自然生草综合技术，即在秋季增施有机肥基础上，采用测土配方施肥技术合理配施底肥和追肥，并于生长期采取行间自然生草制。增施有机肥，既改良土壤，又提供养分，可以稳定产量，改善果实品质。实施测土配方施肥技术，推荐大中微量元素的施用量、施用时期和施用方法，实现各种养分均衡供应，促进苹果树体生长发育，改善果实品质。果园自然生草是人工选择自然生杂草，控制不良杂草对果树和果园土壤的有害影响，是一项先进、实用、高效的土壤管理方法。实施该技术，近地层光、热、水、气等生态因子会发生明显变化，形成了有利于果树生长发育的小气候环境。

（二）技术效果

同常规施肥技术相比，苹果有机肥＋配方肥＋自然生草技术可以提高肥料利用率5％以上，减少化肥施用量10 kg以上，增产率5％以上。果园土壤理化性状得到明显改善。

（三）适用范围

该技术适用于辽宁渤海湾区域以及其他水肥条件较好的区域。

（四）技术措施

1. 基肥

（1）施肥时期。秋季施肥最适宜的时间是9月中旬至10月中旬，果实采收后施用。

（2）施肥类型。有机肥包括豆粕、豆饼类，生物有机肥类，羊粪、牛粪、猪粪、商品有机肥类，沼液、沼渣类，秸秆类等。化肥选用尿素、磷酸二铵和硫酸钾单质肥料或18－13－14（或相近配方）高氮磷复混肥。

（3）施肥量。每亩施农家肥（羊粪、牛粪等）2 000 kg，或优质生物肥500 kg，或饼肥200 kg，或腐植酸200 kg。每生产1 000 kg苹果需要施尿素5.0 kg、磷酸二铵5.0 kg、硫酸钾5.0 kg或者18－13－14（或相近配方）配方

肥 18 kg 左右。

（4）施肥方法。采取沟施或穴施，沟施时沟宽 30 cm 左右、长度 50～100 cm、深 40 cm，分为环状沟、放射沟以及株间条沟。穴施时根据根冠大小，每株树 4～6 个穴，穴的直径和深度为 30～40 cm。每年再交换位置挖穴，穴的有效期为 3 年。施用时将有机肥、化肥与土混匀。

2. 追肥

（1）施肥时期。第一次膨果肥在果实套袋前后即 6 月初施用；第二次膨果肥在果实膨大期即 7—8 月施用。

（2）肥料类型。

第一次膨果肥：每生产 1 000 kg 苹果施尿素 6.0 kg、磷酸二铵 1.7 kg、硫酸钾 5.0 kg 或者施 22 - 5 - 18（或相近高氮高钾配方）配方肥 15 kg 左右。

第二次膨果肥：每生产 1 000 kg 苹果施尿素 2.5 kg、磷酸二铵 1.7 kg、硫酸钾 6.5 kg 或者 12 - 6 - 27（或相近高氮高钾配方）配方肥 15 kg 左右。

（3）施肥方法。采用放射沟法或穴施。

（五）中微量元素施用

1. 底肥施用 根据外观症状每亩施用硫酸锌 1～2 kg、硼砂 0.5～1.5 kg。土壤 pH 在 5.0 以下的果园，每亩施用石灰 150～200 kg 或硅钙镁肥 50～100 kg。与有机肥一起混匀施用。

2. 根外施肥 根外施肥时期、浓度和作用见表 7 - 1。

表 7 - 1　苹果根外施肥时期、浓度和作用

时期	种类、浓度（用量）	作　用	备　注
萌芽前	3%尿素＋0.5%硼砂	增加贮藏营养	特别是上年落叶早的果园，喷 3 次，间隔 5 d 左右
萌芽前	1%～2%硫酸锌	矫正小叶病	主要用于易缺锌的果园
萌芽前	1%～2%硫酸锌	矫正小叶病	主要用于易缺锌的果园
萌芽后	0.3%～0.5%硫酸锌	矫正小叶病	出现小叶病时应用
花期	0.3%～0.4%硼砂	提高坐果率	可连续喷施 2 次
新梢旺长期	0.1%～0.2%柠檬酸铁	矫正缺铁黄叶病	可连续喷施 2～3 次
5—6 月	0.3%～0.4%硼砂	防治缩果病	可连续喷施 2 次

（续）

时期	种类、浓度（用量）	作　用	备　注
落叶前	0.3%～0.4%硝酸钙	防治苦痘病	在套袋前连续喷施3～4次
	1%～10%尿素＋0.5%～2%硫酸锌＋0.5%～2%硼砂	增加贮藏营养，防生理性病害	主要用于早期落叶、不落叶、缺锌、缺硼的果园。浓度前低后高，喷3次，间隔7 d左右

（六）自然生草技术

1. 处理方法　让自然杂草自由萌发生长，适时拔除（或刈割）豚草、苋菜、藜、苘麻、葎草等高大恶性草。

2. 刈割管理　生长季节适时刈割，调节草种演替，促进以禾本科草为主要建群种的草被发育。每年刈割次数以4～6次为宜，雨季后期停止刈割。刈割留茬高度20 cm左右为宜。刈割下来的草覆在行内垄上。

六、胶东丘陵区苹果"有机肥＋水肥一体化＋酸化土改良"技术模式

（一）技术概述

苹果是多年生植物，许多果农为了追求高产和大果，盲目增施肥料、偏施氮肥、有机肥施用不足、不合理灌溉、养分利用效率低等现象普遍存在，不仅造成了水分和肥料的大量浪费，同时也导致土壤板结、酸化、养分比例失调以及有害微生物的大量繁殖，从而导致果树产量、品质降低。"有机肥＋水肥一体化＋酸化土改良"模式是针对胶东丘陵区果园存在的问题而展开的技术研究。有机肥主要使用商品有机肥或农家肥，不仅能改良土壤、培肥地力，还能提高产量和改善品质；通过水肥一体化技术，能够精确地控制灌水量和施肥量，显著提高水肥利用效率；改良酸性土壤，对于提高苹果品质、保护生态环境安全、促进耕地资源的可持续利用，均具有重要的战略意义和现实意义。

（二）技术效果

经初步测算，该技术模式与农民习惯管理果园相比，苹果产量提高10%～15%，采用水肥一体化较传统方式节水25%～40%、节肥30%～50%、省工80%，增施有机肥，可增加土壤有机质含量，改善土壤团粒结构，改良酸化土壤，可防止养分流失，提高土壤肥力，恢复酸性土壤的生产力。该技术

模式可培肥地力、减少化肥用量、提高肥料利用率、减少对环境资源的污染，达到生态环保的效果。

（三）适用范围

该技术模式适用于烟台丘陵区，亩产量 3 000~4 000 kg，种植红富士、金冠、嘎拉、红将军等品种的苹果园，山东其他地方的丘陵区果园也可借鉴。

（四）技术措施

1. 施肥原则

（1）增施有机肥。提倡有机无机配合施用。

（2）优化化肥品种结构。胶东果园土壤普遍酸化，建议少施酸性或生理酸性肥料。氮肥少施铵态氮肥，建议多施用硝态氮肥，如硝酸钙、硝酸钾等；磷肥可选用磷酸一铵或磷酸二铵，推广施用聚磷酸铵肥料；钾肥可选用氯化钾、硝酸钾、磷酸二氢钾、钾硅肥、硫酸钾等，不选用含游离酸高的硫酸钾；中微量元素肥选用硝酸钙、生石灰、硼砂、硼酸钠、硫酸镁。

（3）出现土壤酸化的果园可通过使用生石灰、氧化镁、贝壳粉等矿物源土壤改良剂调节土壤酸碱度。

（4）施肥应与果园生草、水肥一体化等高产栽培技术相结合。

2. 基肥

（1）基肥施用时期。基肥最适宜的施用时间是 10 月下旬至 11 月上旬，对于晚熟品种，建议采收后马上施用。追肥可采用水肥一体化技术分多次施用。

（2）基肥用量。一般早熟品种或土壤肥沃、树龄小、树势强的果园每亩施农家肥 2 000~3 000 kg，晚熟品种、土壤瘠薄、树龄大、树势弱的果园施农家肥 3 000~4 000 kg，或每亩施用商品有机肥 500 kg 以上。一般基施纯氮 10.5 kg、五氧化二磷 8 kg、氧化钾 8.75 kg，可选用三元复合肥（22-7-11）50 kg，如果土壤氮、磷养分不足每亩可加施 10 kg 磷酸二铵（N 21%、P_2O_5 53%）。每亩施硼砂 1 kg、硫酸锌 1.5 kg、硝酸钙 30~50 kg。

（3）施用方法。基肥采用放射沟施，施用时以主干为中心，距主干 50 cm 以放射状向外挖沟，数量6~8条，近树干沟浅而窄，宽、深约 20 cm，外围沟宽、深 40~50 cm，沟长达树冠垂直投影边缘外 50 cm。挖沟时注意保护果树大根以免误伤。追肥采用在树冠下挖放射沟或环状沟，沟深 15~20 cm。

3. 追肥

（1）追肥时期。采用水肥一体化技术，追肥可多次少施。整个生育期可在花前、初花期、花后、初果和果实膨大期进行管道施肥。

（2）追肥用量。每亩共需纯氮、五氧化二磷、氧化钾分别为 22.90 kg、11.05 kg、28.47 kg（表 7 - 2）。前期需要高氮低磷中钾，建议用 17 - 10 - 18 苹果配方肥；膨大期宜选用低氮中磷高钾型配方肥，如 12 - 11 - 18；膨果肥也可选用高钾配方 15 - 5 - 30、16 - 8 - 34 水溶性肥料。或选用尿素（N 46%）、工业级磷酸一铵（N 12%、P_2O_5 61%）、硝酸钾（N 13%、K_2O 46%）3 种水溶性基础肥料配制。

表 7 - 2　苹果亩产 3 000～4 000 kg 微灌施肥方案

生育时期	灌溉次数	每亩每次灌水定额（m³）	每亩每次施肥的纯养分量（kg）				灌溉方式
			N	P_2O_5	K_2O	小计	
收获后	1	30	10.5	8	8.75	27.25	沟灌
花　前	1	15	5.3	1.18	3.3	9.78	微灌
初花期	1	15	5.3	1.17	3.3	9.77	微灌
花　后	1	20	3.15	2.9	4.75	10.8	微灌
初　果	1	20	3.15	2.9	4.75	10.8	微灌
果实膨大期	1	20	3.0	1.6	6.15	10.75	微灌
果实膨大期	1	20	3.0	1.6	6.15	10.75	微灌
合　计	7	140	33.4	19.05	37.22	89.67	

4. 酸化土改良　出现土壤酸化的果园可通过贝壳粉等矿物源土壤改良剂或生石灰调节土壤酸碱度，用量 50～100 kg，目标 pH 6.0～6.5，应用生石灰改良果园酸化土壤时，注意均匀撒施，施后与土混合，避免因集中施用损伤果树根系。

5. 种植鼠茅草　9 月底、10 月初在果园行间种植鼠茅草，撒播，每亩播量 1.5～2 kg，每年的 6 月自然倒伏，种子散落后翌年自然发芽，每 3～5 年更新一次，有补充土壤有机质的作用。

6. 注意事项　水肥一体化技术一般要求肥料水溶性好、无杂质沉淀，以免堵塞管道和滴头；最好选用中性或弱酸性水溶肥以免造成土壤酸化。滴水 5 min 后开始滴肥，待 15 min 后，停止滴肥，再滴 5 min 清水，防止肥料残渣堵孔。

7. 根外追肥　根外施肥一般与喷洒农药相结合，开花前喷施浓度为 0.3%～0.5% 的硼砂或 1 500 倍硼酸钠，2～3 次；果实套袋前喷施浓度为 1 500倍康朴液钙或 0.2%～0.4%硝酸钙，一般为 3 次；生育后期喷施 0.2% 磷酸二氢钾。在采前 4 周和 2 周喷施浓度为 1 500 倍康朴液钙。

七、鲁中山区苹果园高效平衡施肥技术模式

（一）技术概述

施肥是苹果生产中的重要管理内容之一，科学合理施肥有利于提高苹果产量和品质，滥施肥料则不仅导致肥料利用率低、果实品质下降，还带来土壤质量下降、水体富营养化和温室气体排放等生态环境问题。目前果农施肥普遍存在以下问题：苹果园土壤有机质含量低，有机肥投入不足；氮、磷肥用量偏高，中微量元素养分投入不足，肥料增产效率低，生理性病害发生严重；过量施用化肥不仅不能大幅度提高苹果树产量，而且易引发苦痘病、黑点病、缩果病、黄叶病、小叶病和粗皮病等生理性病害。高效平衡施肥是基于果园养分状况和果树营养特性基础之上，以高产、优质、高效和环保为目标，最大限度实现经济效益、生态效益和社会效益的最佳化。该技术既能解决果农盲目大量施肥问题，又能增加产量、改善品质、增加收益，还能避免因过量施肥造成的土壤污染。

（二）技术效果

同常规施肥技术相比，苹果高效平衡施肥技术能提高肥料利用率 10％，每亩减少化肥用量 25 kg（折纯）；苹果每亩产量增加 6％左右。土壤有机质含量得到提升，土壤理化性状得到改善，土壤污染情况得到有效遏制。

（三）适用范围

该技术适宜在山东省鲁中低山丘陵区。苹果品系为红富士、沂源红、红将军、太平洋嘎拉等系列。

（四）技术措施

1. 基肥

（1）施肥时期。秋季施肥最适宜的时间是 9 月中旬至 10 月中旬，即中熟品种采收后，此时正是根系最后一次生长高峰，气温、土温、墒情均较适宜，既有利于根系伤口愈合恢复，基肥又能尽快分解转化，利于果树吸收，增加贮藏营养，为翌年春季萌芽、开花、坐果提供充足营养保证。晚熟品种如"红富士"等，果实采摘前施肥不方便，应在果实采收后马上施肥，越快越好。

（2）施肥原则。有机肥为主，化肥为辅，增施生物肥料。

（3）有机肥的施用。

① 有机肥类型。以有机肥为主，化肥为辅，增施生物肥料。有机肥包括豆粕、豆饼类，生物有机肥类，羊粪、牛粪、猪粪、商品有机肥类，沼液、沼

渣类，秸秆类等。有机肥必须要事先进行充分腐熟发酵，绝对不能直接施用未腐熟堆肥，以免发生肥害、烧伤毛细根、加大病菌虫害扩繁。

② 有机肥施用量。一般来说，有机肥根据土壤的肥力确定不同经济年龄时期的施肥量较为适宜。扩冠期，每年每亩施入有机肥 2 000～3 000 kg；压冠期，每年每亩施入有机肥 3 000～5 000 kg；丰产期，更应重施有机肥的施入，用量可根据产量而定，一般亩产 2 000 kg 以上的果园达到"斤果斤肥"的标准，即每生产 1 kg 苹果需施入优质有机肥 1 kg；亩产 2 500～4 000 kg 的丰产园，有机肥的施用量要达到 1.5 倍的水平。也可每亩施用优质生物肥 500 kg，或饼肥 200 kg，或腐植酸 200 kg。

③ 有机肥施用方法。有机肥建议采用集中施用、局部优化的方式进行，可采取沟施或穴施，沟施时沟宽 30 cm 左右、长 50～100 cm、深 40 cm 左右，分为环状沟、放射状沟以及株（行）间条沟。穴施时根据树冠大小，每株树 4～6 个穴，穴的直径和深度为 30～40 cm。每年交换位置挖穴，穴的有效期为 3 年。施用时将有机肥等与土充分混匀。

（4）化肥的施用。

① 化肥类型和用量。

采用单质化肥的类型和用量：在土壤有机质含量 10 g/kg、碱解氮 80 mg/kg、有效磷 60 mg/kg 和速效钾 150 mg/kg 左右情况下，每生产 1 000 kg 苹果需要施氮肥（折纯氮）2.4～4 kg（换算成尿素为 5.2～8.7 kg），最适用量为 3.2 kg 左右；施磷肥（折纯五氧化二磷）1.8～3 kg（换算成 18% 过磷酸钙为 10～16.7 kg），最适用量为 2.4 kg 左右；施钾肥（折纯氧化钾）2.1～3.3 kg（换算成硫酸钾为 4.2～6.6 kg），最适用量为 2.6 kg 左右。在土壤碱解氮小于 55 mg/kg、有效磷小于 30 mg/kg 和速效钾小于 50 mg/kg 情况下取高值；而在土壤碱解氮大于 100 mg/kg、有效磷大于 90 mg/kg 和速效钾大于 200 mg/kg 或采用控释肥、水肥一体化技术等情况下取低值（下同）。

采用复合肥的配方和用量：建议配方为氮∶磷∶钾＝18∶13∶14（或相近配方），每 1 000 kg 产量用复合肥 18 kg 左右。

中微量元素肥料类型和用量：根据外观症状每亩施用硫酸锌 1～2 kg、硼砂 0.5～1.5 kg。土壤 pH 在 5.5 以下的苹果园，每亩施用石灰 150～200 kg 或硅钙镁肥 50～100 kg。

② 施肥时期和方法。与有机肥混匀施用。

2. 春季钙肥的施用　在 3 月中旬至 4 月中旬施一次钙肥，每亩施硝酸铵钙 40～60 kg，尤其是苹果苦痘病、裂纹等缺钙严重的苹果园。

3. 追肥

（1）追肥时期。追肥既是当季壮树和增产的肥料，也为果树翌年的生长结果打下基础。追肥的具体时间因品种、需肥规律、树体生长结果状况而定。一般情况下，全年以 3 次追肥为宜：4 月下旬，追花后肥，这次追肥能有效地防止因开花消耗大量养分而产生脱肥，提高坐果率，促进新枝生长。6 月上旬，追第一次膨果肥，是为了满足果实膨大、枝叶生长和花芽分化的需要。8 月上旬，追第二次膨果肥，是为了满足果实膨大生长、提高品质的需要。

（2）花后肥的施用。根据树势进行追肥，树势弱的，可每亩追尿素 6.9～9.2 kg；树势过旺的不用追施。

（3）第一次膨果肥的施用。

① 化肥类型和用量。采用单质化肥的类型和用量：在土壤有机质含量 10 g/kg、碱解氮含量 80 mg/kg、有效磷含量 60 mg/kg 和速效钾含量 150 mg/kg 左右情况下，每生产 1 000 kg 苹果需要施氮肥（折纯氮）2.4～4 kg（换算成尿素为 5.2～8.7 kg），最适用量为 3.2 kg 左右；施磷肥（折纯五氧化二磷）0.6～1 kg（换算成 18% 过磷酸钙为 3.3～5.6 kg），最适用量为 0.8 kg 左右；施钾肥（折纯氧化钾）2.1～3.3 kg（换算成硫酸钾为 4.2～6.6 kg），最适用量为 2.6 kg 左右。

采用复合肥的配方和用量：建议配方为氮∶磷∶钾=22∶5∶18（或相近配方），每 1 000 kg 产量用复合肥 14.5 kg 左右。

② 施肥时期和方法。在果实套袋前后，即 6 月初进行施肥。采用放射状沟施或穴施，施肥深度 15～20 cm。

（4）第二次膨果肥的施用。

① 化肥类型和用量。

采用单质化肥的类型和用量：在土壤有机质含量 10 g/kg、碱解氮含量 80 mg/kg、有效磷含量 60 mg/kg 和速效钾含量 150 mg/kg 左右情况下，每生产 1 000 kg 苹果需要施氮肥（折纯氮）1.2～2 kg（换算成尿素为 2.6～4.4 kg），最适用量为 1.4 kg 左右；施磷肥（折纯五氧化二磷）0.6～1 kg（换算成 18% 过磷酸钙为 3.3～5.6 kg），最适用量为 0.8 kg 左右；施钾肥（折纯氧化钾）2.8～4.4 kg（换算成硫酸钾为 5.6～8.8 kg），最适用量为 3.5 kg 左右。

采用复合肥的配方和用量：建议配方为氮∶磷∶钾=16∶6∶26（或相近

配方），每1 000 kg产量用复合肥 12 kg 左右。

②施肥时期和方法。在果实第二次膨大期，即 7 月底至 8 月初进行。采用放射状沟施或穴施，施肥深度为 15～20 cm，最好采用少量多次法，水肥一体化技术最佳。

4. 根外施肥

相对大量元素氮、磷、钾，果树对中微量元素的需求量相对较少。正常条件下，土壤所含有的中微量元素基本可满足苹果树正常生长的需要。但在高产园、有土壤障碍发生或大量元素肥料施用不合理的苹果园，以及土壤中微量元素含量低的地区，往往会出现中微量元素缺乏问题。在此类苹果园中，中微量元素肥料施入土壤后养分有效性较低，因此中微量元素肥料建议采用叶面喷施的方法进行补充，具体根外施肥时期、浓度和作用见表 7-3。

表 7-3　苹果根外施肥时期、浓度和作用

时期	种类、浓度（用量）	作　用	备　注
萌芽前	3%尿素＋0.5%硼砂	增加贮藏营养	特别是上一年落叶早的苹果园，喷 3 次，间隔 5 d 左右
萌芽前	1%～2%硫酸锌	矫正小叶病	主要用于易缺锌的苹果园
萌芽后	0.3%～0.5%硫酸锌	矫正小叶病	出现小叶病时应用
花期	0.3%～0.4%硼砂	提高坐果率	可连续喷施 2 次
新梢旺长期	0.1%～0.2%柠檬酸铁	矫正缺铁黄叶病	可连续喷施 2～3 次
5—6 月	0.3%～0.4%硼砂	防治缩果病	可连续喷施 2 次
	0.3%～0.4%硝酸钙	防治苦痘病	在套袋前连续喷施 3～4 次
落叶前	1%～10%尿素＋0.5%～2%硫酸锌＋0.5%～2%硼砂	增加贮藏营养，防生理性病害	主要用于早期落叶、不落叶、缺锌、缺硼的苹果园。浓度前低后高，喷 3 次，间隔 7 d 左右

八、豫西山地丘陵区苹果水肥一体化节肥增效技术模式

（一）技术概述

水肥一体化是水和肥同步供应的一项集成农业技术，保证作物在吸收水分的同时吸收养分，又称"灌溉施肥"或"水肥耦合"。果树水肥一体化主要是在有压水源条件下，通过施肥装置和灌水器，将肥水混合液输送至作物根系附

近的技术。果树水肥一体化技术包括滴灌施肥、渗灌施肥、小管出流施肥以及环绕滴灌施肥等方法。环绕滴灌施肥是在原来的滴灌施肥技术基础上对滴头布置方式进行适当改进,同时配套生草覆盖、地布覆盖(既可防治杂草,减少蒸腾,又透气性好,雨水可以渗入)等农艺措施,节水节肥增效效果显著,有广阔的应用前景。

(二)技术效果

水肥一体化施肥技术是由管道准确适时适量地向作物的根层供水,并可局部灌溉施肥,提高水的利用率;由于减少了肥料的流失,提高了肥效,同时滴灌施肥多集中在根层附近,容易被作物吸收,肥料利用率较高;因为水肥合理配合,增产增收效果明显。此外,还可改善土壤的环境结构,滴灌浇水比较均匀,用水少,保持了土壤疏松,不容易板结。

(三)适用范围

适用于豫西山地丘陵缺水地区,依据不同地区、不同气候、土壤条件和降水情况,水肥用量需及时调整。

(四)技术内容

1. 环绕滴灌施肥核心技术

(1)系统组成。环绕滴灌施肥首部枢纽由水泵、动力机、变频设备、施肥设备、过滤设备、进排气阀、流量及压力测量仪表等组成。每行果树沿树行布置一条灌溉支管,距树干 50 cm 处,铺设一条环形滴灌毛管,直径 1 m 左右,围绕树干铺设一条环形滴灌管;在滴灌管上均匀安装 4～6 个压力补偿式滴头,形成环绕滴灌。其中,幼龄果树 4～5 个滴头,成年果树 6 个滴头,流量 4.2 L/h。

(2)操作要点。在正常年份,全生育期滴灌 5～7 次,每亩总灌水量 110～150 m³;随水施水溶肥 3～4 次,每次 3～6 kg。果树萌芽前,以放射沟或环状沟施肥方式施入三元复合肥(20 - 10 - 20)50～60 kg,花后每亩滴施水溶性配方肥 10～15 kg,$N:P_2O_5:K_2O$ 比例以 20:10:10 为宜。果实膨大期结合滴灌施肥 1～2 次,每亩每次滴施水溶性配方肥 10～15 kg,$N:P_2O_5:K_2O$ 比例以 10:10:20 为宜。果实采收后,沿树盘开沟每亩基施腐熟有机肥 3 000～4 000 kg。

2. 配套技术

(1)枝条粉碎覆盖。果园修剪后的果树枝条用粉碎机粉碎后,将其均匀覆盖在树盘周围。每棵果树覆盖量 45～60 kg,覆盖厚度 2～3 cm,可减少蒸发和杂草,提高果实品质。

（2）行间生草覆盖。首先要选择适宜的草种，可以利用天然草，也可以人工种植。人工生草采用的草种以多年生草种为主。豆科有三叶草、矮化草木樨，禾本科有多年生黑麦草、狗尾草等。

（3）施用保水剂。保水剂一般分为丙烯酰胺和淀粉丙烯酸盐共聚交联物两类。前者使用寿命长，但吸水倍率低。第一年可适当多施，连年施用时应减少用量。后者吸水倍率高，但在土壤中蓄水保墒能力只有两年左右，可不考虑以往是否用过。

九、豫西山区苹果园综合减肥增效技术模式

（一）技术概述

豫西山区和全国多数果区一样，存在着化肥尤其是氮肥过量施用现象，不但造成生产成本过高，也加剧了环境污染，降低了果品质量。针对施肥方面存在的问题，分别制定适合本区域的有机苹果、绿色苹果、果园生草、果鹅共养综合减肥增效技术模式，配合全园水肥一体化技术，以生产不同果品苹果，适合不同层次需求。

有机苹果减肥增效技术模式利用生物有机肥激活土壤中微生物活跃率、克服土壤板结；在减少化肥用量或逐步替代化肥的情况下，增强土壤保水保肥能力，提高农产品产量、品质，增强作物抗病、抗逆性。生物有机肥中的有益微生物进入土壤后与土壤中微生物形成相互间的共生增殖关系，抑制有害菌生长并转化为有益菌，相互作用，相互促进，起到群体的协同作用，有益菌在生长繁殖过程中产生大量的代谢产物，促使有机物的分解转化，能直接或间接为作物提供多种营养和刺激性物质，促进和调控作物生长。

绿色苹果减肥增效技术模式，按照绿色农业的原则和要求，进行合理的土肥水管理，坚持重施有机肥，应用农业措施、物理措施、生物农药防治病虫害。宜在土壤深厚肥沃、光照良好、交通和灌溉便利的地方建园。应远离城市和交通要道，空气水源洁净，周围无工矿企业的直接污染和间接污染。

果园生草技术模式，通过果园生草技术改善果园土壤环境、补充土壤营养，增加土壤有机质、减缓土壤水分蒸发，促进果树生长发育，提高果实品质和产量。

果鹅共养技术是利用自然提供的层次空间建立果—草—畜禽（鹅）相结合的立体复合经营模式，发展节粮型畜牧业，大力推行绿色安全的养殖模式，能显著提高果园的土地利用率和经济效益。

（二）技术效果

周边一般果园化肥用量占苹果产量的13％，而采用该综合减肥增效技术，果园化肥用量占苹果产量的9.3％，下降3.7个百分点。果园种草可以增加土壤有机质含量，改良土壤结构，可以减缓雨水径流，减少水土流失，增强保肥能力。种草3年以上的果园由于草根和落叶的腐烂，表层土壤有机质可提高0.6％左右。实行全园喷灌，以水调肥。果园土壤容重也有所下降，病害减轻，农药用量很少，果品达到绿色标准，环境越来越好。

（三）适用范围

豫西黄土丘陵及黄土塬区，包括河南省三门峡市各县苹果生产区域。该区域海拔700～1 200 m，年日照2 300 h以上，年均气温13 ℃左右，昼夜温差大，年降水量550 mm左右。光热充沛，雨量偏少，常有干旱发生。土壤为黄土质褐土或黄土质石灰性褐土，土层深厚，酸碱适宜，是优质苹果生产区。

（四）技术措施

1. 有机苹果生产施肥技术模式

（1）施肥方法。生物有机肥作为基肥和追肥施用，采取沟施或穴施，施用时要将生物有机肥与土混合均匀。

沟施：沟宽30 cm、长50～100 cm、深40 cm，分为环状沟、放射状沟以及株（行）间条沟。

穴施：根据树冠大小，每株树4～6个穴，穴的直径和深度为30～40 cm。生物有机全水溶类肥料随水冲施、滴灌、喷施等。

（2）施肥时期及用量。按照苹果树生育周期营养需求特点和年周期需肥规律，在以下几个时期施肥。

基肥：9月中旬至10月中旬（苹果采收后），每亩基施生物有机肥200 kg。花芽分化期施肥：5月中旬至6月上旬，冲施生物有机全水溶肥料20 kg。幼果膨大期施肥：6月下旬至7月上旬，每亩追施生物有机肥80 kg，冲施生物有机全水溶肥料20 kg。第二次膨果期施肥：8月上旬至8月中旬，每亩冲施生物有机全水溶肥料20 kg。

（3）注意事项。一是施肥区域在果树树冠的投影边缘及其稍远处，这样既利于毛细根吸收养分，又不会伤及果树根部、影响养分供给。二是生物有机肥含有益微生物，施入后，应及时覆土，避免阳光直晒导致微生物死亡，使肥料效果降低。三是生物有机肥有其他肥料不可替代的作用，但不能完全代替无机肥料，与其他肥料配合使用，可取得更好效果。四是生物有机肥不能与农药、杀菌剂等混用。

2. 绿色苹果生产施肥技术模式

（1）园地规划。按果园面积和自然条件，划分生产小区。规划建设生产道路、灌排系统、管护房、防护林、积肥场和分级包装场地等。栽前平整土地，时间以秋季为宜。挖沟或穴栽植。沟宽 60 cm、深 80 cm，长度根据地块而定。穴长、宽各 60 cm，深 80 cm。沟穴底填厚 30 cm 左右的作物秸秆。先回填表土，再施底肥，每株以腐熟的圈肥 30 kg 作底肥，并与沟土搅拌，最后回填底土。浇水将土沉实，以备栽植。

（2）土肥水管理。深翻改土：幼树进入结果期后，从定植穴外缘开始，结合施基肥、压绿肥向外深翻扩展 0.5 m，回填时表土放下层，底土放在上层。然后放水沉实，使根土密接。树盘覆草：一般在春季施肥、灌水后进行，也可麦收后覆草。覆盖用草也可用麦秸、麦糠、玉米秸、杂草等。将草覆盖在树冠下，覆盖厚度 15～20 cm，其上和边缘压少量土。连覆 3～4 年后浅翻一次，也可结合深翻开沟埋草。

（3）行间生草。灌溉条件好的果园提倡行间生草。在树行间种植宽 2～3 m 的草带，可选择种植三叶草、草木樨、毛叶苕子、田菁、百脉根等。每年刈割 3～6 次，留茬高 8～10 cm。将割下的草覆盖于树盘，也可作绿肥进行翻压。

（4）中耕除草。清耕区内经常中耕除草，保持土壤疏松无杂草，中耕深度 5～10 cm。

（5）施肥。

① 施肥原则。以有机肥为主，化肥为辅，保持或增加土壤肥力以及土壤微生物活性。所施用的肥料不应对果园环境和果实品质产生不良影响。

② 施肥方法和数量。

A. 基肥。亩产 4 000 kg 的果园，每年采果前后每亩基施生物有机肥 200 kg（有机质 48 kg），复混肥料（20 - 8 - 17）60 kg（总养分：总氮 12 kg，五氧化二磷 4.8 kg，氧化钾 10.2 kg）。

B. 追肥。每年 3 次，第一次在萌芽至开花前，以氮肥为主；第二次在花芽分化及果实膨大期，以磷、钾肥为主；第三次在果实生长后期，以钾肥为主。施肥量以当地的土壤条件和施肥特点确定。结果树一般每生产 1 000 kg 苹果需追施生物有机肥 20 kg、氮（N）10 kg、磷（P_2O_5）5 kg、钾（K_2O）10 kg。施肥方法是在树冠下挖放射状沟，沟深 15～20 cm，追肥后及时灌水沉实。最后一次施肥距果实采收期不得少于 30 d。

C. 叶面喷肥。每年 5 月、7 月、9 月每亩喷施 500 倍稀释的含氨基酸水溶肥料 1.5 kg。全年 4～5 次，生长前期 2 次，以氮肥为主；后期 2～3 次，以磷、钾肥为主。常用肥料及浓度：尿素 0.3%～0.5%，磷酸二氢钾 0.2%～0.3%，硼砂 0.1%～0.3%。最后一次叶面喷肥距果实采收期 20 d 以上。

③ 水分管理。全园采用喷灌、滴灌等节水灌溉措施。注意雨季排水。

3. 果园生草技术模式

(1) 果园生草方式。全园生草或行间生草，自然生草和人工生草相结合。自然生草保留果树行间 1～2 年生杂草，清除多年生杂草；人工生草选择适宜的草种，选择白三叶草、小冠花、扁茎黄芪等与果树争水、争肥矛盾小，矮生匍匐或半匍匐，不影响果树行间的通风透光，青草期长，生长势旺，耐刈割的多年生草种。

(2) 果园生草种植方法。主要采用直播生草法，方法简单易行，春播在 3—4 月播种，秋播在 9 月播种，地温 15～20 ℃时出苗最好。播种前必须精细整地，每亩施钙镁磷肥 50 kg、有机肥 2 000～3 000 kg。宜采用条播，行距 20～30 cm，播种深度 1～2 cm，播种带必须在果树行间中央，株间必须视其树龄大小留出 1～2 m 的清耕带。每亩用籽量一般为 0.5～1 kg。

(3) 果园生草管理。

一是控草旺长，及时中耕，消灭其他杂草，并及时灌水（以喷灌、滴灌为佳），以使生草尽快覆盖地面；刈割，草成苗后要结合刈割，不能只种不割。但种草当年最初几个月最好不割，待草根扎稳、营养体显著增加后在草高 30 cm 时再开始刈割。全年刈割 3～5 次。割下来的草用于覆盖树盘的清耕带，即生草与覆草相结合，达到以草肥地的目的；控制草的长势，高度超过 20 cm 时，适时进行刈割（用镰刀或便携式刈草机割草），一般 1 年刈割 2～4 次。刈割下来的草就地撒开，或覆在果树周围，距离果树树干 20～30 cm。

二是施肥养草，以草供碳（有机质），以碳养根。生长期还要合理施肥，以氮肥为主，采用随水洒施或叶片喷施。每年每亩施氮肥 10 kg。生草头两年还要在秋季施用有机肥，采用沟施，每亩 2 000 kg 左右，以后逐年减少或不施；割草后，每亩撒施氮肥 10 kg，补充土壤表面氮含量。

三是 3～5 年后，生草开始老化，这时应及时翻压，注意将表层的有机质翻入土中。翻压时树的旁边要浅翻，以免伤到树根，翻压时间以晚秋为宜。行间可休闲 1～2 年后再重新播种。

4. 果鹅共养技术模式

（1）建立果园草地。草种以一年生牧草和多年生牧草相结合，提高单位面积载禽量；适宜养鹅的牧草主要有黑麦草、白三叶、紫花苜蓿、菊苣、苦荬菜等。为牧草生长创造良好的条件，以获取牧草的高产和优质。

（2）鹅的饲养管理。雏鹅的初次放牧应在 4～7 日龄起开始，气温低时在 10～20 日龄进行放牧，20 日龄后可全天放牧。中鹅是指 4～10 周龄的青年鹅，此阶段饲养应以放牧为主，补饲为辅。场地距离应分配好，实行划区围栏轮牧。

（3）划区围栏轮牧。利用果园草地进行鹅的放牧饲养，划区围栏轮牧是保护好果园草地的有效手段之一。在自由放牧的情况下，牧草丰富的时候鹅专吃嫩草和草尖，造成牧草利用不充分，而使牧草老化，纤维含量增加，消化率下降。在牧草不丰富的时候，如固定在一个地方放牧的时间过长，鹅有时连草根也会拔出来，会造成果园草地严重破坏。划区围栏轮牧应根据草地地形、牧草产量和鹅群的大小等，确定划区的数量、面积的大小、轮牧周期长短等。在牧草生长迅速的季节以 10 d 为一个轮牧周期，在牧草生长慢的季节以 15 d 或 20 d 为一个轮牧周期。养鹅需要水源，最好采取以水源为中心，放射状划区围栏轮牧。

（4）放牧补饲。在枯草期应多补充一些精料且应特别注意雏鹅阶段的补饲，满足放牧鹅生长发育的营养需要，不使鹅的生长发育受阻。补饲精料的数量和质量应根据草地牧草的产草量、营养成分含量和生产目的及时调整。

（5）合理的载鹅量。作为放牧草地，控制单位面积放牧鹅数量是管理人员可以利用的最重要的工具。如载鹅量过高会造成草地过度利用，使草地退化。载鹅量过低则造成草地牧草资源的浪费。草地牧草春季的产草量为全年产草量的 60%～70%，夏季牧草生长缓慢，秋季虽然恢复生长，但低于春季的水平，冬季大部分牧草停止生长。同时，随着果园内郁闭度增加，林床产草量减少。所以，应根据果园草地牧草的生长状况、产草量、果园郁闭度、不同的季节以及地形等确定单位面积的载鹅量。

（6）合理安排果树用药与草地利用时间。为了防止果树病虫害，要给果树喷洒农药，对果树喷洒农药时，一定要掌握好用药的种类和用药的时间，所用农药应是高效、低毒、有效期短的农药。作为刈割草地，可根据农药药效的长短，将草地划分若干小区轮流刈割，在第一个小区刈割后转入第二个小区时，给第一个小区的果树喷洒农药，以此类推。再回到第一个小区刈割时，农药的药效已过，对鹅没有毒害作用。作为放牧草地，在第一个轮牧小区放牧后，鹅转入第二个轮牧小区时，可对第一个轮牧小区的果树喷洒农药，以此类推。如划分 5 个轮牧小区，每个轮牧小区放牧 3 d，轮牧周期为 15 d，农药的有效期不能超过 12 d。

十、西南地区盐源盆地苹果园"有机肥＋配方肥＋水肥一体化"技术模式

（一）技术概述

盐源是苹果主产区，是西南地区最大的一个苹果生产基地。施肥方面存在的问题：忽视有机肥的施用和土壤改良培肥；施肥施得过浅，氮肥撒施不覆土；施肥次数过少，不重视秋肥的施用；重施氮、磷肥，轻施钾肥和中微量元素肥，肥料配比不合理；果园普遍缺水，造成肥料利用率偏低。通过实施苹果园"有机肥＋配方肥＋水肥一体化"技术模式，以土壤检测结果为依据，根据苹果需肥规律，有针对性地补充苹果所需要的营养元素，在施用有机肥的基础上，合理施用氮、磷、钾及中微量元素。

（二）技术效果

盐源盆地苹果"有机肥＋配方肥＋水肥一体化"技术模式与农民常规施肥相比，肥料利用率提高了 5%～7%，增施有机肥，减少化肥用量 8～10 kg（折纯）。

（三）适用范围

该技术适宜在西南地区盐源盆地的河流阶地及低山山地应用。苹果品系为红富士、金冠系列。

（四）技术措施

1. 原则 根据果园土壤肥力状况和树体营养状况确定施肥量，有条件的应当推行测土配方施肥。

2. 基肥 9—10 月苹果采收后应及时施足基肥，以补充树体营养，促进根系生长，增强树体营养积累。基肥要以经高温发酵或沤制过的有机肥为主，并配少量的氮素化肥，折合成每亩施氮（N）6 kg、磷（P_2O_5）6.5 kg，有机肥主要用厩肥（鸡粪、猪粪等）、堆肥、沤肥和人粪尿等，施肥量按每生产 1 kg 苹果施 1.5～2 kg 计算，每亩施 4 000～5 000 kg 有机肥。高产、稳产果园施有机肥的数量还可增加到 7 500 kg 以上，肥源缺乏的果园也应达到千克果千克肥的标准。也可施用商品有机肥，每亩施 400 kg 左右有机肥。

3. 追肥

（1）追肥用量。追肥应以速效肥为主，要根据树势强弱、产量高低以及是

否缺少微量元素等，确定施肥种类、数量和次数。

常规肥料：盛果期年施肥量为氮（N）45 kg、磷（P_2O_5）21 kg、钾（K_2O）42 kg。也可以根据盛果期果树，每生产 100 kg 果，需要施纯氮 1.03 kg、五氧化二磷 0.48 kg、氧化钾 0.95 kg 来计算追肥数量。

以生产 100 kg 果的果树为例，花前追肥为尿素，每亩施用 28 kg；坐果期追肥，每亩尿素 10 kg、磷酸二铵 14 kg、硫酸钾 15 kg；果实膨大期追肥为尿素 14 kg、磷酸二铵 10 kg、硫酸钾 18 kg；果实生长后期为尿素 8 kg、磷酸二铵 7 kg、硫酸钾 10 kg。

苹果配方肥：选用配方为 17 - 9 - 14，根据土壤养分状况，每年追 4 次，分别在花前、坐果期、果实膨大期、果实生长后期，总施肥量盛果树每株 2.8 kg，初果树每株 1.8 kg，未结果树每株 1.0 kg。

采用水肥一体化技术滴灌喷施的，选用配方为 22 - 8 - 15、18 - 9 - 18、17 - 10 - 18 的水溶性肥，每年追 4 次，分别在花前、坐果期、果实膨大期、果实生长后期，盛果树每亩每次 10kg，初果树每亩每次 7.5 kg，未结果树每亩每次 5 kg。

（2）追肥时间。

① 旺长树追肥期在春梢和秋梢停长期进行。应以磷、钾肥为主，辅以少量氮肥，并控制灌水。

② 弱树要在早春发芽前和春梢停长前追肥，以氮肥为主，配施磷、钾肥。

③ 中庸树在开花前和春梢停长前追肥，以氮肥为主，但生长后期，要减少氮肥，秋梢停长前，以磷、钾肥为主。

④ 追肥一般每年进行 4 次，第一次追肥在萌芽（3 月上中旬）前后进行，肥料以氮肥为主，以满足花期所需养分，提高坐果率，促使新梢生长。第二次在花后坐果期（4 月中下旬）追肥，肥料以氮、磷肥为主，以减少生理落果，促进枝叶生长和花芽分化。第三次在果实膨大期（5 月中旬至 6 月中旬）追肥，以钾肥或复合肥为主，以增加树体养分积累，促进果实着色和成熟，提高果树越冬抗寒能力。第四次在果实生长后期（7 月下旬至 8 月上旬），以钾肥或复合肥为主，进一步促进果实着色和成熟，减少落果现象。

（3）施肥方法。

① 原则。追肥方法基本同基肥，但追肥的沟要浅，一般掌握在 10～15 cm。也可采用穴施法，即在树冠外围挖 5～8 个小穴，穴深 10～20 cm，放入肥料，盖土封严。土壤墒情差时，追肥要结合灌水进行。

② 放射状沟施肥法。距树干 50～100 cm 处向外挖放射状沟 4～6 条，近树冠处沟浅而窄，向外逐步加深加宽，沟长达树冠外缘，深度一般为 20～30 cm，肥料施入沟内后填土平整树盘，隔年更换放射沟的位置。

③ 环状施肥法。在树冠外围挖一环形沟，沟宽 30～50 cm，沟深 40～60 cm，按肥：土为 1：3 比例混合回填，然后覆土填平。

④ 条沟施肥法。在果树行间（或隔行）挖一条宽 50 cm、深 40～50 cm 的沟，肥、土混匀，施入沟内，然后覆土。

⑤ 全园施肥法。将肥料均匀撒在果树行间，然后翻入深 20 cm 左右的土壤内，整平。

（4）根外追肥。采用根外追肥法施肥迅速补充果树养分，促使正常结果和预防缺素症。追肥时间宜在早晨或傍晚进行，喷洒部位应以叶背为主，间隔 7 d 左右。生长期间可多次进行根外追肥。

（5）常用的肥料种类和浓度。

① 尿素。萌芽、展叶、开花、果实膨大至采果后均可喷施，施用浓度早期用 0.2%～0.3%，中、后期用 0.3%～0.5%。

② 磷酸二氢钾。早期用 0.2%，中、后期用 0.3%～0.4%。

③ 硼砂。发芽前后用 1%，盛花期用 0.3%。

十一、陕北苹果"种植绿肥＋有机肥＋配方肥"技术模式

（一）技术概述

陕西洛川，被誉为"苹果之乡"。苹果种植面积达 3.3 万 hm^2，年产量达 80 万 t。施肥方面存在的问题：忽视有机肥的施用和土壤改良，瘠薄果园面积大；偏施氮肥，施肥量不精准；施肥时期偏晚；钙、镁、硼、锌等中微量元素普遍缺乏；水土流失较严重，肥料利用率低。"种植绿肥＋有机肥＋配方肥"施肥技术模式是通过测土配方施肥技术，根据苹果需肥规律和土壤供肥特性，制定苹果施肥方案，提高有机肥用量，同时果园种植绿肥，以扩大有机肥源，从而达到改良土壤、培肥地力的目的。

（二）技术效果

陕北地区苹果"种植绿肥＋有机肥＋配方肥"技术模式与农民习惯施肥相比，每亩可减少化肥用量 50 kg，增加优质果 100 kg，苹果质量明显改善。

（三）适用范围

苹果"种植绿肥＋有机肥＋配方肥"技术模式主要适用于陕北地区 6 年以

上盛产果园。

(四) 技术措施

1. 施肥原则　果园施肥坚持"三结合"原则：一是有机肥与无机肥相结合，二是大、中、微量元素配合，三是用地与养地相结合。大幅度减少化肥施用量，普及秋施基肥，加大有机肥施用量，千方百计培肥地力，提高土壤供肥能力。

2. 施肥时间

（1）秋施基肥。要在中晚熟品种采果后立即进行，即9月中下旬至10月。

（2）追肥。翌年6月苹果套袋前后追施1次，7月下旬至8月上旬追施1次。

（3）叶面喷肥。全年可喷施3～4次，主要补充钙、镁、硼、铁、锌、锰、硒等中微量元素。

3. 施肥量　以下施肥量是按3 m×4 m密度制定的株施肥量，对于间伐果园，在亩产量水平不变的情况下，密度减半则株施肥量在原来的基础上增加一倍。

（1）秋施基肥。

① 高产园（亩产2 500 kg以上、有机质含量在12 g/kg以上的果园）。株施商品有机肥10 kg（或腐熟农家肥50 kg）＋氮、磷、钾含量分别为20%、10%、15%或者20%、10%、18%的纯无机配方肥4 kg。

② 中产园（亩产1 500～2 500 kg、有机质含量在9～12 g/kg的果园）。株施商品有机肥8 kg（或腐熟农家肥30 kg）＋氮、磷、钾含量分别为20%、10%、15%或者20%、10%、18%的纯无机配方肥3 kg。

③ 低产园（亩产1 500 kg以下、有机质含量在9 g/kg以下的果园）。株施商品有机肥6 kg（或腐熟农家肥10 kg）＋氮、磷、钾含量分别为20%、10%、15%或者20%、10%、18%的纯无机配方肥2 kg。

（2）追肥。

① 高产园。2次追肥分别选用高氮中钾型（20 - 10 - 15）和中氮高钾型（16 - 8 - 21）无机配方肥或者水溶肥，每株各追施1.0 kg。

② 中产园。2次追肥分别选用高氮中钾型（20 - 10 - 15）和中氮高钾型（16 - 8 - 21）无机配方肥或者水溶肥，每株各追施0.75 kg。

③ 低产园。2次追肥分别选用高氮中钾型（20 - 10 - 15）和中氮高钾型（16 - 8 - 21）无机配方肥或者水溶肥，每株各追施0.5 kg。

最好选用同养分含量的水溶肥。有灌溉条件的果园结合水肥一体化采取"少量多次"的方式及时施入。

4. 施肥方法

（1）环状沟施肥。主要针对幼园和初挂果园，即在树冠垂直投影外缘，挖深 30～40 cm、宽 40 cm 的沟环状施肥。

（2）放射沟施肥。主要针对幼园和初挂果园，以树体为中心，挖 4～6 条由里朝外逐渐加深的放射状沟施肥。沟宽 30～50 cm，沟深 30～40 cm，沟长超过树冠外缘。

（3）带状沟施肥。主要针对成龄挂果园，在果树树冠外缘沿行向挖深 30～40 cm、宽 40～60 cm 的条沟施肥。

（4）全园撒施。主要针对成龄挂果园，将肥料混合均匀后，撒于果园行间作业道地表，然后翻于土中，深度 20～30 cm，此法施肥量较大，宜以农家肥为好。

5. 果园种植绿肥

（1）绿肥品种选择。果园种植绿肥主要推荐种植白花三叶草、黑麦草和大豆油菜轮茬。

（2）种植时间。5—6 月种植三叶草、黑麦草、油菜或者绿豆、黑豆等豆科作物。

（3）配套管理。及时中耕，消灭其他杂草，并及时灌水（以喷灌、滴灌为佳），以使生草尽快覆盖地面。种草当年最初几个月最好不割，待草根扎稳、营养体显著增加后在草高 30 cm 籽粒成熟前再开始刈割。全年刈割 3～5 次。割下来的草用于覆盖树盘的清耕带，即生草与覆草相结合，达到以草肥地的目的。绿肥生长期还要合理施肥，以氮肥为主，采用撒施或叶片喷施。每年每亩施氮肥（N）10～20 kg。生草头两年要在秋季施用有机肥，采用沟施，每亩 2 000 kg 左右，以后逐年减少或不施。

十二、黄土高原苹果高效平衡施肥技术模式

（一）技术概述

发展优质苹果生产已成为渭北黄土高原地区农民增收的支柱产业，随着农户的收入大幅提升，农户在农业生产上的投入大大增加。近年来，农户为了追求种植经济效益最大化，在生产上不科学地大量施用化肥，造成生态安全和经济发展等问题突出，亟待采取一些科学有效的技术措施解决问题。目前，该区域生产中主要存在以下问题：

1. 盲目施肥　部分果园氮、磷肥用量过大，而有些果园则施肥不足，有 31%～41% 的果园不施钾肥和有机肥，导致土壤板结，肥力下降，养分不平衡，

从而影响了苹果产量和品质的进一步提高。

2. 苹果生产中普遍存在施肥比例失调　偏施化肥，少施或不施有机肥；偏施氮肥，少施磷、钾肥，少施或不施微肥。这样，生产出的苹果风味淡，含糖量低，含酸量高，着实不良，品质低劣。

3. 大量施用化肥　可使土壤板结，破坏土壤结构，污染环境，进而危害人类健康。而施用有机肥可改良土壤，提高果实品质。

因此，减少化肥施用量，增施有机肥成为提高苹果品质的重要措施。

（二）技术效果

1. 经济效益显著　实施本技术模式以来，果业生产产量和品质增幅明显，达到保护环境、节本增效的目的。

2. 农民施肥观念发生变化　增强了农民科学施肥意识，提高科学施肥水平。

3. 减少土壤和水体污染　减轻因过量施用化肥导致的氮、磷元素流失造成地下水污染。

4. 增施有机肥、秸秆还田技术的推广应用等　可以改良土壤结构，保持土壤的生产功能，达到绿色、有机苹果生产标准，提高苹果内在品质。

5. 推广水肥一体化技术　解决旱塬苹果生产中严重缺水问题。

（三）技术范围

本技术模式适用于陕西渭北旱塬优质苹果生产区域。该区域属暖温带半湿润大陆性季风气候，年均气温 9.2 ℃，年均日照 2 552 h，辐射总量达 517.37 kJ/cm²，4—9 月日照 1 373 h，年均降水量 622 mm，海拔 1 100 m 左右。土壤类型为塿土、黄绵土等，黄土层厚达 80～220 m，质地中壤，通透性强。

（四）技术措施

1. 有机肥与配方肥配合施用

（1）有机肥的选用。有机肥的种类很多，根据本地区实际可以选用豆饼、豆粕类，也可以选用生物有机肥类，或者选用羊粪、牛粪、猪粪、商品有机肥类，或者沼液、沼渣类，或者秸秆类等。

（2）施肥时期。秋季施肥最适宜的时间是 9 月中旬至 10 月中旬，即中熟品种采收后。对于晚熟品种如红富士，建议采收后立即施肥，越早越快越好。

（3）施肥量。

① 施用原则。增施有机肥，减少化肥施用量，改善耕地质量，提高苹果果实品质。

② 施用具体方法。幼园亩施农家肥 1 500 kg 或商品有机肥 250 kg，配方

肥亩施 25～50 kg；盛果树亩施农家肥 2 000 kg 或商品有机肥 400 kg，配方肥亩施 100～150 kg。

③ 施肥方式。沟施或穴施。

2. 水肥一体化技术

（1）主要设备。有贮肥罐、加压泵、高压管、追肥枪等。

（2）配肥。采用二次稀释法进行。首先用小桶将复合肥和水溶有机肥溶解，然后再加入贮肥罐，对于少量不溶物，直接施入果园，不要加入大罐，最后再加入冲施肥进行充分搅拌。

（3）设备的组装及准备。

（4）施肥区域。在果树树冠垂直投影外延附近的区域，施肥深度为 25～35 cm。根据果树大小，每棵树打 4～15 个追肥孔，每个孔施肥 10～15 s，注入肥液 1～1.5 kg，根据栽植密度，每棵树追施水肥 5～30 kg。

3. 秸秆还田技术

（1）秸秆树盘覆盖。将事先准备好的秸秆覆盖在树盘位置，设计的覆盖宽度和树冠宽度相同，一般厚度为 10～20 cm，在管理过程中必须保证覆盖厚度，对覆盖厚度达不到要求的要及时补充覆盖物；另外管理人员也可以在入秋前，将开始腐烂的覆盖物全部翻入土壤中，秋收后继续在树盘下覆盖秸秆，覆盖方式和要求同上。

（2）秸秆行间覆盖。使用玉米、小麦秸秆等，将其覆盖到果树行间，植株间的宽度视具体情况而定。间距较大的果园，可以覆盖到树冠即可；矮化果园，可以将秸秆覆盖到树冠以外，在植株间不能进行覆盖，覆盖的厚度为 10～20 cm，覆盖厚度要常年保持，对于腐烂的秸秆可以适当埋入土中，然后进行补充。

（3）挖沟填埋秸秆。在秋季苹果采收后，可以在果树行间开一条宽 45 cm 的沟，用玉米、小麦等秸秆将沟填满，最后覆土压实。

4. 新型肥料缓控释肥应用技术 控释肥料是缓释肥料的高级形式，主要通过包膜技术来控制养分的释放，达到安全、长效、高效的目的，是现代肥料发展的主要方向，适合机械化生产的需要。

试验证明，缓控释肥料可将肥料利用率由原来的 35% 提高一倍左右，氮肥流失率显著降低，可以节省氮肥 30%～50%。也可以减少施肥次数，节省劳力，减轻农作物病害等。

新型缓控释肥料的施用方法，严格按照其具体施用办法。

5. 沼肥综合利用技术

（1）沼渣与化肥配合施用。沼渣与化肥为作物提供氮素的比例为 1∶1，可根据沼渣提供的养分含量和苹果生长所需养分确定化肥的用量：幼树亩施沼渣 2 000 kg＋复合肥 70 kg，盛果树亩施沼渣 3 500～5 000 kg＋复合肥 150 kg。

（2）沼液与化肥配合施用。

① 沼液与碳酸氢铵配合施用。沼液能帮助化肥在土壤中溶解、吸附和刺激作物吸收养分，提高化肥利用率，有利增产。例如，2 500 kg 沼液∶25 kg 碳酸氢铵＝100∶1，其产量比对照增产 28.9％。

② 沼渣与碳酸氢铵堆沤。沼渣内含有一定量的腐植酸，可与碳酸氢铵发生化学反应，生成腐植酸铵，增加腐植质的活性。当沼渣的含水量下降到 60％左右时，可堆成 1 m 左右的堆，用木棍在堆上扎无数个小孔，然后按每 100 kg 沼渣配碳酸氢铵 4～5 kg 翻倒均匀，收堆后用泥土封糊，再用塑料薄膜盖严，充分堆沤 5～7 d，作底肥，每株施 10 kg。

（3）沼液根外追施。根外追施，也称叶面喷肥（将沼液稀释后用喷雾设施对果树地上部进行追肥的施肥方式）。方法是从出料间提取沼液，用纱布过滤，然后沼液中兑 20％～30％的清水，搅拌均匀，静置沉淀 10 h 后，取其澄清液，用喷雾器喷洒叶背面，每亩用沼液 80～100 kg，可增产 9％左右。

（4）沼肥施用注意事项。

① 必须采用正常产气 3 个月以上的沼气池出料间的沼肥。

② 沼渣作追肥，不能出池后立即施用，一般要在池外堆放 5～7 d。

③ 用沼液追肥时要注意浓度，尤其是在天气持续干旱的情况下，最好随水施入，以免烧苗。

④ 叶面喷施需选择无风的晴天或阴天进行，并最好选择在湿度较大的早晨或傍晚。

附　件 <<<

附件一　2020 年苹果春季科学施肥指导意见

1. 施肥原则

（1）增施有机肥，提倡有机无机配合施用；依据土壤测试和树相，适当调减氮磷钾化肥用量；注意增加钙、镁、硼和锌肥的施用。

（2）针对新型冠状病毒肺炎疫情导致化肥储备不足的果农，建议在萌芽前增施有机肥或农家肥；秋季未施基肥的果园，参照秋季施肥建议在萌芽前尽早施入，早春干旱缺水产区要在施肥后补充水分以利于养分吸收利用。

（3）各个产区尤其是西北黄土高原上年秋季早期落叶病发生严重，建议在萌芽前（3 月初开始）喷 3 遍 1%～3% 的尿素（浓度分别为 3%、2% 和 1%，间隔 5～7 d）加 0.5% 硼砂和适量白糖（约 1%）以及防霜冻剂，目的是增加利用贮藏养分，利于花芽分化、提高坐果率、增产和减轻早春晚霜冻危害。

（4）与高产优质栽培技术相结合，如平原地起垄栽培、生草技术、下垂果枝修剪技术以及壁蜂授粉技术等。黄土高原等干旱的区域要与地膜（园艺地布）等覆盖结合。

（5）土壤酸化的果园可通过施用硅钙镁肥或石灰或其他土壤改良剂改良土壤。

2. 施肥建议

（1）亩产 2 500 kg 以下果园：每亩施氮肥（N）5～7.5 kg，磷肥（P_2O_5）3～3.5 kg，钾肥（K_2O）7.5～10 kg；亩产 2 500～4 000 kg 果园：每亩施氮肥（N）7.5～15 kg，磷肥（P_2O_5）3.5～7 kg，钾肥（K_2O）10～17.5 kg；亩产 4 000 kg 以上果园：每亩施氮肥（N）10～17.5 kg，磷肥（P_2O_5）4.5～10 kg，钾肥（K_2O）12.5～20 kg。

（2）秋季已经施肥的果园化肥分 3～6 次施用，第一次在 3 月中旬至 4 月中旬，以氮钙肥为主，建议施用一次硝酸铵钙，亩用量 30～50 kg；第二次在果实套袋前后（5月底至6月初），氮磷钾配合施用，建议施用17-10-18（或相近配方）苹果配方肥，亩用量25～50 kg。6月中旬以后建议追肥2～4次：前期以氮钾肥为主，增加钾肥用量，建议施用16-6-20（或相近配方）配方肥，亩用量25～50 kg；后期以钾肥为主，配合少量氮肥（氮肥用量根据果实大小确定，果实较大的一定要减少氮肥用量，且增加糖醇钙等纯钙肥用量）。干旱区域建议采用窄沟多沟施肥方法，多雨区域可采用放射沟法或撒施。

（3）秋季没有施肥的果园应尽快尽早春季第一次施肥，每亩除施用30～50 kg硝酸铵钙外，还要施用生物有机肥200 kg，商品有机肥600 kg左右或堆肥1 500 kg左右或饼肥300 kg左右。同时配合施用15-15-15等平衡型复合肥75～120 kg。施肥方法建议采用沟状或穴施。土壤酸化的果园，每亩施用石灰150～200 kg或硅钙镁钾肥50～100 kg。

（4）土壤缺锌、硼的果园，萌芽前后每亩施用硫酸锌1～1.5 kg、硼砂0.5 kg左右；在花期和幼果期叶面喷施0.3%硼砂，果实套袋前喷3次0.3%的钙肥。

附件二 2020年苹果秋冬季科学施肥指导意见

1. 施肥原则

苹果生产中有机肥料投入数量不足，部分果园立地条件差，土壤板结严重、透气性差、保水保肥能力弱，集约化果园氮磷化肥用量偏高。胶东和辽东果园土壤酸化现象普遍，中微量元素钙、镁和硼缺乏时有发生；石灰性土壤地区果园铁、锌和硼缺乏问题普遍。部分地区果农对基肥秋施的认识不足以及春夏季果实膨大期追施氮肥数量和比例偏大。针对上述问题，提出以下施肥原则：

（1）增施有机肥，提倡有机无机配合施用。

（2）依据土壤肥力条件和产量水平，适当调减氮磷化肥用量，根据树势和产量水平分期施用氮磷钾肥；注意硅、钙、镁、硼和锌的配合施用。

（3）加强果园土壤管理，实行果园生草、起垄等栽培方式，采用水肥一体化、下垂果枝修剪等管理技术。

（4）出现土壤酸化的果园可通过施用硅钙镁钾肥或石灰等改良土壤。

2. 施肥建议

渤海湾产区每亩施用农家肥（腐熟的羊粪、牛粪等）2 000 kg（约 $6m^3$），或优质生物有机肥 500 kg，或饼肥 200 kg。黄土高原产区每亩施用农家肥（腐熟的羊粪、牛粪等）1 500 kg（约 $5m^3$），或优质生物有机肥 400 kg，或饼肥 150 kg。

（1）亩产 4 500 kg 以上的果园，每亩施用氮肥（N）15～25 kg、磷肥（P_2O_5）7.5～12.5 kg、钾肥（K_2O）15～25 kg。

（2）亩产 3 500～4 500 kg 的果园，每亩施用氮肥（N）10～20 kg、磷肥（P_2O_5）5～10 kg、钾肥（K_2O）10～20 kg。

（3）亩产 3 500 kg 以下的果园，每亩施用氮肥（N）10～15 kg、磷肥（P_2O_5）5～10 kg、钾肥（K_2O）10～15 kg。

建议盛果期大树每亩施用硅钙镁钾肥 80～100 kg。土壤缺锌、硼和钙的果园，相应每亩施用硫酸锌 1～1.5 kg、硼砂 0.5～1.0 kg、硝酸铵钙 20 kg 左右，与有机肥混匀后在 9 月中旬至 10 月中旬施用（晚熟品种采果前后尽早施用）；施肥方法采用穴施或沟施，穴或沟深度 40 cm 左右，每株树 3～4 个（条）。

　　化肥分 3～4 次施用（晚熟品种 4 次），第一次在 9 月中旬至 10 月中旬（晚熟品种采果前后尽早施用），在有机肥和硅钙镁钾肥基础上氮磷钾配合施用，渤海湾产区建议采用高氮高磷中钾型复合肥，每亩用量 50～75 kg；黄土高原产区建议采用平衡型如 15‐15‐15（或类似配方），每亩用量 40～50 kg；第二次在翌年 4 月中旬进行，以氮磷为主，适当补充钙肥，建议施一次硝酸铵钙（或 25‐5‐15 硝基复合肥），每亩施肥量渤海湾产区 30～60 kg、黄土高原产区 20～40 kg；第三次在翌年 6 月初果实套袋前后进行，根据留果情况氮磷钾配合施用，增加磷钾肥比例，建议施一次高磷配方或平衡型复合肥，每亩施肥量渤海湾产区 30～60 kg、黄土高原产区 20～40 kg；第四次在翌年 7 月下旬至 8 月中旬，根据降雨、树势和产量情况采取少量多次的方法进行，施肥类型以高钾配方为主（10‐5‐30 或类似配方），每亩施肥量渤海湾产区 25～30 kg、黄土高原产区 15～25 kg。

　　在 10 月底至 11 月中旬，连续叶面喷施 3 遍尿素、硼砂和硫酸锌，增加贮藏营养。第一遍在 10 月底开始喷 0.5%～1.0%尿素，第二遍在 7 d 后喷 2.0%～3.0%尿素＋0.5%硼砂＋1.0%～2.0%硫酸锌，再 7 d 后第三遍喷 5.0%～7.0%尿素＋0.5%硼砂＋5.0%～6.0%硫酸锌，第三遍的浓度根据叶片衰老程度确定，老化程度越高浓度越低。

附件三 2020年苹果有机肥替代化肥技术指导意见

（一）"有机肥＋配方肥"模式

1. 基肥

基肥施用最适宜的时间是 9 月中旬至 10 月中旬，对于红富士等晚熟品种，可在采收后马上进行，越早越好。

渤海湾产区有机肥的类型及用量：每亩施用堆沤有机肥（腐熟的羊粪、牛粪等）2 000 kg（约 6 m^3），或优质生物有机肥 500 kg，或饼肥 200 kg。

黄土高原产区有机肥的类型及用量：每亩施用堆沤有机肥（腐熟的羊粪、牛粪等）1 500 kg（约 5 m^3），或优质生物有机肥 400 kg，或饼肥 150 kg。

土壤改良剂和中微肥：建议每亩施用硅钙镁钾肥 50～100 kg、硼肥 1 kg 左右、锌肥 2 kg 左右。

配方肥类型及用量：渤海湾产区建议采用高氮高磷中钾型复合肥，每亩用量 50～75 kg；黄土高原产区建议采用平衡型（15 - 15 - 15 或类似配方），每亩用量 40～50 kg。

基肥施用方法为沟施或穴施。沟施时沟宽 30 cm 左右、长 50～100 cm、深 40 cm 左右，分为环状沟、放射状沟以及株（行）间条沟。穴施时根据树冠大小，每株树 4～6 个穴，穴直径和深度均为 30～40 cm。每年交换位置挖穴，穴有效期为 3 年。施用时要将有机肥与土充分混匀。

2. 追肥

追肥建议 3～4 次，第一次在 3 月中旬至 4 月中旬，施一次硝酸铵钙（或 25 - 5 - 15 硝基复合肥），每亩施肥量渤海湾产区 30～60 kg、黄土高原产区 20～40 kg；第二次在 6 月中旬，施一次高磷配方复合肥，每亩施肥量渤海湾产区 30～60 kg、黄土高原产区 20～40 kg；第三次在 7 月中旬至 8 月中旬，施肥类型以高钾配方为主（10 - 5 - 30 或类似配方），每亩施肥量渤海湾产区 25～30 kg、黄土高原产区 15～25 kg，配方和用量要根据果实大小灵活掌握，如红富士果径在 7 月初达到 65～70 mm、8 月初达到 70～75 mm 时，则要减少氮素比例和用量，否则可适当增加。

（二）"果-沼-畜"模式

1. 沼渣沼液发酵

根据沼气发酵技术要求，将畜禽粪便、秸秆、果园落叶、粉碎枝条等有机物料投入沼气发酵池中，进行发酵和无害化处理，后经干湿分离，分沼渣和沼液施用。沼液采用机械化或半机械化灌溉技术直接入园施用，沼渣于秋冬季作基肥施用。

2. 基肥

沼渣、液每亩分别施用 3 000～5 000 kg、50～100 m³；苹果专用配方肥渤海湾产区建议采用高氮高磷中钾型，每亩用量 50～75 kg；黄土高原产区建议采用平衡型（15 - 15 - 15 或类似配方），每亩用量 40～50 kg。另外，每亩施入硅钙镁钾肥 50 kg 左右、硼肥 1 kg 左右、锌肥 2 kg 左右。秋施基肥最适时间在 9 月中旬至 10 月中旬，对于晚熟品种如红富士，建议在采收后马上施肥，越早越好。采用条沟（或环沟）法施肥，施肥深度在 30～40 cm，先将配方肥撒入沟中，然后将沼渣施入，沼液可直接施入或结合灌溉施入。

3. 追肥

追肥建议 3～4 次，第一次在 3 月中旬至 4 月中旬，施用硝酸铵钙（或 25 - 5 - 15 硝基复合肥），每亩施肥量渤海湾产区 30～60 kg、黄土高原产区 20～40 kg；第二次在 6 月中旬，施用高磷配方肥，每亩施肥量渤海湾产区 30～60 kg、黄土高原产区 20～40 kg；第三次在 7 月中旬至 8 月中旬，施肥类型以高钾配方为主（10 - 5 - 30 或类似配方），每亩施肥量渤海湾产区 25～30 kg、黄土高原产区 15～25 kg，配方和用量要根据果实大小灵活掌握，如红富士果径在 7 月初达到 65～70 mm、8 月初达到 70～75 mm 时，则要减少氮素比例和用量，否则可适当增加。

（三）"有机肥＋生草＋配方肥＋水肥一体化"模式

1. 果园生草

果园生草一般在果树行间进行，可人工种植，也可自然生草后人工管理。人工种草可选择三叶草、小冠花、早熟禾、高羊茅、黑麦草、毛叶苕子和鼠茅草等，播种时间以 8 月中旬至 9 月初最佳，早熟禾、高羊茅和黑麦草也可在春季（3 月初）播种。播深为种子直径的 2～3 倍，土壤墒情要好，播后喷水 2～3 次。自然生草果园行间不进行中耕除草，由马唐、稗、光头稗、狗尾草等当地优良野生杂草自然生长，及时拔除豚草、苋菜、藜、苘麻、葎草等恶性杂草。不论人工种草还是自然生草，当草长到 30～40 cm 时要进行刈割，割后保留 10 cm 左右，割下的草覆于树盘下，每年刈割 2～3 次。

2. 基肥

基肥施用最适宜的时间是 9 月中旬至 10 月中旬，对于红富士等晚熟品种，可在采收后马上进行，越早越好。

基肥包括有机肥、土壤改良剂、中微肥和配方肥等。

渤海湾产区有机肥的类型及用量：每亩施用堆沤有机肥（腐熟的羊粪、牛粪等）2 000 kg（约 6 m³），或优质生物有机肥 500 kg，或饼肥 200 kg。

黄土高原产区有机肥的类型及用量：每亩施用堆沤有机肥（腐熟的羊粪、牛粪等）1 500 kg（约 5 m³），或优质生物有机肥 400 kg，或饼肥 150 kg。

土壤改良剂和中微肥：建议每亩施用硅钙镁钾肥 50～100 kg、硼肥 1 kg 左右、锌肥 2 kg 左右。

配方肥类型及用量：渤海湾产区建议采用高氮高磷中钾型复合肥，每亩用量 50～75 kg；黄土高原产区建议采用平衡型（15 - 15 - 15 或类似配方），每亩用量 40～50 kg。

基肥施用方法为沟施或穴施。沟施时沟宽 30 cm 左右、长度 50～100 cm、深 40 cm 左右，分为环状沟、放射状沟以及株（行）间条沟。穴施时根据树冠大小，每株树 4～6 个穴，穴直径和深度为 30～40 cm。每年交换位置挖穴，穴有效期为 3 年。施用时要将有机肥等与土充分混匀。

3. 水肥一体化

渤海湾产区亩产 3 000 kg 苹果园每亩水肥一体化追肥量一般为：氮肥（N）9～15 kg，磷肥（P_2O_5）4.5～7.5 kg，钾肥（K_2O）10～17.5 kg。黄土高原产区亩产 2 000 kg 苹果园每亩水肥一体化追肥量一般为：氮肥（N）6～8 kg，磷肥（P_2O_5）3.5～6.0 kg，钾肥（K_2O）8.0～12.0 kg。各时期氮、磷、钾施用比例见表 1。

表 1　盛果期苹果水肥一体化追肥方案

生育期	灌溉次数	每亩灌水定额（m³）	每次灌溉加入养分占总量比例（%）		
			N	P_2O_5	K_2O
萌芽前	1	25	25	20	10
花前	1	20	20	10	10
花后 2～4 周	1	20	15	10	10
花后 6～8 周	1	20	15	30	10
果实膨大期	1	10	10	10	20
	1	10	10	10	20
	1	10	5	10	20
合计	7	115	100	100	100

注：黄土高原地区每亩总灌溉定额 60～80 m³；雨季如果土壤湿度高，则用少量水施肥即可。

（四）"有机肥＋覆草＋配方肥"模式

1. 果园覆草

果园覆草的适宜时期 3 月中旬至 4 月中旬。覆盖材料因地制宜，作物秸秆、杂草、花生壳等均可采用。覆草前要先整好树盘，浇一遍水，施一次速效氮肥（每亩约 5 kg）。覆草厚度以常年保持在 15～20 cm 为宜。覆草适用于旱塬、山丘地、沙土地，在土层薄的地块效果尤其明显。由于易使果园土壤积水、引起旺长或烂根，黏土地不宜采用覆草措施。另外，树干周围 20 cm 左右不覆草，以防积水影响根颈透气。冬季较冷地区深秋覆一次草，可保护根系安全越冬。覆草果园要注意防火。风大地区可零星在草上压土、石块、木棒等防止草被大风吹走。

2. 基肥

基肥施用最适宜的时间是 9 月中旬至 10 月中旬，对于红富士等晚熟品种，可在采收后马上进行，越早越好。

基肥包括有机肥、土壤改良剂、中微肥和配方肥等。

渤海湾产区有机肥的类型及用量：每亩施用堆沤有机肥（腐熟的羊粪、牛粪等）2 000 kg（约 6 m³），或优质生物有机肥 500 kg，或饼肥 200 kg。

黄土高原产区有机肥的类型及用量：每亩施用堆沤有机肥（腐熟的羊粪、牛粪等）1 500 kg（约 5 m³），或优质生物有机肥 400 kg，或饼肥 150 kg。

土壤改良剂和中微肥：建议每亩施用硅钙镁钾肥 50～100 kg、硼肥 1 kg 左右、锌肥 2 kg 左右。

配方肥类型及用量：渤海湾产区建议采用高氮高磷中钾型复合肥，每亩用量 50～75 kg；黄土高原产区建议采用平衡型（15 - 15 - 15 或类似配方），每亩用量 40～50 kg。

基肥施用方法为沟施或穴施。沟施时沟宽 30 cm 左右、长度 50～100 cm、深 40 cm 左右，分为环状沟、放射状沟以及株（行）间条沟。穴施时根据树冠大小，每株树 4～6 个穴，穴的直径和深度为 30～40 cm。每年交换位置挖穴，穴的有效期为 3 年。施用时要将有机肥等与土充分混匀。

3. 追肥

追肥建议 3～4 次，第一次在 3 月中旬至 4 月中旬，建议施硝酸铵钙（或 25 - 5 - 15 硝基复合肥），每亩施肥量渤海湾产区 30～60 kg、黄土高原产区 20～40 kg；第二次在 6 月中旬，建议施高磷配方复合肥，每亩施肥量渤海湾产区 30～60 kg、黄土高原产区 20～40 kg；第三次在 7 月中旬至 8 月中旬，施肥类型以高钾配方为主（10 - 5 - 30 或类似配方），每亩施肥量渤海湾产区 25～30 kg、黄土高原产区 15～25 kg，配方和用量要根据果实大小灵活掌握，如红富士果径在 7 月初达到 65～70 mm、8 月初达到 70～75 mm，则要减少氮素比例和用量，否则可适当增加。

附件四　肥料合理使用准则　通则

1　范围

本标准规定了肥料合理使用的通用准则。

本标准适用于各种肥料。

2　规范性引用文件

下列文件中的条款通过本标准的引用而成为本标准的条款。凡是注日期的引用文件，其随后所有的修改单（不包括勘误的内容）或修订版均不适用于本标准，然而，鼓励根据本标准达成协议的各方研究是否可使用这些文件的最新版本。凡是不注日期的引用文件，其最新版本适用于本标准。

GB/T 6274　肥料和土壤调理剂术语

3　术语和定义

GB/T 6274 确立的以及下列术语和定义适用于本标准。

3.1

肥料　fertilizer

以提供植物养分为其主要功效的物料（GB/T 6274）。

3.2

有机肥料　organic fertilizer

主要来源于植物和（或）动物、施于土壤以提供植物营养为其主要功效的含碳物料（GB/T 6274）。

3.3

无机（矿质）肥料 inorganic（mineral）fertilizer

标明养分呈无机盐形式的肥料，由提取、物理和（或）化学工业方法制成（GB/T 6274）。

3.4

单一肥料　straight fertilizer

氮磷钾三种养分中，仅具有一种养分标明量的氮肥、磷肥或钾肥的通称（GB/T 6274）。

3.5

大量元素 macro - nutrient

对氮、磷、钾元素的通称。

3.6

中量元素 secondary nutrient

对钙、镁、硫元素的通称。

3.7

氮肥 nitrogen fertilizer

具有氮（N）标明量，以提供植物氮养分为其主要功效的单一肥料。

3.8

磷肥 phosphorus fertilizer

具有磷（P_2O_5）标明量，以提供植物磷养分为其主要功效的单一肥料。

3.9

钾肥 potassium fertilizer

具有钾（K_2O）标明量，以提供植物钾养分为其主要功效的单一肥料。

3.10

微量元素（微量养分） micro - nutrient

植物生长所必需的、但相对来说是少量的元素，包括硼、锰、铁、锌、铜、钼、氯和镍。

3.11

有益元素 beneficial element

不是所有植物生长必需的，但对某些植物生长有益的元素，如钠、硅、钴、硒、铝、钛、碘等。

3.12

有机-无机复混肥料 organic - inorganic compound fertilizer

来源于标明养分的有机和无机物质的产品，由有机和无机肥料混合（或化合）制成。

3.13

农用微生物产品 microbial product in agriculture

是指在农业上应用的含有目标微生物的一类活体制品。

3.14

平衡施肥　balanced fertilization

合理供应和调节植物需要的各种营养元素，使其能均衡满足植物生长发育的科学施肥技术。

3.15

测土配方施肥　soil testing and formulated fertilization

测土配方施肥是以肥料田间试验、土壤测试为基础，根据作物需肥规律、土壤供肥性能和肥料效应，在合理施用有机肥料的基础上，提出氮、磷、钾及中、微量元素等肥料的施用品种、数量、施肥时期和施用方法。

3.16

肥料效应　fertilizer response

肥料效应，简称肥效，是肥料对作物产量的效果，通常以肥料单位养分的施用量所能获得的作物增产量和效益表示。

3.17

施肥量　fertilizer application rate/dose

施于单位面积耕地或单位质量生长介质中的肥料或土壤调理剂养分的质量或体积（GB/T 6274）。

3.18

常规施肥　conventional fertilization

指当地农民普遍采用的施肥量、施肥品种和施肥方法，亦称习惯施肥。

4　肥料合理使用通用准则

4.1　施肥目标

合理施肥应达到高产、优质、高效、改土培肥、保证农产品质量安全和保护生态环境等目标。

4.2　施肥原理

4.2.1　矿质营养理论

植物生长发育需要碳、氢、氧、氮、磷、钾、钙、镁、硫、铁、锰、铜、锌、硼、钼、氯、镍17种必需营养元素和一些有益元素。碳、氢、氧主要来自空气和水，其他营养元素主要以矿物形态从土壤中吸收。每种必需元素均有其特定的生理功能，相互之间同等重要、不可替代。有益元素也能对某些植物生长发育起到促进作用。

4.2.2 养分归还学说

植物收获从土壤中带走大量养分，使土壤中的养分越来越少，地力逐渐下降。为了维持地力和提高产量，应将植物带走的养分适当归还土壤。

4.2.3 最小养分律

植物对必需营养元素的需要量有多有少，决定产量的是相对于植物需要、土壤中含量最少的有效养分。只有针对性地补充最小养分才能获得高产。最小养分随产量和施肥水平等条件的改变而变化。

4.2.4 报酬递减律

在其他技术条件相对稳定的条件下，在一定施肥量范围内，产量随着施肥量的逐渐增加而增加，但单位施肥量的增产量却呈递减趋势。施肥量超过一定限度后将不再增产，甚至造成减产。

4.2.5 因子综合作用律

植物生长受水分、养分、光照、温度、空气、品种以及土壤、耕作条件等多种因子制约，施肥仅是增产的措施之一，应与其他增产措施结合才能取得更好的效果。

4.3 施肥原则

在养分需求与供应平衡的基础上，坚持有机肥料与无机肥料相结合；坚持大量元素与中量元素、微量元素相结合；坚持基肥与追肥相结合；坚持施肥与其他措施相结合。

4.4 施肥依据

4.4.1 植物营养特性

不同植物种类、品种，同一植物品种不同生育期、不同产量水平对养分需求数量和比例不同；不同植物对养分种类的反应不同；不同植物对养分吸收利用的能力不同。

4.4.2 土壤性状

土壤类型、土壤物理、化学和生物性状等因素影响土壤保肥和供肥能力，从而影响肥料效应。

4.4.3 肥料性质

不同肥料种类和品种的特性，决定该肥料适宜的土壤类型、植物种类和施用方法。

4.4.4　其他条件

合理施肥还应考虑气候、灌溉、耕作、栽培、植物生长状况等其他条件。

4.5　施肥技术

施肥技术内容主要包括肥料种类、施肥量、养分配比、施肥时期、施肥方法和施肥位置等。施肥量是施肥技术的核心，肥料效应是上述施肥技术的综合反应。

4.5.1　肥料种类

根据土壤性状、植物营养特性和肥料性质等因素确定肥料种类。

4.5.2　施肥量

确定施肥量的方法主要有肥料效应函数法、测土施肥法和植株营养诊断法等。

4.5.3　养分配比

根据植物营养特性和土壤性状等因素调整肥料养分配比，实行平衡施肥。

4.5.4　施肥时期

根据肥料性质和植物营养特性等因素适时施肥，植物生长旺盛和吸收养分的关键时期应重点施肥。

4.5.5　施肥方法

根据土壤、作物和肥料性质等因素选择施肥方法，注意氮肥深施、磷肥和钾肥集中施用等，以发挥肥料效应，减少养分损失。

4.5.6　施肥位置

根据植物根系生长特性等因素选择适宜的施肥位置，提高养分空间有效性。

5　施肥评价指标

5.1　增产率

合理施肥产量与常规施肥或无肥区产量的差值占常规施肥或无肥区产量的百分数。

5.2　肥料利用率（养分回收率）

指施用的肥料养分被作物吸收的百分数，是评价肥料施用效果的一个重要指标。肥料利用率包括当季利用率和累积利用率。氮肥常用的是当季利用率，磷肥由于有后效，常用累积（叠加）利用率。

5.3 肥料农学效率

指特定施肥条件下，单位施肥量所增加的作物经济产量，是施肥增产效应的综合体现。

5.4 施肥经济效益

5.4.1 纯收益

施肥增加的产值与施肥成本的差值，正值表示施肥获得了经济效益，数额越大，获利愈多。

5.4.2 投入产出比

简称投产比，是施肥成本与施肥增加产值之比。

附件五　肥料合理使用准则　有机肥料

1　范围

本文件规定了有机肥料的术语和定义、来源和种类、性质、作用、合理施用原则、要点、不同种类有机肥料施用技术和安全施用等要求。

本文件适用于各类有机肥料的使用。

2　规范性引用文件

下列文件中的内容通过文中的规范性引用而构成本文件必不可少的条款。其中，注日期的引用文件，仅该日期对应的版本适用于本文件；不注日期的引用文件，其最新版本（包括所有的修改单）适用于本文件。

GB/T 6274—2016　肥料和土壤调理剂　术语

GB/T 18877　有机-无机复混肥料

GB/T 25246　畜禽粪便还田技术规范

GB/T 36195—2018　畜禽粪便无害化处理技术规范

NY 525—××××　有机肥料

NY/T 798　复合微生物肥料

NY 884　生物有机肥

NY 1106　含腐植酸水溶肥料

NY 1429　含氨基酸水溶肥料

3　术语和定义

GB/T 6274—2016、GB/T 36195—2018、NY 525—××××界定的以及下列术语和定义适用于本文件。

3.1

肥料　fertilizer

以提供植物养分为主要功效的物料。

［来源：GB/T 6274—2016，2.1.2］。

3.2

有机肥料　organic fertilizer

主要来源于植物和/或动物，施于土壤以提高土壤肥力、提供植物营养等为主要功效的含碳物料。

［来源：GB/T 6274—2016，2.1.7，有修改］。

3.3

碳氮比 C/N

有机肥料中总碳的质量百分数与总氮的质量百分数之比。

3.4

腐熟度 maturity

有机物料腐熟的程度，指堆肥中有机物经过矿化、腐殖化过程后达到稳定化的程度。

［来源：NY 525—××××，3.3，有修改］。

3.5

无害化处理 sanitation treatment

利用高温、好氧、厌氧发酵或消毒等技术使有机物料达到卫生学要求的过程。

［来源：GB/T 36195—2018，3.1，有修改］。

4 来源和种类

4.1 来源

4.1.1 有机肥料主要来源于植物和/或动物，包括作物秸秆、植物残体、人畜粪便、绿肥、沼肥、泥炭、褐煤、风化煤以及部分农产品加工废弃物等。

4.1.2 中药渣、骨粉、蚯蚓粪、食品级饮料加工废弃物、糠醛渣、水产养殖废弃物等用作有机肥料时，应进行安全风险评估。评估内容包括但不限于重金属、抗生素、盐分、有机污染物等。

4.1.3 禁止使用粉煤灰、钢渣、动物残体、城市垃圾、污泥、含有外来入侵物种物料等对动植物和农田环境有危害风险的物料用作有机肥料。

4.2 种类

4.2.1 粪尿

人或动物的排泄物，包括人粪尿、家畜粪尿、禽粪、蚕沙等。

4.2.2 秸秆肥

作物收获后的副产品，主要包括各类粮食作物、薯类作物、油料作物、棉麻作物的秸秆、各类瓜果蔬菜秸秆等。

4.2.3 绿肥

直接翻埋或经堆沤后作肥料施用的绿色植物体。主要包括紫云英、苕子、箭筈豌豆、草木樨、苜蓿、田菁、柽麻等豆科绿肥，肥田萝卜、肥用油菜、二月兰等十字花科绿肥，黑麦草、燕麦等禾本科绿肥，红萍等水生绿肥。

4.2.4 堆（沤）肥

以畜禽粪便、秸秆、杂草、树叶、草皮、绿肥及其他有机废弃物为原料，经堆积、沤制、发酵腐熟而成，包括堆肥、沤肥、厩肥等。

4.2.5 饼肥

油料种子经榨油后剩下的残渣，主要包括大豆饼、油菜籽饼、芝麻饼、花生饼、棉籽饼、葵花籽饼、茶籽饼等。

4.2.6 沼肥

植物残体、畜禽粪便等废弃物经沼气发酵后形成，包括沼渣、沼液或非工业分离的沼渣沼液混合物。

4.2.7 土杂肥

泥土与生物残体的混合物，主要包括泥肥、肥土、草木灰等。

4.2.8 海肥

以海产物制成的肥料，主要包括动物性海肥、植物性海肥和矿物性海肥。

4.2.9 商品有机肥料

畜禽粪便、作物秸秆、植物残体等原料经无害化处理、腐熟加工，用于市场销售的有机肥料，其质量应符合 NY 525 的技术要求。

4.2.10 生物有机肥

由特定功能微生物与主要以植物残体、畜禽粪便、农作物秸秆为原料并经无害化处理、腐熟的有机肥料复合而成，其质量应符合 NY 884 的技术要求。

4.2.11 复合微生物肥料

由特定微生物与营养物质复合而成的活体微生物制品，其质量应符合 NY/T 798 的技术要求。

4.2.12 有机-无机复混肥料

含有一定量有机肥料的复混肥料，其质量应符合 GB/T 18877 的技术要求。

4.2.13 腐植酸类肥料

以矿物源腐植酸为基础原料制成，包括腐植酸铵、腐植酸钠、腐植酸钾、腐植酸复混肥料、腐植酸有机肥料、腐植酸生物有机肥料等，其质量应符合相关标准的技术要求。

4.2.14 有机水溶肥料

含有机物质的水溶性肥料，包括含氨基酸水溶肥料、含腐植酸水溶肥料、含海藻酸水溶肥料及其他有机水溶肥料等，其质量应符合 NY 1106、NY 1429 等相关标准的技术要求。

5 性质

5.1 营养全

有机肥料通常含有多种矿质营养元素，糖、氨基酸、蛋白质、纤维素等有机成分，以及多种微生物及其代谢产物，但养分含量一般较低。

5.2 肥效长

有机肥料中的营养元素多数呈与有机碳相结合的状态，需经分解转化后才能被作物吸收利用，养分释放慢，肥效缓长。

5.3 成分复杂

有机肥料种类繁多，成分复杂。有的含有塑料、玻璃、金属、陶瓷、橡胶等杂质，以及重金属、氯、钠、环境激素、抗生素、病原菌等有害物质。

5.4 碳氮比不同

不同种类有机肥料的碳氮比不同，其腐熟分解速率、养分释放和固定也有较大差异。

6 作用

6.1 提高土壤肥力

施用有机肥料能够增加土壤有机质，改善土壤理化性状和生物多样性，增强土壤保水保肥能力，提高土壤缓冲性能。

6.2 提供植物营养

有机肥料既含矿质营养元素，又含有机成分，能够为作物生长提供营养，有利于提高产量，改善品质。

6.3 促进作物生长

有机肥料通常含有一些刺激作物生长、抑制病菌的物质，在降解过程中会产生各种酚类、生长素及类激素等，能够促进作物生长，提高作物抗逆性。

6.4 促进物质循环

合理利用有机肥料资源，能够促进物质良性循环，减少有机废弃物对环境的不良影响，同时减少化肥用量，降低能源消耗，减轻环境污染。

7 合理施用原则

7.1 长期施用

充分利用各种有机肥料资源，坚持长期施用有机肥料，维持、提高土壤肥力，改善作物养分供应。

7.2 有机无机结合

有机肥料应与无机肥料配合使用，合理配比、长短互补、缓急相济，充分发挥其作用，满足作物生长需要，实现高产稳产、用地养地相结合。

7.3 安全施用

有机肥料应进行无害化处理，严格控制杂质和有毒有害物质含量，避免对作物、土壤、及生态环境产生不良影响。适量合理施用，在设施农业等投入量高的区域和临近水源地等生态涵养区应控制施用总量。

8 合理施用要点

8.1 因目的合理施用

根据施肥目的选择有机肥种类。以培肥土壤为主要目的，应施用有机质含量高的有机肥，如秸秆类、牛粪等。以提供养分为主要目的，应施用养分含量较高的有机肥，如饼肥、粪肥等。

8.2 因作物合理施用

多年生作物、生育期较长的作物及块根块茎等作物，可施用腐熟程度较低的有机肥料。生育期较短的作物，宜施用腐熟程度较高的有机肥料。

8.3 因土壤合理施用

有机质含量较低的土壤应多施用有机肥料。质地黏重、透气性能差的土壤，宜施用腐熟程度较高的有机肥料。质地较轻、保水保肥能力差的土壤，可施用腐熟程度较低的有机肥料，或采取秸秆还田、种植绿肥适时翻压等措施。水田施用腐熟程度较低的有机肥料应控制用量。有机质含量低、理化性质差的盐碱土，宜施用腐熟程度较高的有机肥料，并适当增加施用量。

8.4 因气候合理施用

在气温低、降雨少的地区，宜施用腐熟程度较高的有机肥料。在温暖湿润的地区，微生物数量及活性高，有机物分解速度快，可施用腐熟程度较低的有机肥料。

8.5 采用合理的施肥方式

有机肥以作基肥为主，可采用撒施、条状沟施、环状沟施、放射状沟施、穴施等方法，注意均匀施入，耕翻入土，推荐机械深施。作追肥时，需要及时浇足水分。一些高度腐熟的堆沤肥、商品有机肥等可以作种肥、营养土。

9 不同种类有机肥料施用技术

9.1 秸秆肥

9.1.1 翻压还田

采用机械作业等方式，在作物收获后将秸秆切断或粉碎直接翻入土壤，也可采用留高茬、作物整秆（根茬）深翻入土等方式。通常情况下，麦稻秸秆粉碎细度为 5～10 cm，玉米秸秆粉碎细度为 10～15 cm。粉碎的秸秆深翻入土 25 cm 左右，整秆（根茬）深翻入土 30 cm 以上。注意作物收获后尽早翻压，配合施用氮肥或秸秆腐熟剂。还田后注意调节土壤水分，保证秸秆充分腐熟。

9.1.2 覆盖还田

作物收获后将秸秆整株或粉碎后直接铺放在地表。小麦、玉米、豆类等直播作物在播种后立即铺覆秸秆，油菜、棉花、瓜菜类等移栽作物可在移栽前全田覆盖秸秆，然后草间扒窝移栽或预留播栽行摆放，果、茶等园地可因作物生长需要随时覆盖秸秆。注意均匀覆盖地表，适当增施氮肥，保持秸秆适宜湿度，加速腐熟。

9.1.3 堆沤还田

将秸秆收割粉碎后，加入适量畜禽粪便、发酵微生物菌剂、其他肥料等进行堆沤发酵腐熟后还田。堆沤时物料应混匀，调节碳氮比，秸秆含水量在 60% 左右。堆体四周及顶部要封严，避免踩压堆垛。在冬季或高寒地区堆腐时，应在堆体上加盖塑料薄膜增温，当堆体温度超过 65 ℃ 时应采取通风措施。

9.1.4 沟埋还田

作物秸秆整秆或粉碎后埋入农田墒沟，或农田与果园定向开挖的深沟内，通过加入畜禽粪便、增施氮肥、接种秸秆腐熟剂等措施，促进秸秆腐熟还田。一般埯沟深约 20 cm，宽约 20 cm，沟间距 10～15 m。北方旱作玉米区，可在玉米行间进行整秆沟埋，一般沟深 20～27 cm，宽约 40 cm，沟间距 1.3～1.5 m。果园一般沟深 40～50 cm，宽约 40 cm。注意调节秸秆水分，适当施用氮肥和秸秆腐熟剂。

9.2　绿肥

9.2.1　南方水田绿肥

可选择紫云英、苕子、箭筈豌豆、蚕豆、黄花苜蓿等豆科绿肥，或肥田萝卜、肥用油菜、多花黑麦草等非豆科绿肥。秋季（9 月上旬至 11 月上旬）播种。通常情况下播量为，紫云英、黄花苜蓿 22.5～45 kg/hm²，苕子 37.5～60 kg/hm²，箭筈豌豆、蚕豆 90～150 kg/hm²，肥田萝卜 7.5～15 kg/hm²，肥用油菜 4.5～7.5 kg/hm²，多花黑麦草 22.5～30 kg/hm²。采用翻压还田作基肥，豆科绿肥应在水稻直播或插秧前 7 d～15 d 翻压；非豆科绿肥的翻压时间应适当提早。翻压量 22.5～37.5 t/hm²。紫云英结荚期还田的，应在 30％～50％黑荚时翻压还田。翻压前宜施生石灰 750 kg/hm²，翻压后 2～3 d 灌浅水沤田。豆科绿肥还田，接茬水稻可减少 20％～40％的氮肥用量。

9.2.2　旱地绿肥

采取轮作、套作、混作等方式，秋季种植苕子、箭筈豌豆、肥田萝卜、山黧豆、冬油菜、草木樨、苜蓿等绿肥作物。冬闲田秋播（9 月上旬至 11 月上旬），秋闲田 7 月至 8 月初播种。通常情况下播量为，苕子 45 ²～60 kg/hm²，肥田萝卜 7.5～15 kg/hm²，山黧豆 45～60 kg/hm²，冬油菜 7.5～15 kg/hm²，箭筈豌豆 90～150 kg/hm²，草木樨 22.5～30 kg/hm²，苜蓿 15～30 kg/hm²。下茬作物播种或移栽前 15～20 d 翻压，翻压深度以 12～18 cm 为宜，注意压实。翻压量 22.5～30 t/hm²。土壤偏酸性的旱地，翻压前施生石灰 750 kg/hm²。豆科绿肥还田，接茬作物可减少 15％～30％氮肥用量。

9.2.3　果园绿肥

种植毛叶苕子、光叶苕子、箭筈豌豆、山黧豆、紫云英、决明等节肥型绿肥作物，或油菜、二月兰、鼠茅草、黑麦草等培肥型绿肥作物，可采用撒播后浅旋 5 cm 的简化播种方式。决明于 4 月上旬至 5 月上中旬播种，其他秋播（9 月上旬至 11 月上旬）。通常情况下播量为，苕子 30～45 kg/hm²，箭筈豌豆 60～90 kg/hm²，山黧豆 45～60 kg/hm²，紫云英 22.5～30 kg/hm²，决明 11.25～

15 kg/hm², 油菜 7.5～15 kg/hm², 二月兰 22.5～30 kg/hm², 鼠茅草 22.5～30 kg/hm², 多花黑麦草 22.5～30 kg/hm²。可采用自然覆盖的方式，或在绿肥盛花期或旺长期刈割覆盖于果树树盘及行间，或结合果园施肥将绿肥翻压于施肥沟或行间，翻压深度为 15～20 cm。自然覆盖时，3～5 年翻耕更新一次。翻压一季豆科绿肥，果园可减少氮肥用量 37.5～45 kg/hm²；两季周年覆盖或长势特别旺盛时，可减少氮肥用量 60～75 kg/hm²。

9.2.4 茶园绿肥

夏播（4 月上旬至 5 月上中旬）选用耐酸性较强的决明，秋播（9 月上旬至 11 月上旬）宜采用光叶苕子、毛叶苕子、箭筈豌豆、紫云英等豆科绿肥。播种方式及播种量参见 9.2.3。在绿肥初花期或盛花期进行刈割覆盖，或结合茶园施肥进行翻压还田。高秆型绿肥宜采取刈割覆盖与直接翻压相结合方式还园，矮生型或匍匐型绿肥宜采取翻压方式。幼龄茶园埋翻压宜距茶树根颈部45～55 cm，成龄茶园宜翻压于茶行中间。翻压深度为 15～20 cm。

9.3 堆（沤）肥

9.3.1 堆肥

通常作基肥施用，一般施用量为 15～30 t/hm²，可采用撒施、条施、沟施、穴施或环状施肥等方式。宜在秋季施肥，施用时避开雨季，施入后应在24 h 内翻耕入土。条施、穴施和环状施肥的沟深、沟宽应按不同作物、不同生长期相应生产技术规程的要求执行。

9.3.2 沤肥

在水田作物上作基肥施用，一般施用量为 45～75 t/hm²，可结合整地撒施后耕翻。应与氮肥、磷肥等配施。

9.3.3 厩肥

作基肥施用时，在旱地上采取开沟条施或穴施，水田采用撒施。作追肥施用时，厩肥需充分腐熟，并结合中耕培土施用。

9.4 饼肥

9.4.1 基施

饼肥通常用作基肥，可沤制发酵后施用，一般用量 375～750 kg/hm²，施用深度为 10～20 cm。饼肥也可与腐熟完全的堆沤肥混合施用，注意配施适量化肥。饼肥腐熟分解时易升温，并产生有机酸等，影响种子发芽和幼苗生长，应注意与种子保持一定距离。

9.4.2 追施

作追肥时需经发酵处理，并适当提前施用。在行间沟施或穴施，施后盖土。

9.5 沼肥

9.5.1 基施

腐熟的沼渣一般作基肥，用量为 $30\sim45$ t/hm²，采用撒施、条施、穴施等方式，及时翻耕覆土。水田应均匀撒施后翻耕入土 10 cm 左右，旱地宜采用穴施、沟施，然后覆土。不宜与草木灰等碱性肥料混施。

9.5.2 追施

沼液一般作追肥，用量为 $75\sim150$ t/hm²，采用条施、穴施、环状施肥或喷灌、滴灌等方式，及时覆土。沼液灌溉应根据养分含量适当稀释，滴灌施用时注意过滤，避免堵塞管道和滴头。腐熟的沼渣也可作追肥，施用时避免与作物根系接触。

9.5.3 叶面喷施和浸种

沼液可作叶面喷施，应根据养分含量和作物特点进行稀释，蔬菜幼苗期一般稀释 $10\sim20$ 倍，中后期稀释 $5\sim10$ 倍。喷施宜在上午或傍晚为宜，高温及雨天不宜喷施。沼液可浸种，使用前应稀释，浸种时间一般 $12\sim22$ h，浸泡后的种子要沥干后用清水洗净。

9.6 土杂肥

可作基肥、追肥施用，肥土用量一般为 $15\sim22.5$ t/hm²。草木灰用量一般 $0.75\sim1.5$ t/hm²。肥土施用前应加水焖酥、打碎后与堆肥、化肥等配合施用，施用后及时覆土，并结合灌水。草木灰不应与氮素化肥混存混用。

9.7 海肥

一般经沤制、腐熟后施用。植物性海肥可粉碎后与 $2\sim4$ 倍土杂肥、厩肥、粪尿等混合堆沤 $15\sim30$ d，腐熟后作基肥或追肥施用。动物性海肥可与 $3\sim4$ 倍土杂肥、厩肥、粪尿等混匀沤制发酵 $1\sim2$ 月，作基肥或追肥施用。海肥含盐量较高，应避免施用于盐碱土。

9.8 商品有机肥料

可采用穴施或沟施作基肥施用，用量一般为 $1.5\sim7.5$ t/hm²，应注意与化肥配合施用。施用时应与植株根系保持一定距离，在两行作物中间沟施或株间穴施。施用时注意参照产品说明书。注意部分商品有机肥不能用于食用农产品。

9.9　生物有机肥

可作基肥、种肥、追肥施用。作基肥时可撒施后翻压入土，或采用穴施、沟施、环状施用等方式集中施用。作追肥时可在根系密集层附近深施覆土，也可采用叶面喷施，按1：10的质量比例将肥料与水混匀，静止沉淀后取上清喷施。作种肥时可与化肥混合随机械播种施入土壤，或开沟播种后撒施覆土。避免与碱性肥料或杀菌剂同时施用。施用时注意参照产品说明书。

9.10　复合微生物肥料

作基肥时在播种前或定植前单独或与其他肥料混合施用。作追肥时可采用条施、沟施、灌根、喷施等方式。作种肥时避免与种子直接接触，可将肥料施于种子附近。避免与碱性肥料或杀菌剂同时施用。施用时注意参照产品说明书。

9.11　有机-无机复混肥料

可作基肥、追肥和种肥施用。作种肥时，可采用条施、点施和穴施等方式，但应避免与种子的直接接触。施用时注意参照产品说明书。

9.12　腐植酸类肥料

可采用浸种蘸根、叶面喷施、沟施或穴施等方式，作种肥、追肥和基肥施用。浸种时肥液浓度一般为0.005%～0.05%，时间为5～10 h。蘸根时肥液浓度一般为0.01%～0.05%。叶面喷施时肥浓度一般为0.01%～0.05%，作物花期喷施2～3次。作基肥时，固体腐植酸类肥料施用量为1.5～2.25 t/hm^2。作追肥时，可在作物幼苗期和抽穗期前，用浓度为0.01%～0.1%的肥液浇灌在根系附近。水田可随灌水时施用或水面泼施。施用是注意参照产品说明书。

9.13　有机水溶肥料

主要采用叶面喷施、浸种蘸根、水肥一体化等方式施用。施用时应严格控制肥液浓度，避免浓度过高造成肥害或浓度过低降低肥效。含氨基酸、腐植酸、海藻酸等有机水溶肥料，叶面喷施时一般稀释500～1 000倍，选择叶面施肥关键期进行喷施。水肥一体化施用应按照灌溉系统类型控制水不溶物含量，注意肥料与灌溉水的反应及肥料混合的兼容性，避免堵塞灌水器。施用时注意参照产品说明书。

10 安全施用

10.1 潜在风险

10.1.1 未完全腐熟

未腐熟或腐熟不完全的有机肥料中可能含有杂草种子、病原菌及寄生虫卵等，带来病虫草害发生、蚊蝇孳生等安全卫生问题。施入土壤后通过微生物降解产生有机酸、NH_4^+ 等中间产物，造成烧苗烧根、种子不发芽等危害。

10.1.2 重金属积累

一些畜禽粪便、植物残体、农产品加工废弃物中重金属含量较高，长期大量施用会造成土壤重金属积累。

10.1.3 有机污染物积累

规模化养殖场中因使用消毒剂、饲料添加剂和兽药等，导致部分畜禽粪便中有机氯、抗生素类等物质含量较高，长期大量施用会带来土壤有机污染物积累。

10.1.4 养分积累或淋溶流失

长期过量施用有机肥料会造成单一营养元素，尤其是磷元素的过量积累。部分有机肥料容易淋溶流失，选择或使用不当可能会加剧水源污染。盐碱地和水源地应优选有机肥料品质、控制有机肥料用量、监控有机肥料流失。

10.2 安全施用要点

10.2.1 原料管控

按照有机肥料来源分类，严格管控积造原料。需进行安全风险评估的物料，应全面评估有毒有害物质风险。禁止使用垃圾、污泥等可能含有有毒有害物质、存在风险隐患的物料直接用于农田或生产有机肥料。循环利用的垃圾、污泥等，应称为农用垃圾或农用污泥，仅用于城市及道路绿化，不能用作有机肥料，不能进入耕地。明确标注来源，定期监测，开展风险评估。

10.2.2 无害化处理

有机肥料积造过程中，应经过无害化处理，杀灭对作物、畜禽或人体有害的杂草种子、病原菌、寄生虫卵等，清除塑料、玻璃、金属、石块等杂物，严格控制重金属、氯、钠、环境激素、抗生素、农药残留等有害物质，保证农产品安全生产，达到对环境卫生无害。畜禽粪便无害化处理应符合 GB/T 36195 的规定。制作肥料的畜禽粪便中重金属含量应符合 GB/T 25246 要求。

10.2.3 合理使用

一般情况下有机物料应经过高温堆肥充分发酵腐熟后施用，以提高肥效。高温堆肥最高堆温应达到 50 ℃，时间保持 5～7 d，其卫生学指标及重金属含量应符合 GB/T 25246 的规定。在有机肥料使用过程中，应选择适宜的种类、时间、方法和用量，防止因过量使用、过于集中施用而造成的污染。在施用腐熟度较低的有机肥料时，应避开作物根系，配合施用化肥和石灰，减少烧苗烧根、病虫草害等危害。

附件六　畜禽粪便堆肥技术规范

1　范围

本标准规定了畜禽粪便堆肥的场地要求、堆肥工艺、设施设备、堆肥质量评价和检测方法。

本标准适用于规模化养殖场和集中处理中心的畜禽粪便及养殖垫料堆肥。

2　规范性引用文件

下列文件对于本文件的应用是必不可少的。凡是注日期的引用文件，仅注日期的版本适用于本文件。凡是不注日期的引用文件，其最新版本（包括所有的修改单）适用于本文件。

GB/T 8576　复混肥料中游离水含量的测定　真空烘箱法

GB/T 17767.1　有机-无机复混肥料的测定方法　第1部分：总氮含量

GB 18596　畜禽养殖业污染物排放标准

GB/T 19524.1　肥料中粪大肠菌群的测定

GB/T 19524.2　肥料中蛔虫卵死亡率的测定

GB/T 23349　肥料中砷、镉、铅、铬、汞生态指标

GB/T 25169—2010　畜禽粪便监测技术规范

GB/T 36195　畜禽粪便无害化处理技术规范

3　术语和定义

下列术语和定义适用于本文件。

3.1　堆肥　composting

在人工控制条件下（水分、碳氮比和通风等），通过微生物的发酵，使有机物被降解，并生产出一种适宜于土地利用的产物的过程。

3.2　辅料　auxiliary material

用于调节堆肥原料含水率、碳氮比、通透性等的物料。

注：常用辅料有农作物秸秆、锯末、稻壳、蘑菇渣等。

3.3　条垛式堆肥　pile composting

将混合好的物料堆成条垛进行好氧发酵的堆肥工艺。

注：条垛式堆肥包括动态条垛式堆肥、静态条垛式堆肥等。

3.4 槽式堆肥 bed composting

将混合好的物料置于槽式结构中进行好氧发酵的堆肥工艺。

注：槽式堆肥包括连续动态槽式堆肥、序批式动态槽式堆肥和静态槽式堆肥等。

3.5 反应器堆肥 reactor composting

将混合好的物料置于密闭容器中进行好氧发酵的堆肥工艺。

注：反应器堆肥包括筒仓式反应器堆肥、滚筒式反应器堆肥和箱式反应器堆肥等。

3.6 种子发芽指数 germination index

以黄瓜或萝卜种子为试验材料，堆肥浸提液的种子发芽率和种子平均根长的乘积与去离子水种子发芽率和种子平均根长的乘积的比值，用于评价堆肥腐熟度。

4 场地要求

4.1 畜禽粪便堆肥场选址及布局应符合 GB/T 36195 的规定。

4.2 原料存放区应防雨防水防火。畜禽粪便等主要原料应尽快预处理并输送至发酵区，存放时间不宜超过 1 d。

4.3 发酵场地应配备防雨和排水设施。堆肥过程中产生的渗滤液应收集储存，防止渗滤液渗漏。

4.4 堆肥成品存储区应干燥、通风、防晒、防破裂、防雨淋。

5 堆肥工艺

5.1 工艺流程

畜禽粪便堆肥工艺流程包括物料预处理、一次发酵、二次发酵和臭气收集处理等环节，见图 1。

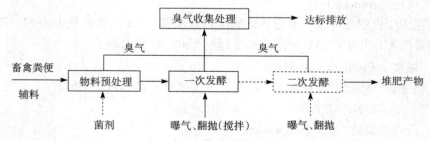

图 1 畜禽粪便堆肥工艺流程
注：实线表示必需步骤，虚线表示可选步骤。

5.2 物料预处理

5.2.1 将畜禽粪便和辅料混合均匀，混合后的物料含水率宜为 45%～65%，碳氮比（C/N）为（20∶1）～（40∶1），粒径不大于 5 cm，pH 5.5～9.0。

5.2.2 堆肥过程中可添加有机物料腐熟剂，接种量宜为堆肥物料质量的 0.1%～0.2%。腐熟剂应获得管理部门产品登记。

5.3 一次发酵

5.3.1 通过堆体曝气或翻堆，使堆体温度达到 55℃以上，条垛式堆肥维持时间不得少于 15 d、槽式堆肥维持时间不少于 7 d、反应器堆肥维持时间不少于 5 d。堆体温度高于 65℃时，应通过翻堆、搅拌、曝气降低温度。堆体温度测定方法见附录 A。

5.3.2 堆体内部氧气浓度宜不小于 5%，曝气风量宜为 0.05～0.2 m³/min（以每立方米物料为基准）。

5.3.3 条垛式堆肥和槽式堆肥的翻堆次数宜为每天 1 次；反应器堆肥宜采取间歇搅拌方式（如：开 30 min 停 30 min）。实际运行中可根据堆体温度和出料情况调整搅拌频率。

5.4 二次发酵

堆肥产物作为商品有机肥料或栽培基质时应进行二次发酵，堆体温度接近环境温度时终止发酵过程。

5.5 臭气控制

堆肥过程中产生的臭气应进行有效收集和处理，经处理后的恶臭气体浓度符合 GB 18596 的规定。臭气控制可采用如下方法：

    a)   工艺优化法：通过添加辅料或调理剂，调节碳氮比（C/N）、含水率和堆体孔隙度等，确保堆体处于好氧状态，减少臭气产生。

    b)   微生物处理法：通过在发酵前期和发酵过程中添加微生物除臭菌剂，控制和减少臭气产生。

    c)   收集处理法：通过在原料预处理区和发酵区设置臭气收集装置，将堆肥过程中产生的臭气进行有效收集并集中处理。

6 设施设备

6.1 堆肥设备选择原则

堆肥设备应根据堆肥工艺确定，分为预处理设备、发酵设备和后处理设备。

6.2 预处理设备

预处理设备主要包括粉碎设备和混料设备，混料方式可选择简易铲车混料或专用混料机混料。

6.3 发酵设备

6.3.1 条垛式堆肥设备

条垛式堆肥翻抛设备宜选择自走式或牵引式翻抛机，并根据条垛宽度和处理量选择翻抛机。对于简易垛式堆肥，也可用铲车进行翻抛。

6.3.2 槽式堆肥设备

6.3.2.1 槽式堆肥成套设备包括进出料设备、发酵设备和自控设备等。

6.3.2.2 发酵设备主要包括翻堆设备和通风设备，要求如下：

    a) 物料翻堆设备应使用翻堆机，并配备移行车实现翻堆机的换槽功能。

    b) 堆体通风设备应使用风机，并根据风压和风量要求，选择单槽单台或多槽分段多台风机。

6.3.3 反应器堆肥设备

6.3.3.1 反应器堆肥设备按进出料方式分为动态反应器和静态反应器。

6.3.3.2 动态反应器主要包括筒仓式、滚筒式和箱式等类型，设备系统特性如下：

    a) 筒仓式堆肥反应器是一种立式堆肥设备，从顶部进料底部出料，应配置上料、搅拌、通风、出料、除臭和自控等系统。

    b) 滚筒式堆肥反应器是一种卧式堆肥设备，使用滚筒抄板混合和移动物料，应配置上料、通风、出料、除臭和自控等系统。

    c) 箱式堆肥反应器是一种卧式堆肥设备，使用箱体内部输送带承载、移动和混合物料，应配置上料、通风、出料、除臭和自控等系统。

6.3.3.3 静态反应器主要包括箱式和隧道式等类型。

6.4 后处理设备

后处理设备主要包括筛分机和包装机等。

7 堆肥质量评价

7.1 堆肥产物质量要求

堆肥产物应符合表1的要求。

表 1 堆肥产物质量要求

项 目	指 标
有机质含量（以干基计，%）	≥30
水分含量（%）	≤45
种子发芽指数（GI，%）	≥70
蛔虫卵死亡率（%）	≥95
粪大肠菌群数（个/g）	≤100
总砷（As）（以干基计，mg/kg）	≤15
总汞（Hg）（以干基计，mg/kg）	≤2
总铅（Pb）（以干基计，mg/kg）	≤50
总镉（Cd）（以干基计，mg/kg）	≤3
总铬（Cr）（以干基计，mg/kg）	≤150

7.2 采样

堆肥产物样品采样方法、样品记录和标识按照 GB/T 25169—2010 中第 5 章的规定执行，其中采样过程按照 5.3.2 的规定执行。样品的保存按照 GB/T 25169—2010 中第 8 章的规定执行。

8 检测方法

8.1 水分含量的测定

按照 GB/T 8576 的规定执行。

8.2 酸碱度的测定

按照附录 B 的规定执行。

8.3 有机质含量的测定

按照附录 C 的规定执行。

8.4 总氮的测定

按照 GB/T 17767.1 的规定执行。

8.5 种子发芽指数的测定

按照附录 D 的规定执行。

8.6 粪大肠菌群数的测定

按照 GB/T 19524.1 的规定执行。

8.7 蛔虫卵死亡率的测定

按照 GB/T 19524.2 的规定执行。

8.8 砷的测定

按照 GB/T 23349 的规定执行。

8.9 汞的测定

按照 GB/T 23349 的规定执行。

8.10 铅的测定

按照 GB/T 23349 的规定执行。

8.11 镉的测定

按照 GB/T 23349 的规定执行。

8.12 铬的测定

按照 GB/T 23349 的规定执行。

附　录　A
（规范性附录）
堆体温度测定方法

A.1　适用范围

适用于高温堆肥堆体内温度的测定。

A.2　仪器

选择金属套筒温度计或热敏数显测温装置。

A.3　测定

A.3.1　将堆体自顶层到底层分成 4 段，自上而下测量每一段中心的温度，取最高温度。测温点示意图见图 A.1a）和图 A.2a）。

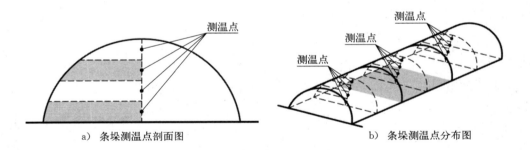

　　a）条垛测温点剖面图　　　　　　　　　　　　b）条垛测温点分布图

图 A.1　条垛堆肥测温示意图

A.3.2　在整个堆体上至少选择 3 个位置，按 A.3.1 测出每一部位的最高温度，分别用 T_1、T_2、T_3 等表示。测温点示意图见图 A.1b）和图 A.2b）。

A.3.3　堆体温度取 T_1、T_2、T_3 等测得温度值的平均值。

A.3.4　在堆肥周期内应每天测试温度。

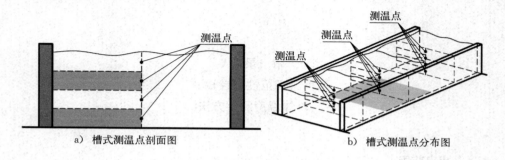

a) 槽式测温点剖面图 　　b) 槽式测温点分布图

图 A. 2　槽式堆肥测温示意图

附　录　B

（规范性附录）
酸碱度的测定方法　pH 计法

B.1　方法原理

试样经水浸泡平衡，直接用 pH 酸度计测定。

B.2　仪器

pH 酸度计；玻璃电极或饱和甘汞电极，或 pH 复合电极；振荡机或搅拌器。

B.3　试剂和溶液

B.3.1　pH 4.01 标准缓冲液：称取经 110℃烘 1 h 的邻苯二钾酸氢钾（$KHC_8H_4O_4$）10.21 g，用水溶解，稀释定容至 1 L。

B.3.2　pH 6.87 标准缓冲液：称取经 120℃烘 2 h 的磷酸二氢钾（KH_2PO_4）3.398 g 和经 120～130℃烘 2 h 的无水磷酸氢二钠（Na_2HPO_4）3.53 g，用水溶解，稀释定容至 1 L。

B.3.3　pH 9.18 标准缓冲液：称取硼砂（$Na_2B_4O_7 \cdot 10H_2O$，在盛有蔗糖和食盐饱和溶液的干燥器中平衡一周）3.81 g，用水溶解，稀释定容至 1 L。

B.4　pH 计的校正

B.4.1　依照仪器说明书，至少使用 2 种 pH 标准缓冲溶液（B.3.1、B.3.2、B.3.3）进行 pH 计的校正。

B.4.2　将盛有缓冲溶液并内置搅拌子的烧杯置于磁力搅拌器上，开启磁力搅拌器。

B.4.3　用温度计测量缓冲溶液的温度，并将 pH 计的温度补偿旋钮调节到该温度上。有自动温度补偿功能的仪器，此步骤可省略。

B.4.4 搅拌平稳后将电极插入缓冲溶液中，待读数稳定后读取 pH。

B.5 试样溶液 pH 的测定

称取过 Φ1 mm 筛的风干样 5.0 g 于 100 mL 烧杯中，加水 50 mL（经煮沸驱除二氧化碳），搅动 15 min，静置 30 min，用 pH 酸度计测定。

注：测量时，试样溶液的温度与标准缓冲溶液的温度之差不应超过 1℃。

B.6 允许差

取平行测定结果的算术平均值为最终分析结果，保留 1 位小数。平行分析结果的绝对差值不大于 0.2 pH 单位。

附 录 C

（规范性附录）

有机质含量的测定 重铬酸钾容量法

C.1 方法原理

用定量的重铬酸钾-硫酸溶液，在加热条件下，使有机肥料中的有机碳氧化，多余的重铬酸钾用硫酸亚铁标准溶液滴定，同时以二氧化硅为添加物作空白试验。根据氧化前后氧化剂消耗量，计算有机碳含量，乘以系数 1.724，为有机质含量。

C.2 仪器、设备

水浴锅；分析天平（感量为 0.000 1 g）。

C.3 试剂和材料

除非另有说明，在分析中仅使用确认为分析纯的试剂。

C.3.1 二氧化硅：粉末状。

C.3.2 浓硫酸（$\rho = 1.84$ g/cm³）。

C.3.3 重铬酸钾（$K_2Cr_2O_7$）标准溶液：$c(1/6\ K_2Cr_2O_7) = 0.1$ mol/L。

称取经过 130℃烘 3～4 h 的重铬酸钾（基准试剂）4.903 1 g，先用少量水溶解，然后转移入 1 L 容量瓶中，用水稀释至刻度，摇匀备用。

C.3.4 重铬酸钾溶液：$c(1/6\ K_2Cr_2O_7) = 0.8$ mol/L。

称取重铬酸钾 39.23 g，先用少量水溶解，然后转移入 1 L 容量瓶中，稀释至刻度，摇匀备用。

C.3.5 硫酸亚铁（$FeSO_4$）标准溶液：$c(FeSO_4) = 0.2$ mol/L。

称取（$FeSO_4 \cdot 7H_2O$）55.6 g，溶于 900 mL 水中，加硫酸（C.3.2）20 mL 溶解，稀释定容至 1 L，摇匀备用（必要时过滤）。此溶液的准确浓度以 0.1 mol/L 重铬酸钾标准溶液（C.3.3）标定，现用现标定。

c（$FeSO_4$）＝0.2 mol/L 标准溶液的标定：吸取重铬酸钾标准溶液（C.3.3）20.00 mL 加入 150 mL 三角瓶中，加硫酸（C.3.2）3～5 mL 和 2～3 滴邻啡啰啉指示剂（C.3.6），用硫酸亚铁标准溶液（C.3.5）滴定。根据硫酸亚铁标准溶液滴定时的消耗量按式（C.1）计算其准确浓度 c。

$$c = \frac{c_1 \times V_1}{V_2} \quad\cdots\cdots\cdots\cdots\cdots\cdots\cdots\cdots\cdots\cdots \text{（C.1）}$$

式中：

c_1——重铬酸钾标准溶液的浓度，单位为摩尔每升（mol/L）；

V_1——吸取重铬酸钾标准溶液的体积，单位为毫升（mL）；

V_2——滴定时消耗硫酸亚铁标准溶液的体积，单位为毫升（mL）。

C.3.6　邻啡啰啉指示剂

称取硫酸亚铁 0.695 g 和邻啡啰啉 1.485 g 溶于 100 mL 水中，摇匀备用。此指示剂易变质，应密闭保存于棕色瓶中。

C.4　试验步骤

称取过 Φ1 mm 筛的风干试样 0.2～0.5 g（精确至 0.000 1 g），置于 500 mL 的三角瓶中，准确加入 0.8 mol/L 重铬酸钾溶液（C.3.4）50.0 mL，再加入 50.0 mL 浓硫酸（C.3.2），加一弯颈小漏斗，置于沸水中，待水沸腾后保持 30 min。取出冷却至室温，用水冲洗小漏斗，洗液承接于三角瓶中。取下三角瓶，将反应物无损转入 250 mL 容量瓶中，冷却至室温，定容，吸取 50.0 mL 溶液于 250 mL 三角瓶内，加水至 100 mL 左右，加 2～3 滴邻啡啰啉指示剂（C.3.6），用 0.2 mol/L 硫酸亚铁标准溶液（C.3.5）滴定近终点时，溶液由绿色变成暗绿色，再逐滴加入硫酸亚铁标准溶液直至生成砖红色为止。同时，称取 0.2 g（精确至 0.001 g）二氧化硅（C.3.1）代替试样，按照相同分析步骤，使用同样的试剂，进行空白试验。

如果滴定试样所用硫酸亚铁标准溶液的用量不到空白试验所用硫酸亚铁标准溶液用量的 1/3 时，则应减少称样量，重新测定。

C.5　分析结果的表述

有机质含量以肥料的质量分数表示（ω），单位为百分率（%），按式（C.2）计算。

$$\omega = \frac{c(V_0 - V) \times 0.003 \times 100 \times 1.5 \times 1.724 \times D}{m(1 - X_0)} \quad\cdots\cdots \text{（C.2）}$$

式中：

c——标定标准溶液的摩尔浓度，单位为摩尔每升（mol/L）；

V_0——空白试验时，消耗标定标准溶液的体积，单位为毫升（mL）；

V——样品测定时，消耗标定标准溶液的体积，单位为毫升（mL）；

0.003——1/4 碳原子的摩尔质量，单位为克每摩尔（g/mol）；

1.724——由有机碳换算为有机质的系数；

1.5——氧化校正系数；

m——风干样质量，单位为克（g）；

X_0——风干样含水量；

D——分取倍数，定容体积/分取体积，250/50。

C.6　允许差

取平行分析结果的算术平均值为测定结果。平行测定结果的绝对差值应符合如下要求：

a)　平行测定结果的绝对差值应符合表 C.1 的要求。

表 C.1

有机质（ω,%）	绝对差值（%）
$\omega \leqslant 40$	0.6
$40 < \omega < 55$	0.8
$\omega \geqslant 55$	1.0

b)　不同实验室测定结果的绝对差值应符合表 C.2 的要求。

表 C.2

有机质（ω,%）	绝对差值（%）
$\omega \leqslant 40$	1.0
$40 < \omega < 55$	1.5
$\omega \geqslant 55$	2.0

附 录 D

（规范性附录）
种子发芽指数（GI）的测定方法

D.1 主要仪器和试剂

培养皿、滤纸、去离子水（或蒸馏水）、往复式水平振荡机、恒温培养箱。

D.2 试验步骤

D.2.1 称取堆肥样品 10.0 g，置于 250 mL 锥形瓶中，按固液比（质量/体积）1∶10 加入 100 mL 的去离子水或蒸馏水，盖紧瓶盖后垂直固定于往复式水平振荡机上，调节频率不小于 100 次/min，振幅不小于 40 mm，在室温下振荡浸提 1 h，取下静置 0.5 h 后，取上清液于预先安装好滤纸的过滤装置上过滤，收集过滤后的浸提液，摇匀后供分析用。

D.2.2 在 9 cm 培养皿中垫上 2 张滤纸，均匀放入 10 粒大小基本一致、饱满的黄瓜（或萝卜）种子，加入堆肥浸提液 5 mL，盖上皿盖，在 25℃的培养箱中避光培养 48 h，统计发芽率和测量根长。每个样品做 3 个重复，以去离子水或蒸馏水作对照。

D.3 计算

种子发芽指数（GI）按式（D.1）计算。

$$GI = \frac{A_1 \times A_2}{B_1 \times B_2} \times 100 \quad\cdots\cdots\cdots\cdots\cdots\cdots (D.1)$$

式中：

A_1——堆肥浸提液的种子发芽率，单位为百分率（%）；

A_2——堆肥浸提液培养种子的平均根长，单位为毫米（mm）；

B_1——去离子水的种子发芽率，单位为百分率（%）；

B_2——去离子水培养种子的平均根长，单位为毫米（mm）。

附件七　果园有机肥施用技术指南

1　范围

本标准规定了果园有机肥种类及质量要求、施用原则、施用技术要求和南方果园绿肥种植及利用方式。

本标准适用于苹果、柑橘、梨、桃、樱桃等果园，其他果园可参考执行。

2　规范性引用文件

下列文件对于本文件的应用是必不可少的。凡是注日期的引用文件，仅注日期的版本适用于本文件。凡是不注日期的引用文件，其最新版本（包括所有的修订版）适用于本文件。

GB/T 25246　畜禽粪便还田技术规范

NY 525　有机肥料

NY 884　生物有机肥

NY/T 3442　畜禽粪便堆肥技术规范

3　术语和定义

下列术语和定义适用于本标准。

3.1　有机肥　organic manure

主要来源于植物残体和（或）动物粪便经过发酵腐熟的含高有机质物料，其功能是改善土壤肥力、提供植物营养、提高作物品质。

3.2　树势　growth vigor

树体生长强弱的状态，通常以树冠外围新梢长度和数量表示。

3.3　幼龄期　vegetative stage

果树从苗木定植到开花结果之前所经历的生长发育阶段。

3.4　初果期　initial bearing stage

从开始结果到大量结果（盛果期）前的生长发育阶段。

3.5　盛果期　full bearing stage

果树从开始大量结果到衰老前的生长发育阶段。

3.6 环状沟施肥 circular trench fertilization

在树冠滴水线附近挖环状沟进行施肥的方法。

3.7 条沟施肥 strip ditch fertilization

在果园行间或株间开条沟施肥的方法。

3.8 放射沟施肥 radiation ditch fertilization

距离树干一定距离向树冠滴水线外沿开放射沟施肥的方法。

3.9 穴状施肥 hole fertilization

在树冠滴水线附近挖穴进行施肥的方法。

4 有机肥种类及质量要求

4.1 有机肥种类

4.1.1 农家肥

4.1.1.1 堆肥

以作物秸秆、落叶、青草等植物残体和人畜粪便等为原料，按比例混合或与少量泥土混合进行好氧发酵腐熟而成的肥料。

4.1.1.2 沤肥

所用原料与堆肥基本相同，在淹水等厌氧条件下发酵腐熟而成的肥料。

4.1.1.3 厩肥

以牛粪、猪粪、羊粪、鸡粪、马粪等畜禽粪便与秸秆等垫料堆沤发酵腐熟而成的肥料。

4.1.1.4 饼肥

指油料种子经榨油后剩下的残渣，经堆沤发酵腐熟而成的肥料。

4.1.1.5 沼渣和沼液

指畜禽粪便等有机废弃物在厌氧条件下经微生物发酵制取沼气后的残留物，由沼渣和沼液两部分组成。

4.1.1.6 绿肥

在果园行间种植的豆科、禾本科、十字花科等作物，采用就地翻压或地表覆盖等方式施入果园的绿色植物体。

4.1.2 商品有机肥

4.1.2.1 普通商品有机肥

以畜禽粪便、农作物秸秆、动植物残体等来源于动植物的有机废弃物为原料，经无害化处理和工厂化生产的有机肥料。

4.1.2.2 生物有机肥

指特定功能微生物经工业化生产增殖后与主要以动植物残体（如畜禽粪便、农作物秸秆等）为来源并经无害化处理、腐熟的有机肥料复合而成的一类兼具微生物肥和有机肥效应的肥料。

4.2 有机肥质量要求

农家肥要求充分发酵，质量指标应符合 GB/T 25246 和 NY/T 3442 的技术要求；普通商品有机肥应符合 NY 525 的技术要求；生物有机肥应符合 NY 884 的技术要求。

5 施用原则

5.1 因树施用

根据品种、树龄、树势和产量确定有机肥用量。需肥量少的品种少施，树龄小、树势强、产量低的果园可少施；需肥量大的品种多施，树龄大、树势弱、产量高的果园应多施。

5.2 因土壤施用

有机质含量较低的土壤应多施用有机肥。质地黏重的土壤透气性较差，可施用碳氮比较低、矿化速度较快的有机肥；质地较轻的土壤透气性好，可施用碳氮比较高、矿化分解速度较慢的有机肥。

5.3 因气候施用

在气温低、降雨少的地区，可施用碳氮比较低、矿化分解速度较快的有机肥；在温暖湿润的地区，宜施用碳氮比较高、矿化分解速度较慢的有机肥。

5.4 有机无机相结合

有机肥养分含量低，释放缓慢，而采取与化学肥料配合施用的方法。

5.5 长期施用

充分挖掘有机肥资源，坚持长期施用，维持和提高土壤肥力。

5.6 安全施用

确保施用的有机肥中不含对果树、畜禽和人体有害的病原菌、寄生虫卵、杂草种子等，应严格控制重金属、抗生素、农药残留等有毒有害物质含量。

6 施用技术要求

6.1 施用时期

6.1.1 基肥

宜在秋冬季与化肥结合施用，最佳施肥时期为 9 月中旬至 10 月中旬。

6.1.2 追肥

宜在花前、幼果期和果实膨大期施用。

6.2 施用方法

基肥可采用环状沟施、条沟施、放射沟施和穴施（图 1），以及地表覆盖等方式进行局部集中施用。追肥可采用条沟施、放射沟施或管道施等方式进行。

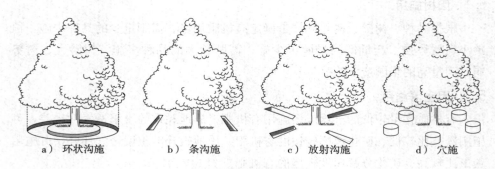

| a）环状沟施 | b）条沟施 | c）放射沟施 | d）穴施 |

图 1 有机肥施用方式

6.2.1 环状沟施

在树冠滴水线处挖宽 30～40 cm，深 30～40 cm 的环状沟，有机肥与土掺匀后回填，适用于乔砧幼龄期和初果期果园。

6.2.2 条沟施

在果树行间或株间树冠滴水线处开条沟，条沟规格和施用方式同环状沟，适用于矮砧密植果园和乔砧盛果期果园。

6.2.3 放射沟施

从距树体主干 50 cm 处开始到树冠滴水线处挖放射沟，靠近树干内膛的沟约宽 20 cm、深 20 cm，靠近树冠边缘的沟约宽 40 cm、深 40 cm，依树冠大小每株树挖 4～6 个放射沟，有机肥与土掺匀后回填，适用于乔砧盛果期果园。

6.2.4　穴施

在树冠滴水线处挖直径和深度为 30～40 cm 的穴，有机肥与土掺匀后回填。依树冠大小确定施肥穴数量，每年变换位置，适用于乔砧盛果期果园。

6.2.5　地表覆盖

以作物秸秆或木屑等为原料发酵的体积较大的有机肥，可从距树干 20 cm 处至树冠滴水线处进行地表覆盖，覆盖厚度 10～15 cm。有机肥数量充足时，可选择树冠下全部覆盖；有机肥数量不足时，可选择树冠 1/4 或 1/2 区域进行局部覆盖，每年变换覆盖区域。

6.2.6　管道施

借助管道灌溉系统，将沼液稀释至安全浓度随水施入，适用于所有果园。

6.3　施用数量

6.3.1　基肥

有机肥推荐用量按照每生产 1 kg 果实施入 1～1.5 kg 农家肥的原则确定，具体用量根据果园土壤有机质状况适当调整。土壤有机质含量超过 20 g/kg 时，建议适当减少施用量；当土壤有机质含量低于 10 g/kg 时，建议适当增加施用量。

6.3.2　追肥

商品有机肥，尤其是生物有机肥等作为追肥施用时，可在追施化肥的同时适量施用。

7　南方果园绿肥

7.1　绿肥种类

果园优先推荐种植豆科绿肥，如光叶苕子、毛叶苕子、箭筈豌豆、白三叶草、山藜豆等；其次推荐黑麦草、二月兰等禾本科和十字花科绿肥。

7.2　播种量及播期

不同绿肥种类种植播量和播期见附录 A。

7.3　播种及管理

光叶苕子、毛叶苕子、箭筈豌豆在杂草少的果园可以不旋耕、不除草，在降雨后土壤湿润的情况下均匀撒播于距离树干 0.5 m 以外的行间（或全园撒播），在杂草生长茂密的果园播前可采用机械或人工割草后撒播。

三叶草、紫云英、二月兰、黑麦草等绿肥种子小，播前需清除杂草、旋耕平整土地，沙土与种子按照 2∶1 的比例混匀后均匀撒播。三叶草、紫云英、二月兰播种后的前两个月应加强除草管理。

7.4 利用方式

7.4.1 刈割覆盖或翻压还园

在绿肥盛花期或旺长期（冬绿肥为翌年 3—4 月），将绿肥刈割后覆盖于果树树盘及行间或者结合果园施肥将绿肥翻压于施肥沟或行间，翻压深度在15～30 cm 为宜。

7.4.2 自然枯萎覆盖

前期让绿肥自然生长，开花结实后自然枯死覆盖于行间，种子落地后成为下一季绿肥新的种源。

附　录　A

（资料性附录）

适宜南方果园种植的主要绿肥种植技术和特性

适宜南方果园种植的主要绿肥种植技术和特性见表 A.1。

表 A.1　适宜南方果园种植的主要绿肥种植技术和特性

绿肥种类	种植技术和特性
光叶苕子 毛叶苕子	播期：9 月中下旬至 10 月上旬 亩播量：2 kg 左右 播种方法：杂草少的果园在土壤湿润时行间撒播，杂草茂密的果园播前采用机械或人工割草后于土壤墒情好时行间撒播，不用接种根瘤菌，种植轻简 具有耐瘠薄、耐旱、耐寒特性；分枝能力强、地表覆盖率高、产量高、鲜草产量和养分含量高，抑制杂草能力强的特点 养分含量：N（31±4.2）g/kg，P_2O_5（8.5±2.9）g/kg，K_2O（20±9.3）g/kg
箭筈豌豆	播期：9 月中下旬至 10 月上旬播种 亩播量：3～4 kg 播种方法：杂草少的果园在土壤湿润时行间撒播，杂草茂密的果园播前采用机械或人工割草后于土壤墒情好时行间撒播，鲜草产量和养分含量高，种植轻简 具有耐瘠薄、耐旱、耐寒特性；分枝能力强、地表覆盖率高、产量高的特点 养分含量：N（30±3.4）g/kg，P_2O_5（7.8±1.3）g/kg，K_2O（15±6.0）g/kg
山黧豆	播期：9 月上中旬播种 亩播量：3～4 kg 播种方法：杂草少的果园在土壤湿润时行间撒播，杂草茂密的果园播前采用机械或人工割草后于土壤墒情好时行间撒播，鲜草产量和养分含量高，种植轻简 具有耐瘠薄、耐旱、耐寒特性；地表覆盖率高、产量高的特点 养分含量：N（33±1.9）g/kg，P_2O_5（8.3±1.1）g/kg，K_2O（34±2.0）g/kg

（续）

绿肥种类	种植技术和特性
白三叶草	播期：周年均可种植，最适宜播期 9 月中下旬至 10 月上旬 亩播量：1.5 kg 播种方法：播前需要清除杂草、旋耕平整土地。在未种植过三叶草的果园，播前需接种根瘤菌，均匀撒播于平整湿润的果园行间，在播种后的前 2 个月需要除草管理 三叶草为多年生绿肥品种，一次播种后可以覆盖生长 3～5 年，适宜种植在土层较厚的果园 养分含量：N（37±5.2）g/kg，P_2O_5（7.9±1.2）g/kg，K_2O（38±1.3）g/kg
紫云英	播期：9 月上中旬 亩播量：1.5 kg 播种方法：播前清除杂草、旋耕平整土地。适宜种植在水肥条件好的平地果园，未种植过紫云英的果园务必用紫云英专用根瘤菌进行拌种，然后均匀撒播于平整后果园行间。播后第 1 个月加强除草管理 具有生长快速、观赏性好，可以在观光果园作为景观绿肥种植的特点 养分含量：N（29±4.8）g/kg，P_2O_5（7.2±1.9）g/kg，K_2O（32±8.6）g/kg
黑麦草	播期：可以秋播和春播，最适宜播期 9 月中下旬至 10 月上旬 亩播量：1.5～2 kg 播种方法：播前需要清除杂草、旋耕平整土地。均匀撒播于土壤湿润时平整的果园行间 具有对土壤要求比较严格，喜肥不耐瘠，略耐酸的特点 养分含量：N（28±7.0）g/kg，P_2O_5（5.5±2.4）g/kg，K_2O（20±3.4）g/kg
二月兰	播期：9 月中旬 亩播量：1.5～2 kg 播种方法：播前清除杂草、旋耕平整土地。均匀撒播于平整的果园行间。播后第 1 个月加强除草管理 具有花期长、观赏性好，集菜用、肥用、观赏于一体，在水肥条件好的果园生长好的特点 养分含量：N（25±6.6）g/kg，P_2O_5（8.5±1.9）g/kg，K_2O（39±1.7）g/kg

参 考 文 献

包雪梅，张福锁，马文奇，等，2003. 陕西省有机肥料施用状况分析评价[J]. 应用生态学报，14（10）：1669-1672.

陈学森，韩明玉，苏桂林，等，2010. 当今世界苹果产业发展趋势及我国苹果产业优质高效发展意见 [J]. 果树学报，27（4）：598-604.

范英，霍学喜，2010. 陕西苹果生产发展及投入产出实证分析 [J]. 北方园艺，4（7）：221-223.

方天翰，2003. 复混肥料生产技术手册 [M]. 北京：化学工业出版社.

冯焕德，李丙智，张林森，等，2008. 不同施氮量对红富士苹果品质、光合作用和叶片元素含量的影响 [J]. 西北农业学报，17（1）：229-232.

高小朋，贺晓龙，任桂梅，等，2011. 化肥不合理施用带来的危害探析 [J]. 农技服务，28（9）：1289-1290，1366.

葛顺峰，2011. 苹果园土壤氮素总硝化：反硝化作用和氨挥发损失研究 [D]. 泰安：山东农业大学.

葛顺峰，2014. 苹果园土壤碳氮比对植株-土壤系统氮素平衡影响的研究 [D]. 泰安：山东农业大学.

葛顺峰，郝文强，姜翰，等，2014. 烟台苹果产区土壤有机质和pH分布特征及其与土壤养分的关系 [J]. 中国农学通报，30（13）：274-278.

葛顺峰，季萌萌，许海港，等，2013. 土壤pH对富士苹果生长及碳氮利用特性的影响[J]. 园艺学报，40（10）：1969-1975.

葛顺峰，姜远茂，2017. 国内外苹果产量差、氮效率差及我国苹果节氮潜力分析 [J]. 中国果树（4）：94-97.

耿维，胡林，崔建宇，等，2013. 中国区域畜禽粪便能源潜力及总量控制研究 [J]. 农业工程学报，29（1）：171-179.

郭宏，刘天鹏，杜毅飞，等，2013. 黄土高原县域苹果园土壤养分空间变异特征研究 [J]. 水土保持研究，22（3）：21-26.

黄建国，2003. 植物营养学 [M]. 北京：中国林业出版社.

黄显淦，杨春亮，1994. 苹果施肥新技术 [M]. 北京：农业出版社.

黄云，2014. 植物营养学 [M]. 北京：中国农业出版社.

姜远茂，葛顺峰，仇贵生，2020. 苹果化肥农药减量增效绿色生产技术 [M]. 北京：中国农业出版社.

姜远茂，彭福田，张宏彦，等，2001. 山东省苹果园土壤有机质及养分状况研究 [J]. 土壤
    通报，32（4）：167-169.

姜远茂，张宏彦，张福锁，2007. 北方落叶果树养分资源综合管理理论与实践 [M]. 北京：
    中国农业大学出版社：27-30.

寇长林，巨晓棠，高强，等，2004. 两种农作体系施肥对土壤质量的影响 [J]. 生态学报，
    11（1）：2548-2556.

黎青慧，田霄鸿，2006. 陕西平衡施肥示范果园土壤肥力调查分析 [J]. 西北园艺（2）：47-48.

李强，安然，2015. 辽宁省绥中县苹果缺钙症发生于对策 [J]. 北方园艺（15）：197-19.

李燕青，丁文涛，李壮，等，2017. 辽宁省苹果主产区果园施肥状况调查与评价 [J]. 中国
    果树（6）：94-98.

刘宝存，2009. 缓控释肥料：理论与实践 [M]. 北京：中国农业科学技术出版社.

刘更另，1991. 中国有机肥料 [M]. 北京：农业出版社.

刘侯俊，巨晓棠，同延安，等，2002. 陕西省主要果树的施肥现状及存在问题 [J]. 干旱地
    区农业研究，75（1）：38-44.

刘加芬，李慧峰，于婷，等，2011. 沂蒙山区苹果园肥料施入特点调查分析 [J]. 果树学
    报，28（4）：558-562.

刘秀春，高树青，王炳华，2011. 辽宁省果树主产区果园土壤养分调查分析 [J]. 中国果树
    （3）：63-66.

刘子龙，张广军，2006. 陕西苹果主产区丰产果园土壤养分状况调查 [J]. 西北林学院学
    报，21（2）：50-53.

马锋旺，2004. 世界苹果生产发展趋势及我国苹果发展的建议 [J]. 果农之友（2）：4-5.

沈其荣，2001. 土壤肥料学通论 [M]. 北京：高等教育出版社.

孙霞，柴仲平，蒋平安，等，2011. 土壤管理方式对苹果园土壤理化性状的影响 [J]. 草
    业科学，28（2）：189-193.

孙文泰，马明，董铁，等，2016. 陇东旱塬苹果根系分布规律及生理特性对地表覆盖的响
    应 [J]. 应用生态学报，27（10）：3153-3163.

同延安，赵佐平，刘芬，2013. 长期不同施肥处理对苹果产量、品质及土壤肥力的影响
    [J]. 应用生态学报，24（11）：3091-3098.

汪景彦，钦少华，2004. PBO在果树上使用的效果及方法 [J]. 中国果农之友，44（4）：11-13.

王富林，2013. 两大优势产区红富士苹果园土壤和叶片营养诊断研究 [J]. 中国农业科学，
    46（14）：2970-2978.

王鹏程，2014. 有机物料覆盖对苹果园土壤性状及树体生长发育的影响 [D]. 北京：中国
    农业科学院.

王小英，同延安，刘芬，等，2013. 陕西省苹果施肥状况评价 [J]. 植物营养与肥料学报，

19（1）：206－213.

王璇，刘军弟，邵砾群，等，2018. 我国苹果产业年度发展状况及其趋势与建议［J］. 中国果树（3）：101－104，108.

魏绍冲，姜远茂，2012. 山东省苹果园肥料施用现状调查分析［J］. 山东农业科学，44（2）：77－79.

武文旭，2019. 有机肥化肥配施对苹果产量、品质及土壤养分的影响［D］. 泰安：山东农业大学.

许志强，2015. 中国苹果生产成本效益分析［D］. 杨凌：西北农林科技大学.

闫湘，2008. 我国化肥利用现状与养分资源高效利用研究［D］北京：中国农业科学院.

杨杰，2020. 苹果市场行情分析：2020 年第一季度［J］. 果农之友（4）：59.

张强，李兴亮，李民吉，等，2016. '富士'苹果品质与果实矿质元素含量的关联性分析［J］. 果树学报，33（11）：1388－1395.

张永祥，2013. 延安市苹果产业发展研究［D］. 杨凌：西北农林科技大学.

赵林，2009. 苹果对土壤氮利用特性研究［D］. 泰安：山东农业大学：25－26.

钟晓英，赵小蓉，鲍华军，等，2004. 我国 23 个土壤磷素淋失风险评估Ⅵ. 淋失临界值［J］. 生态学报，24（10）：2275－2280.

Canali S，Trinchera A，Intrigliolo F，et al.，2004. Effect of long term addition of composts and poultry manure on soil quality of citrus orchards in southern italy［J］. Biology and Fertility of Soils，40（3）：206－210.

Chen L，Hao M，Li Z，2014. Effects of long－term application of fertilizers on nitrate accumulation in the Loess Plateau dryland［J］. Res. Soil Water Conservation，21：43－46.

Cheng L L，Raba R，2009. Accumulation of macro－and micronutrients and nitrogen demand－supply relationship of 'gala'／'malling 26' apple trees grown in sand culture［J］. Journal of the American Society for Horticultural Science，134（1）：3－13.

Figueroa L R，Hernandez C，Morandini M，2002. Soil acidification caused by urea applications in lemon orchards［J］. Revista Industrial Agricola de Tucuman，79（12）：31－36.

Glover J D，Reganold J P，Andrews P K，2000. Systematic method for rating soil quality of conventional，organic，and integrated apple orchard in Washington State［J］. Agriculture Ecosystems and Environment，80（1－2）：29－45.

Goh K M，Bruce G E，Daly M J，et al.，2000. Sensitive indicators of soil organic matter sustainability in orchard floors of organic，conventional and integrated apple orchards in New Zealand［J］. Biological Agriculture Horticulture，17（3）：197－205.

Graham S，Louis S，2004. Soil quality monitoring in New Zealand：trends and issues arising from a broad－scale survey［J］. Agriculture，Ecosystems and Environment，104：545－552.

Guo J H，Liu X J，Zhang Y，et al.，2010. Significant acidification in major Chinese croplands [J]. Science, 327: 1008.

Jakobek L, Barron A R, 2016. Ancient apple varieties from Croatia as a source of bioactive polyphenolic compounds [J]. Journal of Food Composition and Analysis, 45: 9 - 15.

James D W, Topper K F, 2010. Utah fertilizer guide [Z]. Utah State University Extension: 24 - 34.

Malhi S J, Nyborg M Harapiak J T, 1998. Effects of long - term N fertilizer induced acidification and liming on micronutrients in soil and in bromegrass hay [J]. Soil & Tillage Research, 48: 91 - 101.

Neilsen G H, Neilsen D, 2003. Apples: botany, production and uses nutritional requirements of apple [M]. CABI: 267 - 302.

Pan D, Kong F, Zhang N, Ying R, 2017. Knowledge training and the change of fertilizer use intensity: evidence from wheat farmers in China [J]. Journal of Environmental Management, 197: 130 - 139.

Pang J Z, Wang X K, Mu Y J, et al., 2009. Nitrous oxide emissions from an apple orchard soil in the semiarid Loess Plateau of China [J]. Biology and Fertility of Soils, 46: 37 - 44.

Wienhold B J, Andrews S S, Karlen D L, 2004. Soil quality: a review of the science and experiences in the USA [J]. Environmental Geochemistry and Health, 26 (2): 89 - 95.

图书在版编目（CIP）数据

苹果化肥减施增效技术理论与实践／全国农业技术
推广服务中心，山东农业大学编著．—北京：中国农业
出版社，2020.12
　　ISBN 978-7-109-28030-4

　　Ⅰ.①苹…　　Ⅱ.①全…②山…　　Ⅲ.①苹果－合理施
肥　Ⅳ.①S661.106

中国版本图书馆 CIP 数据核字（2021）第 045068 号

中国农业出版社出版
地址：北京市朝阳区麦子店街 18 号楼
邮编：100125
责任编辑：史佳丽　魏兆猛
版式设计：王　晨　责任校对：沙凯霖
印刷：北京中兴印刷有限公司
版次：2020 年 12 月第 1 版
印次：2020 年 12 月北京第 1 次印刷
发行：新华书店北京发行所
开本：700mm×1000mm　1/16
印张：15
字数：245 千字
定价：48.00 元